"十一五"国家重点图书出版规划项目

城市规划新境域丛书

城市规划与城市发展

(第3版)

赵和生 著

东南大学出版社
·南京·

内 容 提 要

本书是一本研究我国城市发展问题的专著。

本书对现代城市规划理论的产生、发展以及未来趋向进行了广泛而深入的探讨，提出了我国21世纪城市化进程中城市发展的基本对策，从城市形态与空间结构的发展、城市中心区的更新、城市道路系统的建设和城市景观序列的组织等方面对城市发展问题作了详尽的论述。

本书适合于规划学、建筑学、地理学等相关专业的专业人士、管理者和高等院校师生阅读和参考。

图书在版编目（CIP）数据

城市规划与城市发展 / 赵和生著. —3版. —南京：东南大学出版社，2011.3（2015.1重印）
（城市规划新境域丛书）
ISBN 978-7-5641-2585-1

Ⅰ. ①城… Ⅱ. ①赵… Ⅲ. ①城市规划—城市建设 Ⅳ. ①TU984

中国版本图书馆CIP数据核字（2010）第262985号

出版发行：东南大学出版社
社　　址：南京市四牌楼2号　邮编：210096
出 版 人：江建中
网　　址：http://www.seupress.com
电子邮箱：press@seupress.com
经　　销：全国各地新华书店
印　　刷：江苏兴化印刷有限责任公司
开　　本：700 mm×1000 mm　1/16
印　　张：20.5
字　　数：334千
版　　次：2011年5月第3版
印　　次：2015年1月第3次印刷
书　　号：ISBN 978-7-5641-2585-1
定　　价：49.00元

本社图书若有印装质量问题，请直接与读者服务部联系。电话(传真)：025—83792328

第3版前言

　　本书初版面市的1999年正值我国城市化进程进入快速发展阶段,城市发展的中心任务是通过城市规模的扩展适应城市化的进程和人口迁移的需要,城市空间形态及物质环境的快速扩张是这一阶段城市发展的主要特征。这十年,劳动力的转移、产业结构的变化和社会结构的重组为我国的发展与进步注入了强大的动力,持续的经济增长为城市建设、城市发展提供了经济保证,我们的城市无论是在数量或规模上,还是在景观或品质上都发生了巨大的变化。与十年前相比,我们所处的发展背景、我们所面对的问题与压力是完全不同的。城市作为一个复杂的巨系统,十年前,我们所做的工作是将一个系统网络建立起来并进行快速扩张,满足和适应经济快速增长的要求;而今天,我们却面临着不同的课题:一方面仍然需要对系统进行必要的扩张,以满足城市化进程的需要;另一方面,快速建构的系统存有不协调或相冲突的因素与关联,我们必须对现存系统作出必要的调整和完善,通过优化提升系统的运行状态与效率。显然,当今的任务更加艰巨和重要。

　　对我而言,本次修订是一次自我重读,我深深地感到,在今天,城市发展的宏观格局仍然相似,但城市的现状更加错综复杂,城市的发展进程充满了矛盾、机遇和挑战,应该遵循科学的原则建设我们的城市。

　　本次修订的主要内容有:在城市问题早期探索中增加了赖特"广亩城"的构想;对书中的插图作了进一步的删减以求精练;本次修订增加了

附录,收录了与城市规划相关的重要文献。

谨以此书向关注城市发展、思考城市未来的读者致以崇高的敬意。

赵和生

2011.02

第 2 版前言

1999年,东南大学出版社策划出版了《新世纪中国城乡规划与建筑设计》丛书,丛书的第一辑面世后即获得了广泛的好评。改革开放之后,我国城市化水平由17.9%(1978年)增长至36.09%(2000年)。更多的专家预测:进入21世纪,我国将进入城市化进程的加速期,我们将迎来一个以工业化、城市化为先导的社会、经济大发展的"黄金时代"。五年过去了,我国城市化水平继续提高至40.53%,人均GDP突破了1 000美元,并继续保持着强劲的增长势头,城市化进程使城市这一物质载体的建设成为全社会关注的最广泛的"热点课题"。

这五年,我国城市化进程取得了令人欣喜的超常规快速发展:城市规模迅速扩大,房地产业发展日趋成熟,城市景观及环境趋于好转,城市规模的扩大与产业结构的调整、人口的转移基本保持了相对的一致性。但另一方面,城市的超常规快速发展也带来了诸多令人忧虑的问题:城市的快速发展引起了城市构成要素间的对立与冲突,城市发展的协调性面临着巨大的冲击,城市空间结构、城市环境质量、城市景观面貌、城市运行效率、城市管理模式都出现了或多或少的甚至是前所未有的矛盾。作为一个专业技术人员,应该竭尽全力为城市持续、协调发展提供必要的理论与技术支持,这是该书再版的原因。

笔者接受了出版社的建议,对原书进行了一次全面的修订。修订的主要内容有:为了便于读者获得更广泛的信息,本次修订增补了文献索引;更为主要的是对全书进行了精减和提炼,更为直接地表达了自己的观点,以期激发读者的灵感,共同直面中国的城市发展问题。

在研究中,虽然笔者力图为读者在研究城市发展问题时提供更为广泛、系统的思路及协调和处理矛盾的方法,但因笔者学术背景及学术素养所限,以偏概全在所难免,恳请读者和同行专家批评指正。

最后要说的是,我特别感谢该书第一版的所有读者,因为你们的厚爱是该书再版的前提。

赵和生
2004.08

第1版前言

在人类发展史上,城市化是不以人的意志为转移的客观规律,是每个国家社会发展的必然的历史进程。考察世界城市化进程,可以把城市化分为发生、发展、成熟三个阶段,城市人口比重在20%～70%之间为发展阶段,城市化进程呈现出加快发展的趋势。1995年底,我国城市化水平为28.85%;进入21世纪,社会发展和经济增长使我国城市化进入了快速发展的历史阶段,据推测,在下世纪中叶,我国人口数将稳定在16亿左右,城市化水平达到55%,城市人口将逐步达到8.8亿,比目前的3.6亿净增5亿多。当然,城市化不只是人口从农村向城市迁移的表象问题,它标志着社会结构在总体平衡状态下的调整。与世界发达国家相比,我国城市化的背景已经大大不同于发达国家工业化初期的发展状况,劳动力的大规模转移和第一、二、三产业同步发展,全面现代化是我国城市化的主要特征,也是我国城市发展的真正动力,因此,我国城市将进入一个全面发展的新时期。

在我国城市化进程加快的历史背景下,研究城市的发展问题具有重要的现实意义。本书以较大的篇幅探讨了以工业革命为背景的现代城市规划理论的产生和发展。现代城市规划理论是一个不断探索、扬弃的过程,第二次世界大战之后的广泛实践进一步丰富和完善了现代城市规划理论体系,特别是进入1970年代,全球性环境问题日益严重,1972年联合国斯德哥尔摩人类环境会议标志着全人类环境意识的觉醒:人类将面临着一个共同的未来,一个脆弱而又必须赖以生存的星球。进入21世纪,城市规划理论的发展必将关注当今城市发展所面临的问题,呈现出强烈的"可持续发展"的趋向:保持与生态环境的协调,保持历史、现实、未来的协调,保持人际关系的协调与和谐。

关于我国城市的发展问题,本书的基本观点是:城市是一个不可分割的有机整体,部分或局部的改变都给城市的整体结构带来影响。在任何情况下,城市的整体利益总是高于城市的局部利益;城市环境与城市生活的一致性是城市的基本特征,城市环境应该真实地表达城市生活的需要;城市规划工作的目标是保持城市的整体协调:城市结构的协调、城市运转的协调和城市的有机生长。

本书对城市发展的相关问题进行了广泛的探索:关于城市形态与空间结构——城市形态与城市环境相关,城市结构与城市规模相关,城市外围扩展与内部重组是城市发展的基本形式,城市发展必须以城市结构的生长为先导;关于城市中心区的更新——城市中心区是城市最活跃的地区,我国城市中心区的更新极有可能演化为一种介于传统CBD和现代CBD之间、双重职能兼而有之的CBD形式;关于城市道路系统的建设——必须通过城市交通设施的建设与调整,逐步建立与城市发展相一致的多系统综合交通体系,解决我国日趋复杂的城市交通问题,城市交通发展的目标是大众化、高效率、低能耗、可持续发展;关于城市景观的组织——城市景观是城市物质环境的视觉形态,独特的自然景观因素和人文景观因素是创造城市个性与特色的重要素材,城市景观体系必须保持多向、可逆、开放、可生长的结构特征。

本书写作过程中,东南大学吴明伟教授、王建国教授提出了宝贵的建议与意见,东南大学出版社徐步政先生、刘凌先生为本书付出了辛勤的劳动,在此表示深深的谢意。

由于作者专业水平及知识面的限制,难免片面之词和不当之处,敬请读者不吝赐教。

赵和生
1999.5

目　录

1　工业革命与城市问题的早期探索 ………………………………… 1
　　1.1　工业革命对城市发展的影响 ………………………………… 1
　　　　1.1.1　工业革命的背景分析 ………………………………… 1
　　　　1.1.2　工业革命及其进步意义 ……………………………… 3
　　　　1.1.3　工业革命引起的"城市发展"问题 …………………… 6
　　1.2　城市问题的早期探索 ………………………………………… 10
　　　　1.2.1　"乌托邦"与 E. 霍华德的"田园城市" ………………… 10
　　　　1.2.2　"工业城",勒·柯布西埃的"城市集中论" ………… 17
　　　　1.2.3　伊利尔·沙里宁的"有机疏散" ……………………… 20

2　雅典宪章与现代城市规划理论的实践 ………………………… 28
　　2.1　CIAM 与雅典宪章 …………………………………………… 28
　　　　2.1.1　国际现代建筑会议(CIAM) ………………………… 28
　　　　2.1.2　雅典宪章 ……………………………………………… 30
　　2.2　现代城市规划理论的实践 …………………………………… 31
　　　　2.2.1　大伦敦规划与"卫星城"理论 ………………………… 32
　　　　2.2.2　"功能城市"的实践 …………………………………… 37
　　　　2.2.3　"十次小组"的城市观 ………………………………… 42
　　　　2.2.4　"单核城市"的变革 …………………………………… 49
　　2.3　城市规划理论的发展趋向 …………………………………… 58
　　　　2.3.1　共同的关注 …………………………………………… 58

2.3.2 城市规划理论的发展趋向 ·················· 65

3 城市形态与空间结构 ························ 71
3.1 城市扩展的影响因素 ······················ 72
3.1.1 自然生态环境状况 ······················ 72
3.1.2 人口状况 ···························· 75
3.1.3 经济发展状况 ·························· 77
3.1.4 城市化进程分析 ························ 80
3.2 城市形态分析 ·························· 81
3.2.1 城市土地利用的基本形态 ·················· 81
3.2.2 城市用地的功能分布 ····················· 88
3.3 城市空间结构及扩展方式 ···················· 95
3.3.1 城市空间结构的形式 ····················· 95
3.3.2 城市空间结构的扩展方式 ·················· 105
3.3.3 关于城市结构与形态扩展的讨论 ·············· 114

4 城市中心区的更新与发展 ······················ 120
4.1 城市中心区的组织结构 ····················· 120
4.1.1 城市公共设施的分布特点 ·················· 120
4.1.2 城市中心区的特征 ······················ 122
4.1.3 城市中心区运转状况分析 ·················· 125
4.2 CBD 与城市公共空间结构 ···················· 129
4.2.1 CBD 的基本特征及演化过程 ················ 129
4.2.2 我国 CBD 研究及发展趋势 ················· 134
4.3 城市中心区的更新与改造 ···················· 140
4.3.1 城市中心区更新改造的基本原则 ·············· 141
4.3.2 交通组织——平衡的交通系统 ··············· 144
4.3.3 步行化——宜人的活动网络 ················ 153
4.3.4 空间环境的整合与更新 ··················· 161

5 城市交通与道路系统的更新 ···················· 167
5.1 城市交通与基本状况分析 ···················· 167
5.1.1 城市交通的意义 ······················· 168

       5.1.2 城市道路系统的特征 ··· 170
       5.1.3 影响我国城市交通发展的三大因素 ······················· 178
   5.2 城市交通更新的基本对策 ··· 182
       5.2.1 对策——建立多系统综合交通体系 ·························· 182
       5.2.2 城市交通更新的相关因素 ····································· 190
   5.3 城市道路系统的改造 ·· 197
       5.3.1 基本思路 ··· 198
       5.3.2 城市快速道路系统的建设 ····································· 201
       5.3.3 城市常规交通的组织 ·· 208

6 城市景观与空间设计 ··· 216
   6.1 城市景观与空间构成 ·· 216
       6.1.1 城市景观因素分析 ·· 216
       6.1.2 城市空间构成 ··· 226
   6.2 城市景观与空间的评价 ··· 239
       6.2.1 一般美学原则 ··· 239
       6.2.2 格式塔心理学派的图形组织原则 ····························· 244
   6.3 城市景观的组织 ·· 249
       6.3.1 城市景观体系的建设 ·· 249
       6.3.2 与城市总体相关的景观控制 ··································· 260
       6.3.3 城市空间序列的组织 ·· 267

附录：城市规划相关的重要文献 ·· 276
   雅典宪章 ··· 276
   马丘比丘宪章 ·· 283
   北京宪章 ··· 291
   斯德哥尔摩人类环境宣言 ·· 300
   保护文物建筑及历史地段的国际宪章 ··································· 305
   保护历史城镇与城区宪章 ·· 308
   关于原真性的奈良文件 ·· 311

1 工业革命与城市问题的早期探索

城市发展是一个连续的过程。任何一个城市的产生、演变和发展都会明显地打上政治、经济和宗教的烙印。人类第一次劳动大分工时,出现了固定的居民点——城市的雏形。随着生产力的不断发展,人类对生产方式的不断改进,特别是商业、手工业从农业中分离出来,城市开始了漫长的演进过程,城市的数目在增加,城市的规模在扩大。在这一历史阶段,城市的建设行为受到了生产力水平的制约,只是建立在农业文明基础上的"数"的积累。

近代工业革命使人类摆脱了风力、水力等自然动力的制约,使工业、人口和资本的任意聚集变为可能,城市化的进程大大出乎人们的预料。或许人类对工业革命所带来的影响没有充分的准备,或许人类对自己的能力过于自信,或许人类对工业革命的利弊关系没有清醒的认识,城市出现了前所未有的"爆炸式"发展,人口聚集的速度趋于疯狂,城市在迎接社会、生产力大发展,人类在欢呼雀跃的同时,也接受了似乎是"与生俱来"的弊端与缺憾。

1.1 工业革命对城市发展的影响

1.1.1 工业革命的背景分析

在工业革命发生之前,历史上没有任何事件是以整体进步为导向的,生活在没有明显变化的情形下持续着。从罗马帝国创建到18世纪大约2 000年的时间里,人类生活的条件很少得到过重大改善,拿破仑时代的人在衣食住行各方面的水平与恺撒时代的人没有什么两样:病人所得到的仍然只是较多的同情而非治疗;牲口的粪便还是最好的肥料;马匹不仅是一种最快的交通运输工具,也是最快的通讯工具;水和风车只提供少数地区的能源,其他大部分地区则要靠驮兽人力满足所需……世界上大多数地区都过着农业生活，80%～90%的人依靠土地生活，别无它物[1]。

人类经过漫长的等待之后进入18世纪，迎来了一个非常"兴奋"的时代。科学革命、工业革命和政治革命给予了欧洲以不可阻挡的推动力，使之在世界历史的进程中占据了显著的地位，物质进步成为这个时代的标志。

1) 政治革命

17世纪的英国资产阶级革命是人类从封建社会向资本主义社会过渡的一次伟大的革命。英国这场大变动的根源在于国会和斯图亚特王朝之间的冲突，代表中产阶级利益的国会取得了胜利，其结果是建立起代议制立宪政体，确定了资本主义生产关系在英国的统治，这是英国对欧洲、对世界最大的政治贡献。马克思曾称它是"欧洲范围的革命"，是"17世纪对16世纪的革命"的胜利[2]。

1775年至1781年爆发的美国独立战争是一次反对英国殖民压迫的民族解放战争，1776年7月4日发表的《独立宣言》标志着美利坚合众国的诞生，"它在世界已存的力量关系、力量均势和力量趋势方面引起了一个巨大的变化，就像一个新行星的出现会在太阳系中引起一个巨大的变化一样"[3]。从世界历史的观点看，美国革命的意义并非因为它创造了一个国家，而是因为它创造了一个新的、不同类型的国家，《独立宣言》宣布："我们认为这些真理是不言而喻的，人人生而平等。"马克思认为，"18世纪美国独立战争给欧洲中产阶级敲响了警钟"[4]，大大推动了欧洲人民反对封建的革命运动。

法国资产阶级革命(1789—1794)在近代世界史上具有重大意义。它摧毁了腐朽的封建制度，建立了资产阶级共和国。在1789年著名的"八月的日子"里，通过了废除一切封建税、免税特权、教会征收什一税的权力以及贵族担任公职的专有权的法规和《人权和公民权宣言》。一位法国历史学家认为，这份宣言相当于旧制度的死亡证明[5]。法国革命改变了国际资本主义同封建主义之间的力量对比关系，促进了资本主义以更大的规模发展。

美国当代历史学家L. S. 斯塔夫里阿诺斯认为，在18世纪，科学革命、工业革命和政治革命不是平行或独立地进行的，它们相互依赖，连续地一者对另一者起作用，使欧洲在世界范围内逐渐占据了显著地位[6]。

2) 科学革命

科学的根源可以追溯到古代，人类发展了种种利用自然物品的技术与方法,虽然也在不断地加以改进,但人们对其原理并不操心,关心的仅仅是技术上的实用知识,而不是科学上的潜在原因。自 15 世纪下半叶,在人类认识史上发生了一场伟大的变革——研究方法的变革。狄德罗认为,观察、思考和实验是人们认识自然的三种方法,观察可以搜集已有的事实,思考把它们组合起来,精确的实验则可以发现新的事物[7]。由于以实验为基础进行研究的新方法的出现,科学在诸多领域获得了显著的成果。

1543 年,哥白尼的《天体运行论》全书出版,"太阳中心说"的提出标志着自然科学开始从神学中解放出来,这也是天文学中根本性观念的变化。开普勒的行星运行定律,伽利略的惯性原理以及对木星观测所带来的惊人发现,进一步完善和验证了哥白尼理论的正确性,科学早期阶段最杰出的人物伊萨克·牛顿"万有引力定律"是一个具有革命性的解释,这一定律既可适用于整个宇宙,也可适用于最微小的物体,标志着近代自然科学走向了成熟。

18 世纪初,在静电研究的基础上,莱顿大学的两位教授发明了储存和急速释放电能的莱顿瓶;本杰明·富兰克林通过对闪电的研究发明了避雷针,并进一步发展起最早的、全面的电学基础。此外,18 世纪博物学、植物学和地理学方面都取得了巨大进展。

18 世纪末的工业革命影响了科学的进程。19 世纪上半叶,化学取得突破性的进展。杰出的化学家安托万·洛朗·拉瓦锡以典型的氧化实验提出了著名的"平衡原理",摒弃了传统的燃素说;随后出现了有机化学,人工合成了尿素,为肥料工业的大规模发展做好了准备;英国化学家发现了人造染料;法国杰出的化学家路易·巴斯德在微生物发酵和病原微生物方面的研究奠定了工业微生物学和医学微生物学的基础,开创了微生物生理学。

1859 年,达尔文出版了重要著作《物种起源:借助于自然选择即生存斗争中的适者生存》,提出了生物进化学说。

回顾起来,似乎科学革命甚至比新石器时代的农业革命具有更大的意义,科学借助于其研究法的变化而不断地稳步发展,当然,科学本身包含了无限进步的可能性,为工业革命奠定了坚实的基础。

1.1.2 工业革命及其进步意义

人类在过去的 200 年中远远超过了前 5 000 年的发展,其主要原因是发生在18世纪前后的工业革命,其显著特征是,物质进步成为这个时代的标志。

1) 工业革命的起因

工业革命的出现以及在世界范围内的广泛传播并不是某个天才的发明,也不是由某个偶然机会导致的产品,而是当时政治、经济、科技和文化等各个方面发展与进步综合作用的结果,是人类发展史上一次伟大的变革。

考察工业革命的发展过程不难发现:起源于英国,进而在世界范围内传播的工业文明起因于当时贸易市场的需要和工业规模生产所具备的条件。航海业的发展使欧洲出现了惊人的经济发展,即商业革命,其特点是世界贸易总量显著增加,新的海外产品(新的饮料、新的染料、新的香料、新的食物)成为欧洲的主要消费品,其商业价值急剧增长。商业革命为欧洲的工业品和制造业提供了巨大的、不断扩展的需求市场;市场需求的扩大促使工业必须改良其生产组织和生产技术以提高效率;商业革命为建造工厂和制造机器提供了大量资金,为工业革命的出现提供了基本条件。

当时的英国在劳动力方面拥有绝对的优势。自16世纪开始,持续了3个世纪、在18世纪末达到高潮的"圈地运动"从根本上改变了英国劳动力的状况,大量自耕农被逐出家园成为自由劳动力,尽管圈占土地的过程是残酷的,但就工业革命而言,它履行了两个必不可少的职责——它为工厂提供了劳动力,为城市提供了粮食[8],成为工业革命极为重要的基础。

2) 工业革命

1782年,格拉斯哥大学的技师詹姆士·瓦特发明了蒸汽机,成为工业革命的标志。

蒸汽机的历史意义在于它提供了治理和利用热能、为机械供给推动力的手段,并适宜于大批量生产和制造,使人类摆脱了畜力、风力和水力等自然动力的制约,人们可以根据自己的意愿选择地点组织大规模的工业生产。蒸汽机在纺织工业、采矿工业、冶金工业、运输工具、通信联络等方面的广泛应用,以及行业之间的相互促进,使生产力出现了令人惊叹的进展。

18世纪后期,工业革命出现了两个重要的变化——科学大大地影响工业,大批量生产的技术得到了改善和应用。科学革命不断出现的成就开始广泛地用于工业生产中,或者通过目的明确的发现、发明干预工业生产的进程。科学对工业影响最为惊人的例子是化学家通过对煤的研究发现了真正的宝物——煤的种种衍生物,其中包括数百种染料和大量的极有实用价值的副产品。"大批量生产的技术"对于提高生产效率和降低成本意义重大,通过制造标准的、可互换的零件使产品的批量生产得以实现,装配流水线则可以使用最少的手工劳动,以最快的速度、最简洁的方式进行生产。运用流水装配线技术,福特汽车底盘的装配时间由 12 小时 28 分钟缩短为 1 小时 33 分钟。

19 世纪,工业革命在世界范围内得到了广泛的传播。

3) 工业革命的意义

工业革命大大地解放了生产力,对欧洲产生了巨大的影响,进而扩展至世界范围,引发了世界范围内的巨大变化。

(1) 资本主义的兴起

工业革命的不断深化改变着资本主义的性质。工业革命前期,商业革命造就了商业资本主义;工业革命的第一阶段产生了工业资本主义;工业革命的第二阶段,经济组织形式发生了变化,出现了金融资本主义,金融家取代了实业家开始对经济生活进行控制与操纵。

(2) 人口的增长

工业革命促进了社会的进步,农业、工业生产率的大幅度提高使人们可以获得更多的生活必需品方面的生活资料;医学的进步和公共健康措施的广泛应用,使人口的死亡率大幅度下降,世界人口出现了前所未有的高速增长(表 1.1)。

表 1.1 世界的人口估计数 (单位:百万人)

	1650 年		1750 年		1850 年		1900 年		1950 年	
	人口数	%	人口数	%	人口数	%	人口数	%	人口数	%
欧 洲	100	18.3	140	19.2	266	22.7	401	24.9	593	24.0
美国和加拿大	1	0.2	1	0.1	26	2.3	81	5.1	168	6.7
拉丁美洲	12	2.2	11	1.5	33	2.8	63	3.9	163	6.5
大洋洲	2	0.4	2	0.3	2	0.2	6	0.4	13	0.5
非 洲	100	18.3	95	13.1	95	8.1	120	7.4	199	7.9
亚 洲	330	60.6	479	65.8	749	63.9	937	58.3	1 379	55.4
总 数	545	100	728	100	1 171	100	1 608	100	2 515	100

资料来源:斯塔夫里阿诺斯. 全球通史. P301.

(3) 城市化

工业革命加快了世界范围内的城市化进程。在古代,城市的规模取决于城市周围地区生产粮食的数量。工业革命时,蒸汽机动力的运用使工业集中变为可能,工厂系统取代了家庭加工制,大批劳动力涌入新的工业中心,运输、贸易使新型城市可以在更大范围内取得粮食,支撑城市的运转。因此,世界各地的城市以极快的速度发展,这是人类史上的一个巨大的社会变化(表1.2)。

表1.2 城市—农村人口比例变化表 (%)

年 度	英 国		德 国		法 国		美 国	
	农村	城市	农村	城市	农村	城市	农村	城市
1800	68	32	—	—	80	20	96	4
1850	50	50			75	25	88	12
1860	46	54	—	—	72	28	84	16
1870	38	62	64	36	70	30	79	21
1880	32	68	59	41	65	35	72	28
1890	28	72	53	47	62	38	65	35
1900	22	78	46	54	58	42	60	40
1910	22	78	40	60	55	45	54	46
1920	21	79	38	62	53	47	48	52

资料来源:同济大学等.外国近现代建筑史.P6.

(4) 财富的增长与分配

由于获得了新的动力,人类有效地利用了人力资源和自然资源,使生产效率出现了史无前例的增长。在19世纪后期,整个世界都受到了不断增长的生产率的刺激,所有的资源和资本都纳入了生气勃勃、不断扩大的全球性的经济网络中,创造着巨大的财富。但是,财富的分配出现了极端现象:少数人获取了巨大的财富,而多数人则遭受着无情的剥削,其生活水平不断下降或在低层次上徘徊。

1.1.3 工业革命引起的"城市发展"问题

工业革命给城市带来了巨大影响,刘易斯·芒福德认为:"在1820年至1900年之间,大城市里的破坏与混乱情况简直和战场上一样,……工业主义产生了迄今从未有过的极端恶化的城市环境。"[9]我们重新阅读这段历史不难发现,工业革命对社会发展而言无疑是一次伟大的进步,而对于城市这一物质载体来说,带来的危害也是致命的。客观地讲,引起城市结构破坏和城市环境恶化的原因主要有两个方面。一方面,城市这一农业文明的"壳"根本无法包裹工业文明的"核",城市原有的结构框架无法接纳工业革命带来的新功能;另一方面,更为主要的一个方面是,城市的主体力量——新兴的资产阶级对日益增长的物质财富表现出极度的贪婪性,这种贪欲必然会促使他们不择手段、不顾一切地疯狂追求财富和吸血鬼般地榨取工人劳动的剩余价值。

19世纪之前,城市以农业文明为背景,经过持续而漫长的演化,城市的各种活动与城市规模是大致平衡的。中世纪的城镇规模都不大,城镇的尺度更倾向于合乎人的尺度,以步行为主要交通方式,各条街道都集中到市中心交汇,城镇平面轮廓常常呈圆形。城镇的生产方式是典型的家庭手工业,首饰匠、木匠、鞋匠在自己住所的作坊中工作,需要休息时,他只要从住所或作坊中踱到附近的喷泉边、市政厅旁的树林中或神庙的台阶上。城镇生活节奏是缓慢的,城镇居民对他们的工作、生意和宗教、艺术、戏剧等活动投入了同等的注意力。

工业革命的出现彻底打破了这种农业文明下的城镇平衡状态,规模生产的大工厂进入了城市,作为工人的自耕农潮水般地涌入了城市,大量的原料、产品和工人在城市中"川流不息",铁路按照生产的需要在城市中任意"蔓延"……城市无限度地扩大,出现了急速扩张的发展节奏。工业革命没有在保持城市和谐、协调的目标下(当然也根本无法做到或根本就没有考虑过这样做)进入城市,农业文明的城市必然会在工业革命的冲击下失去平衡与和谐。

对于大规模工厂生产所带来的日益增长的巨大财富,资本主义贪婪的本性决定了他们必然会计算和谋求最大的份额。恩格斯在《英国工人阶级状况》一书中分析资本主义城市发展时认为:"……城市愈大,搬到里面来就愈有利,因为这里有铁路,有运河,有公路;可挑选的熟练工人愈来愈多;……这就决定了大工厂城市惊人迅速地成长。"[10]工厂主以最低的成本建设工厂,以最低的成本运输原料与成品,寻找最廉价的强壮劳动力,从而获取巨额的剩余价值。在"自由竞争"的花环下,既得利益者都在其中"分一杯羹",土地投机加剧了城市的破坏和恶化,土地投机商利用土地区位的地价悬殊谋取超额利润,人们住得越拥挤,房地产主的收益就越大,土地的资本价值也越高,整个城市进入了"制造财富、瓜分财富"的怪圈而不能自拔,当然,这样的城市也就不需要"协调的结构和美好的环境"了。

在这种人口聚集和工业集中的疯狂进程中,原有的城市结构关系已不复存在,新的城市功能又处于无序发展状态,这必然使当时的城市形态显得矛盾重重和混乱不堪。

1) 城市结构受到严重破坏而难以修复

造成城市结构破坏的直接原因是新的城市功能引发了许多新的城市用地形式——大片工厂区、交通运输、仓库码头区,这些用地是给城市带来巨大财富、使城市"充满活力"的因素。工厂成为城市有机体的核心,其他一切都成了工厂的附属品。在城市中,自由竞争决定了工厂的位置,为了获取最大利润,工厂通常选址于滨水地带——因为在生产过程中需要大量的水供给蒸汽锅炉,同时也最方便倾倒污水和污物;工厂要求邻近铁路线——以最便捷的方式获得燃料;工厂要求在城市内部——便于在四周布置工人的住所,选择好的劳动力。

与工厂关系密切的铁路不仅给城市带来了噪声、煤灰,同时还给城市带来了厂房、货场和垃圾堆,许多城镇允许铁路到达市中心,城市最宝贵的用地变成了货场和编组站,这一条条带来利润的铁路线也成为城市内部各地区之间无法逾越的障碍。

在高额利润的驱使下,城市的开发规模已经变成了一个与人类其他需要和活动无需发生关系的商业行为。城市的规划设计是把土地以最快的速度变为可以买卖的标准货币单位;买卖的基本单位不再是邻里或街区,而是一块块建筑地块;地块的价值以沿街英尺数来确定,这对土地测量员、房地产投机商、建房承包商、律师等人来说是最方便的[11]。这种建筑地块对长方形的建筑街区布置也十分有利,因为它特别"可操作",由此引起的长方形建筑街区的模式千篇一律、单调、可操作,必然会成为城市扩展最高效的基本形式。

当人们把任意选择厂址、随意延伸铁路和无特色的棋盘格街坊作为扩展城市的手段时,其结果是可想而知的。

2) 城市居住的"贫民窟"倾向

当人口大量向城市聚集时,房地产主必然以土地投机来获取利润。在老城镇,把原来一户一家的住宅改为兵营式住宅,在城市的边缘地带则以行列式、小间距或无间距的排列进行布置,这些住宅窗户狭窄,光线不足,拥挤不堪;胡同是阴沉沉的,遍地垃圾,"直到有人要拿它当肥料才运走"。过度拥挤和昂贵租金使得许多城市出现了更为糟糕的情况,地窖也用来居住,即使在1930年代,伦敦仍然有2万人住在地下室里。

在这些地区,除了缺失必不可少的公园、绿化、儿童游戏场等公共设施之外,甚至连起码的供水、排水设施也没有,饮水、洗涤用水的缺乏必然会导致污物积聚。就整个城市而言,居住水平的下降,居住条件的恶化已经成为明显的趋势,这违背了人类最基本的生理需要,帕特里克·格迪斯对当时城市居住情况的评价是"贫民窟、次贫民窟、超级贫民窟"。

3) 城市环境的恶化

随着工厂的聚集,城市变成了一个大工场,城市环境以工业扩展的相同速度不断恶化。工厂分布在城市的各个部分,黑色的烟尘从工厂烟囱中滚滚喷出,烟煤的油污像雨点一样遍地溅落;大量的炉渣、废料、垃圾任意倾倒,原料和产品的消耗使固体垃圾堆积如山,吞噬着人们的生存空间,化学工业、染织工业临河而建,在大量取水的同时,又把生产的污水、有毒物质排回水体,河流成了污水明沟;城市一片喧嚣,各种机器都在发出震耳的噪声:工厂的汽笛声,火车头的尖啸声,蒸汽发动机的推进声,机轴、皮带、传送带的隆隆声,工人们的喊叫声……城市上空飘浮着怪异的空气,氯、一氧化碳、硫、甲烷等应有尽有。城市在急剧创造财富的同时笼罩在环境恶化的阴云之中。

工业革命给人类带来了喜悦,工业革命的急剧扩展同样也给城市带来了不幸。工业生产的大量污染、铁路的任意延伸和贫民窟的滋生蔓延,特别是在功利原则驱使下的无序发展,彻底改变了城市原有的和谐,城市环境每况愈下。美国纽约的婴儿死亡率记录就是一个最好的例证:1810年婴儿死亡率是出生婴儿的120‰~145‰,1850年为180‰,1860年为200‰,1870年上升至240‰。恩格斯尖锐地指出:"现代自然科学已经证明,挤满了工人的所谓恶劣街区,是周期性光顾我们城市的一切流行病的发源地。……统治的资本家阶级以逼迫工人阶级遭到流行病的痛苦为乐事是不能不受惩罚的,后果总会落到资本家自己头上来,而死神在他们中间也像在工人中间一样逞凶肆虐。"[12]

1.2 城市问题的早期探索

工业革命解放了生产力,大规模的机器生产方式引起了人口的聚集,彻底破坏了农业文明时代城市的结构关系,资本家阶级唯利是图的本性决定了他们在瓜分社会财富时不可能关注城市的发展状况,城市问题变得日益尖锐与复杂,城市规模的无序扩张,城市布局的混乱,建筑质量的低劣,贫民窟的蔓延,卫生条件的恶化,疾病、瘟疫流行,必然导致城市整体环境质量和城市运转效率的急剧下降。

19世纪末,日益严重的城市问题变成了一个广泛的社会问题,社会各个阶层对这一问题进行着不同方式的探讨。由于职业性质、社会阅历,特别是对工业革命的看法等方面存在着差异,所以,针对城市问题的解决主张各不相同,形成的学术观点、理论思想也各不相同。撇开这些差异,这种探索精神是极其伟大的,对现代城市规划的理论、实践具有极其深远的影响。

早期探索的城市规划思想概括起来,可以分为三个主要流派。

(1) 以 E. 霍华德(Ebenezer Howard)为代表的强调城市分散的"田园城市"规划思想。

(2) 以勒·柯布西埃(Le Coubusier)为代表的主张利用先进的工业技术强化城市集中的规划思想。

(3) 以伊利尔·沙里宁(Eliel Saarinen)为代表的倡导遵循城市发展规律、实行有机疏散的规划思想。

1.2.1 "乌托邦"与 E. 霍华德的"田园城市"

E. 霍华德的"田园城市"思想源于空想社会主义者倡导的"乌托邦"和他对当时社会状况的充分调查与思考,因此,"田园城市"的概念与"乌托邦"思想相比较,具有操作的可能性。

E. 霍华德的"田园城市"规划思想主要集中在他的著作《明天——一条引向真正改革的和平道路》(1898)中。他认为,城市环境的恶化是由城市膨胀引起的,城市具有吸引人口聚集的"磁性",城市无限度扩展和土地投机是引起城市灾难的根源,只要控制住城市的"磁性"便可以控制城市的膨胀,而有意识地移植"磁性"便可以改变城市的结构和形态。基于这样的分析,他主张建立一种"城乡磁体",把高效率、高度活跃的城市生活

1 工业革命与城市问题的早期探索

和环境清新、美丽如画的乡村田园风光结合起来,摆脱当时城市发展所面临的困境。

1) E.霍华德"田园城市"方案

为了具体阐述"田园城市"的规划理论,E.霍华德作了田园城市的规划图解方案。这个示意方案分为两个层面:单个田园城市的结构和田园城市的群体组合。

(1) 单个田园城市的结构(图1.1)

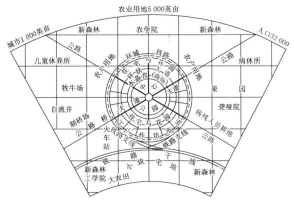

(a) "田园城市"设想方案

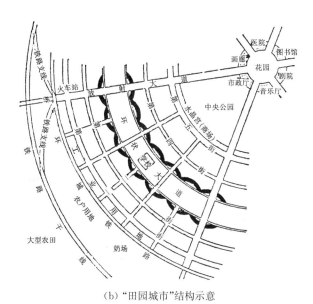

(b) "田园城市"结构示意

图1.1 E.霍华德"田园城市"图解方案

城市人口规模为32 000人，占地400 hm²，外围有2 000 hm²农业生产用地作为永久性绿地。城市由一系列同心圆组成，6条各36 m宽的大道从圆心放射出去，把城市分为6个相等的部分。如果城市平面是圆形，那么，中心至周边的半径长度为1 140 m。

城市用地的构成是以2.2 hm²的花园为中心，围绕花园四周布置大型公共建筑，如市政厅、音乐厅、剧院、图书馆、展览馆、画廊和医院。其外围环绕一周的是占地58 hm²的公园，公园外侧是向公园开放的玻璃拱廊——水晶宫，作为商业、展览用房。住宅区位于城市的中间地带，130 m宽的环状大道从其间通过，其中宽阔的绿化地带布置6块1.6 hm²的学校用地，其他作为儿童游戏和教堂用地，城市外环布置工厂、仓库、市场、煤场、木材场等工业用地，城市外围为环绕城市的铁路支线和2 000 hm²永久农业用地——农田、菜园、牧场和森林。

在E.霍华德的倡议下，英国第一个花园城市于1903年在莱奇华斯建成，距伦敦55 km，农业用地和城市用地共1 840 hm²，规划人口35 000人（由巴里·帕克和莱蒙德·恩温设计）。

(2) 田园城市的群体组合

单个田园城市的外围布置有环城铁路和永久绿地，严格控制了城市规模。E.霍华德认为，城市的扩展，疏解大城市的机能以及提高田园城市公共生活的水平与质量应该以城市联盟的形式来解决，在保持田园城市的规模和乡村风光特色的同时，达到大城市同等的公共生活质量，进而替代大城市。联盟城市的地理分布以"行星体系"为特征（图1.2），即在建设好一个32 000人口规模的田园城市后，继续建设同样规模的城市，并把六个城市围绕着一个55 000人口规模的中心城市，形成人口规模约25万人的城市联盟。各城市及中心城市之间以快速交通和瞬间即达的通信手段相连接，政治上联盟，文化上密切相连，经济上相对独立，这样就能够享受到一个25万人口规模的城市所拥有的一切设施与便利，而没有当时大城市的种种弊端。这种城市联盟的结构，通过控制单个城市的规模，把城市与乡村两种几乎是对立的要素统一成一个相互渗透的区域综合体，它是多中心的，但又是作为一个整体在运行。

1 工业革命与城市问题的早期探索

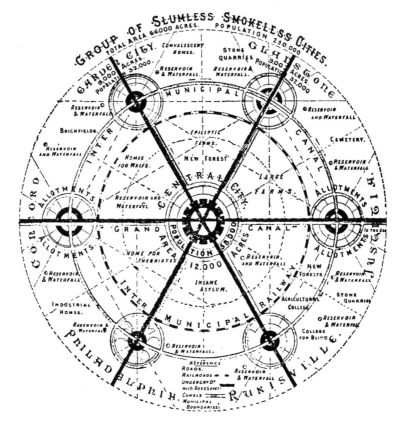

图1.2　E.霍华德的"联盟城市"构想

2）E.霍华德"田园城市"的意义

E.霍华德"田园城市"的学说低估了一个以赚钱为主的经济社会中大都市市中心的强大吸引力和高租金、交通拥挤的重要价值。当时,工业扩张、人口扩张和土地扩张的速度使人们已经不可能对其进行组织和抑制,因此,当城市没有到达无法忍受的境地时,E.霍华德的伟大学说遭到社会拒绝也是必然的。

虽然田园城市的实践并不像我们想象的那么辉煌,或者其结局有点儿灰溜溜的,但是,这无法掩盖E.霍华德"田园城市"学说的光辉和伟大贡献。

（1）发展极限的概念

E.霍华德把古希腊关于任何有机体或组织的生长发展都有其天然限制的概念重新介绍到城市规划中来。他认为,应该通过控制人口规模、居住密度、城市面貌来控制城市的规模,实行有限度地发展,通过配备足够数量的公共设施和公园创造优美的城市面貌,实现城市与乡村的重新结合。对于城市规模的限制,有利于建立以人为主体的城市尺度感,田园城市1 140 m的设想半径有利于人以步行的方式到达城市的各个部分,外围划定永久性农田绿带既能在城市周边保持田园风光,又能避免城市扩张导致的成片蔓延。发展极限概念的引入希望人们保持冷静的头脑发展城市,注重城市的运行效率和城市的环境质量。

(2) 有机平衡的原则

E.霍华德"田园城市"的学说强调了城市内在的有机性,因为保持了广阔的绿地,城市与乡村能在更大范围的生物环境中取得平衡。城市内部各种功能相互平衡,城市一旦受到过度增长的威胁时,就可以根据田园城市的规划建设新的城市,所以,"田园城市"学说的重要意义不仅仅是在城市中增加了花园、绿地,创新之处在于它通过一个"组合群体"对城市错综复杂的情况进行恰当的处理,并建立起内在的平衡机制以协调城市的生长与发展。

(3) 动态管理的观点

E.霍华德认为,资本主义城市土地私有、土地投机是引起城市灾难的根源之一。土地投机加上盲目建设必然会造成城市的混乱,混乱没有达到极点时,谁也不会考虑城市的整体利益以及城市的环境质量,而城市混乱达到极点时,城市又将不可救药。因此,E.霍华德认为应该建立一个公共的组织机构——一个代表制的公共权力机构——对城市的发展、运转进行管理,这个机构有权集中并占有土地,制定城市的规划,决定建设的时间,提供必要的服务,以保证建立一个协调、平衡的有机整体。城市建设的动态管理是一种对城市发展的监督机制,有利于城市把混乱消灭在萌芽状况,做到防患于未然。

3) 马塔的"带型城市"

在相同的背景情况下,西班牙工程师苏里亚·伊·马塔(Sorya Y Mata)认为,城市从中心向外无限度的扩展,使城市中心区离自然环境越来越远,这种普遍的城市形态必然会导致城市拥挤、卫生恶化。基于把城市与自然环境相结合、充分利用先进的工业技术的考虑,马塔以改变城市形态的方法解决城市问题。1882年他提出了"带型城市"的理论,即城市应该以一条宽阔的道路作为城市的脊椎,可以无限延长,沿着这条道路可布置一条或多条电气铁路运输线,铺设供水、供电等各种工程管线,道路两侧每隔 300 m 开辟横向道路，形成一系列 5 hm² 面积的街区，然后再分成若干由绿化分隔的小块建筑场地(图 1.3)。按照这种方法建设的城市既可以接近自然，又便于交通。

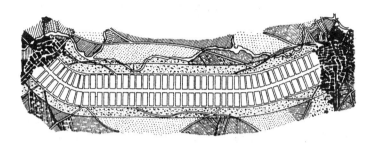

图 1.3　苏里亚·伊·马塔"带型城市"的概念

1930 年代，"带型城市"在原苏联得到了新的发展，N. A. 米柳金(N. A. Milyutin)提出了"连续功能分区"的方案，城市由狭长的、平行的居住区和工业带组成，中间为绿化防护带，其间布置有服务和交通设施，工业带的外侧修建铁路线，使工业带获得非常方便的双侧交通服务，这种结构保障了城市连续发展的可能性，并保证了各功能区之间在不同时期内的相对稳定关系(图 1.4)。

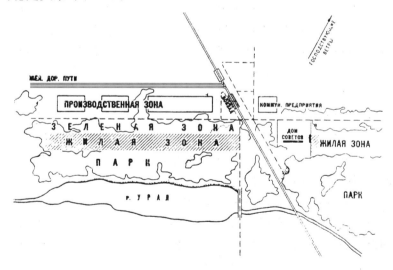

图 1.4　N. A. 米柳金的"连续功能分区"方案

马塔的"带型城市"和 N. A. 米柳金的"功能连续分区"方案虽然都能很好地解决城市环境恶化问题，保持城市环境与自然环境的和谐关系，但是，把城市分解为井井有条的带状地块的做法给这一理论带来了致命的缺陷：对地块的过密划分难以适应各类工业项目的技术要求，居住、工业的相对稳定忽略了城市功能的复杂性和生长性，割裂了城市内在的有机联系，当城市无限延伸时，城市的"脊椎"道路还能满足无限增长的城市交通的需要吗？

4）赖特的"广亩城"

倡导"有机建筑"的美国建筑大师赖特（Frank Lloyd Wright）以草原式住宅、流水别墅、纽约古根海姆博物馆和西塔里埃森馆而著名，是一位纯粹的自然主义者，他高度关注自然环境，努力实现人工环境与自然环境的有机结合。赖特反对大城市的集聚，追求土地和资本的平民化，通过新技术（汽车、电话）使人们回归自然，让道路系统遍布广阔的田野，居住单元分散布置，每个人都能在 10~20 km 范围内选择生产、消费和娱乐的方式。1932 年，赖特提出了"广阔天地—英亩城市"：每家占一块矩形土地，面积一到三英亩，用简单图纸作参考依据，自建住宅，每家变化多样，避免单调，生活自给自足，每座城市 3 000 人左右。赖特希图借助于汽车的普及实现城市与乡村结合，达到疏散城市人口的目的，同时，有使人们过上既乡村化城市又城市化乡村的新生活。

与 E. 霍华德的田园城市相比，"广亩城"在诸多方面存在不同的含义。田园城市具有整体城市的概念，城市的组织表达了城市各构成功能要素的关系，是一种"自上而下"的规划，而"广亩城"则是个体城市，强调居住单元的相对独立和个体选择，是一种"自下而上"自组织形态；在城市特性方面，田园城市主张城市的经济、社会活力优先，结合乡村的自然幽雅环境，而"广亩城"则完全排斥城市的结构特征和属性，强调真正地融入自然乡土环境之中，实际上是一种"没有城市的城市"；在后续影响方面，田园城市引导了西方国家卫星城理论的发展和新城运动，而"广亩城"则成为美国城市郊区化的样本，以私人汽车作为主要通勤交通方式的、美国式的低密度蔓延、极度分散的城市模式。

建立保持城市与乡村自然景观相协调的"田园城市"理论，有三种不同的模式：一种是以 E. 霍华德为代表的同心圆"行星体系"结构，具有明显的自我遏制、地方性的静态特征；一种是以苏里亚·伊·马塔为代表的带型轴向结构，具有不定性和区域性的生长特征；一种是赖特的"广亩城"，强调个体的表达和自组织与自然乡土的真正融合。也许是因为 E. 霍华德"田园城市"理论在强调城市环境的同时，对工业革命发展所持有的过于谨慎和有限度利用的观点，所以，"田园城市"的理论仍然作为一种理想的学说,没有成为世界广为接受的理论。

1.2.2 "工业城",勒·柯布西埃的"城市集中论"

面对城市的困境,勒·柯布西埃认为,大城市控制着一切:和平、战争和工作。大城市是精神工厂,那里创造天下最好的作品[13]。他主张用先进的工业科学技术来改造大城市以适应发展的需要。

1)"工业城"模型

具有相似观点的法国工程师托尼·戛涅(Tony Garnier)早在1901年提出了他的设想——"工业城"模型。工业城人口规模约为35 000人,"建设这样一座城市的决定因素是靠近原料产地,或者附近有提供能源的某种自然力量,或者便于交通运输。在他提供的设想方案中(图1.5),决定城市位置的是具有动力资源的水系支流。用水坝截拦建造水电站,向工厂及整个城市提供电力、照明及热能,主要的工厂设置在河流与其支流汇合的平原上,有一条铁路在工厂与城市之间穿过。城市

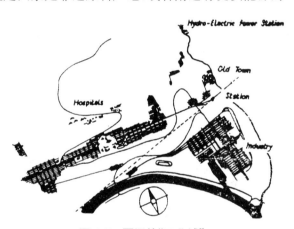

图1.5 戛涅的"工业城"

布置在比工厂要高的台地上,而城市医院的位置更高,它们与城市一样,都位于朝南的台地上,防止冷风直袭。这些基本要素(工厂、城镇、医院)都互相分隔以便各自扩建。……对个人的物质及精神需求进行调查的结果导致了创立若干有关道路使用、卫生等等的规则,其假设是社会秩序的某种进步将使这些规则自动得以实现,而无需借助于法律的执行。土地的分配以及有关水、面包、肉类、牛奶、药品的分配,乃至垃圾之重新利用等等均由公共部门管理"[14]。

托尼·戛涅的"工业城"模型建立在"未来城市必须以工业为基础"的信念之上。他规定了一般工业城的建设原则和布局方式,提出了钢筋混凝土建造技术的结构模式,对城市的居住问题提出了具体的解决方案。托尼·戛涅"工业城"最独特的贡献在于实行了城市的功能分区和适度分

离,以最先进的交通方式加强城市各部分的联系,并且为城市的发展提供了广阔的空间。托尼·戛涅的"工业城"模型在当时是一种全新的城市组织形式,具有极强的"现代性",预示了1933年雅典宪章的分区原则。

2) 勒·柯布西埃的新建筑观

勒·柯布西埃是现代建筑的奠基人,他思想活跃,对客观事物具有敏锐的洞察力,是一个在设计上善于创新与"不断变化的人"[15],以其理论和建筑作品、设计方案推动了现代建筑运动,是一位具有广泛世界影响的建筑大师。

勒·柯布西埃生活于工业革命在世界范围内广泛传播的年代,他对现代工业的成就欢呼不已,"一个伟大的时代已经开始了,工业像一股洪流滚滚向前,冲向它注定的目标,给我们带来了适应这个新时代的工具,激发着新的精神"[16]。他积极主张把最先进的工业技术应用于建筑,创造表现新时代特征的新建筑。勒·柯布西埃最著名的口号是"住房是居住的机器"[17]。他解释道,房屋不仅应该像机器适应生产那样适应居住要求,还要像生产飞机、汽车那样大批量生产,便于维修,"在这个革新的时期中,建筑的首要任务就是要引起对一切价值的重新估计,对住宅的组成部分重新估计。如果我们消除了内心中对住宅的固有观念,批判地、客观地看问题,那我们就会得出住房是居住的机器的结论,即成批生产的、健康而美丽的住房,就像伴随我们生存的工具、仪器一样美丽"[18]。

1926年,勒·柯布西埃提出了"新建筑五点":底层独立支柱、屋顶花园、自由平面、横向长条窗、自由立面。最能反映"新建筑五点"的代表作是勒·柯布西埃1928年设计的萨伏依别墅,这是一座花园环绕的独立式住宅,共三层,外形轮廓简洁,但内部如同一架构造复杂的机器,强烈地体现了1920年代欧洲"现代建筑"的观点,因而被认为是"现代建筑"的经典作品之一。

3) "光辉城市"

勒·柯布西埃是现代建筑师中认真探索现代大城市规划问题的第一人。与回避直接改造大城市并呼吁离开大城市的E.霍华德不同,勒·柯布西埃看到了城市扩展的必然性和现代工程技术的巨大潜力,坚信用高度发达的技术武装起来的现代人完全能够战胜自发形成的老城市,主张对城市实施"外科手术",有意识地干预精神上和物质上过了时的城市物质结构,在人口集中的基础上改造大城市。

勒·柯布西埃在承认大城市危机的同时认为,从根本上改造大城市的出路在于运用先进的工程技术减少城市的建筑用地,提高人口密度,改善城市的环境面貌。现代城市需要的是阳光、空间、绿地等"基本欢乐"。他认为应该以较小的用地创造高居住密度的大城市,并且具有使城市拥有阳光和空气的公园、林荫道和巨大公共广场的自由空间,根据勒·柯布西埃自己的说法,这是一场把"乡村推进城市"的战斗[19]。

在1920年代至1930年代期间,勒·柯布西埃对城市问题进行了广泛的探索,提出了一系列大胆而富有创造性的设想。

1915年,勒·柯布西埃提出了"架空城市"的构想。整个城市的地面用立柱升起4~5 m,犹如汽车的底盘,这些立柱就是支撑上部结构的基础。这部分空间用来布置一切水管、煤气管、电缆、电话线、压缩空气管、下水道、区域供暖管线,以便进行维修和改装;这里还可以开辟重型卡车运输通道,与城市地面层的各个点直接联系。建筑物的屋顶设计为平屋面,辟为花园和休息场地。新的布局可以用同样大小的面积容纳同样多的居民,而城市景观却发生了根本的变化:从干道后退的大型长条的房子,每一面都有向空气和阳光开敞的公寓、游戏场和大片的绿地。

1920年,勒·柯布西埃借用美国摩天大楼的做法改造旧城市,认为可以把人口集中到几个点上,而在这些点上利用钢筋混凝土技术或钢结构建造60层高的大楼,在拥有极大的绿化面积的同时,建筑容量仍然比一般的城市增加5~10倍,每人可以有10 m²的面积,一座200 m高的摩天大楼可以容纳40 000人。1922年,勒·柯布西埃提出了一个300万人口的城市规划方案,城市中有适合现代交通工具的道路网,中心区为巨型摩天楼,外围是高层楼房,楼房之间有大片绿地,各种交通工具在不同的平面上行驶,交叉口采用立体交叉(图1.6)。这一思路曾经在1925年用于巴黎市中心的改造,即"伏瓦生规划"方案(Plan "Voisin" de Paris)。

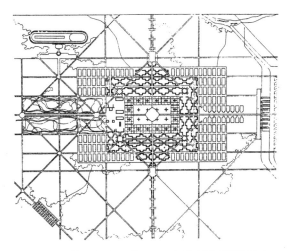

图1.6　勒·柯布西埃　300万人城市总平面图

在交通要点上的中心区是多层车站,其周围是居住街包围的都市事务中心,城市一侧布置工业企业和码头,另一侧是与体育设施相连的大片公园。

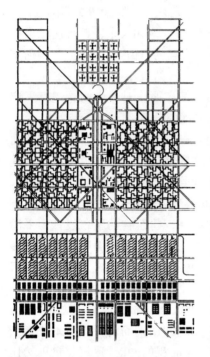

图1.7 勒·柯布西埃 光辉城市

在1928年至1930年间,勒·柯布西埃对原苏联进行了三次访问,并与N.A.米柳金有所接触,这大大改变了他的现代城市的观念——从集中式的城市模型转向了一种理论上"发展无限"的观念,1930年,勒·柯布西埃提出了"光辉城市"的模型。"光辉城市"的组成既与N.A.米柳金的"线型城市"相像,又具有勒·柯布西埃"现代城市"的特色。它的原理是把整个城市分为若干平行带:用于教育的卫星城、商业区、交通区(包括有轨和空中运输)、旅馆和使馆区、绿化区、轻工业区、仓库和铁路货运区、重工业区(图1.7)。在这一模型中,勒·柯布西埃还注入了某种人文主义的、人体学的隐喻。由16座十字形摩天楼组成的孤立的"头颅"凌驾于文化中心的"心脏"之上,又位于两半个居住区——"肺叶"之间。此外,线型城市的模型得到了严格的遵守,这样就允许这些"层次性"不强的区域各自独立地发展。"光辉城市"的出现说明勒·柯布西埃已经放弃了创造有形式感的有限城市的观念,转向促进一种区域规模、动态发展的城市模型[20]。

虽然,勒·柯布西埃的"光辉城市"从未实现,但是,它对战后欧洲和其他地区的城市发展产生了广泛的影响。在城市改造与发展过程中,他认为,在先进的工业技术条件下,既保持人口的高密度,又形成安静、卫生的城市环境,是能够实现的,关键在于建造高层建筑和处理好交通问题。勒·柯布西埃主张城市集中,充分利用现代工程技术发展城市、改造城市、保持城市的活力,符合社会发展的趋势和社会心理的趋向。因此,勒·柯布西埃所倡导的"现代建筑运动"成为20世纪的主流应该是必然的结果。

1.2.3 伊利尔·沙里宁的"有机疏散"

面对大城市发展的困境,E.霍华德和勒·柯布西埃提出了两种截然相反的解决方案。前者倾向于人口分散,实现"田园城市"的理想;后者倾向于人口集中,主张以先进的工业技术发展和改造大城市。在同时代,芬兰建筑师伊利尔·沙里宁提出了一种介于二者之间又区别于二者的思想——"有机疏散"。

伊利尔·沙里宁的"有机疏散"思想最早出现在1913年爱沙尼亚的大塔林市和1918年芬兰大赫尔辛基规划方案中,而整个理论体系及原理集中在他1943年出版的巨著《城市:它的发展、衰败与未来》中。

1) 大赫尔辛基规划

芬兰建筑师伊利尔·沙里宁是分散大城市的积极倡导者,E.霍华德的"田园城市"、奥地利建筑师瓦格纳(Otto Wagner)的维也纳中心规划和英国建筑师恩温的伦敦花园新村规划对伊利尔·沙里宁有机分散规划思想的酝酿都产生了一定的影响。当然,伊利尔·沙里宁本人的实践工作和经历是有机分散规划思想的坚实基础,在大赫尔辛基规划之前,伊利尔·沙里宁对斯德哥尔摩、哥本哈根、汉堡、卡什鲁厄、慕尼黑等城市进行了实地调查,由于这些城市的地理、历史条件的影响,城市结构上都具有分散发展的特点,在建设时多采用近郊分区开发的方式。在大赫尔辛基规划中,伊利尔·沙里宁广泛地研究交通系统的组织、居住与工作的关系,建筑与自然的关系,把城市分解为一个既统一又分散的城市有机整体,各部分布置有住宅、商店、学校以及生产车间等,形成相对独立的单元,这些单元各自拥有用绿地分开、用高速交通联系起来的中心。新城区以半径为6~9 km的半圆环绕老城中心布置,相邻中心之间的距离为2~3 km,区界间的最小距离为0.5 km(图1.8)。

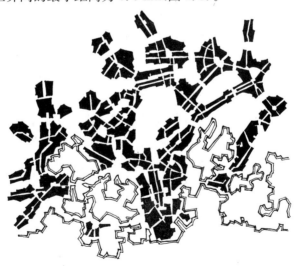

图1.8 伊利尔·沙里宁 大赫尔辛基规划

与 E. 霍华德的田园城市相比,伊利尔·沙里宁的大赫尔辛基规划提出了一种更为紧凑的结构关系,半独立的联盟方式保持了原有城市各部分的完整性,减少了对旧城中心的依附和依赖。

2)城市的生长与衰败

伊利尔·沙里宁在《城市:它的发展、衰败与未来》中对城市存在的意义做了极为简明的解释:"城市的主要目的是为了给居民提供生活上和工作上的良好设施。这方面的工作做得越有效,每个居民在提高物质和文化水平方面从城市设施中得到的利益越多"[21]。因此,城市应该建设在适宜生活的地方,把对人的关心放在首要位置,物质的安排为人服务。对城市的评价应该包含两个方面,即物质的和精神的,作为日常生活必要手段的物质条件应当支持人的精神文明的发展,促进居民在精神文明上求取进步。

城市是人的物质寓所,城市也是人的精神家园。

伊利尔·沙里宁认为,城市是人类创造的一种有机体,人们应该从大自然中寻找与城市建设相类似的生物生长、变化的规律来研究城市。伊利尔·沙里宁从有机生命的观察中得到的启示是,所有生物的生命力都取决于个体质量的优劣以及个体相互协调的好坏。由此,伊利尔·沙里宁提出了城镇建设的基本原则:表现的原则、相互协调的原则和有机秩序的原则[22]。

(1)表现的原则

表现的原则指自然界任何一种形式的表现都真实地说明着掩盖在形式之下的某种含义。人类的活动虽然属于创造的范畴,但也符合表现原则的规律,在人类的活动中,只要其形式是真实的,那么必然是人类生活、情感、思想和愿望的真实表达,历史上各个灿烂的文化时期都有一定的形式与特征,表现着当时人民的生活和时代精神,即使是极为细微的东西也能通过其形式表述着真实。建筑物是组成城镇的基本单位,存在着质量的优劣,应当明确地把建筑理解为一种有机的、社会的艺术形式,人们应该努力去发展能够表达自己时代特征的形式,反映社会积极的真实性,当然,如果人们经常建造各式各样毫无价值的房屋,那么必然会给城镇带来死气沉沉的恶果。

(2)相互协调的原则

当无数个"细胞"组合成一个整体时,它们必须相互配合、相互协作,并表现出趋向一致的倾向,即相互协调的原则,这是大自然保持和谐状态的基础。

相互协调的原则是和谐或混乱的杠杆。

当人们尊重这一原则时,人们的整个活动范围,从房屋到街道、广场、村镇甚至整个城市都将会呈现出和谐的效果。在古老的城镇中,虽然有各种不同的组合部分,但它们在体量上、比例上能够形成有机的组合,建筑群和天际轮廓线的特征反映着时代的特征,构成城镇的每一个细节无疑都暗示着一种"趋同"的倾向。一旦背离了这一原则,构成整体的个体因素必然会走向极端,强化个体的"特殊"将以丧失整体的协调为代价,混乱状态是必然的结果。

(3) 有机秩序的原则

大自然中,有机生命以一种内在的次序在演化,当表现和相互协调的能力足以维持其秩序时,就会有生命的发展,一旦表现和相互协调的能力无法阻止其秩序趋于破坏时,则生命的衰退将会出现,这就是有机秩序的原则,这一原则有效地调节着自然界的演化。对城市而言,城市建设应该建立城市的有机秩序,在城市的发展过程中,使这种秩序继续保持其勃勃生机。

综上所述,城市的生长与衰退取决于城市的运行状态,这一状态处于"走向有机秩序"时,表现及相互协调的原则将起到很好的促进作用,城市将呈现出"积极"和"充满活力";一旦误入"无序"的歧途,表现、相互协调的原则必然丧失,城市将会出现衰败和杂乱无序。

3) 有机疏散

19世纪,城市呈现出衰退的趋势,伊利尔·沙里宁认为主要是两个方面的原因:城市的演化走向了无序和城市的发展走向了急功近利。

城市的演化走向了无序,表现、相互协调的原则走向了它们的反面——模仿和互不协调,建筑艺术逐步退化为单纯地模仿过去时代的风格和形式,变成了肤浅的风格化装饰,一般的建筑师像选择自己的衬衣和领带的花色一样随意地选用各种建筑式样,只是把外来的、过去的风格与形式强行套在建筑物上,并不考虑它所在的地点与环境,这样的建筑物在哪里出现,就会给哪里带来不协调,城镇的整体性就这样被肢解了,表现和相互协调的原则必然不复存在。

城市的发展走向了"急功近利"。工业革命、科学革命和政治革命可以非常肯定地产生令人满意的文化成果,但是,当事物的进步引起这些发展,并继续使之形成明显的运动时,人们却意识不到,除了运动本身固有的经济、物质问题外,还有非常重要的各种性质的精神问题,当这些精神问题没有得到重视,无法指导运动循着文化的轨道发展时,功利主义的原则就会占据突出的位置,城镇随之而胡乱扩建,城市结构从原先的统一体变为不同成分、不同利益、参差不齐的堆积物,其物质面貌必然是各种不同形式的七拼八凑,呈现出功利主义浅薄的平庸状态。

各种因素促使人口普遍地涌向大城市,兴建高层建筑使城市的拥挤状况变得更加严重,城市的边缘呈爆炸状向四周农村蔓延,交通车辆在数量、种类上迅速增加……仅仅几十年的时间,许多城镇竟会如此迅速地扩展为大城市。城市的这种"巨变"是在没有统一安排的情况下形成的,城市中日益严重的混乱拥挤状态成为城市的特征,各种互不相关的活动彼此干扰,造成骚乱。在这种情况下,城市不可能正常地发挥作用,如果人体内部的器官像畸形发展的城市那样,乱糟糟地掺杂在一起,其结果必然是疾病和死亡。

面对大城市的危机,伊利尔·沙里宁作出了极其冷静、理智的分析:迅速发展的大城市是一种较新近的事物,在不远的过去,世界上的大城市还屈指可数;但自从城市开始在数量与规模上迅猛发展以来,我们这个时代就要来应付这种发展所带来的难以预测的后果。所以,当我们说需要赶快提出恰当的建议时,我们不能套用早期的经验和陈旧的城镇建设方式,目前的和将来的工作必须建立在一个全新的基础上。

伊利尔·沙里宁认为,解决城市的危机可以从树木的生长机理找到办法。一棵树木,它的大树枝从树干上生长出来时就会本能地预留出充分的空间,以便使较小的分枝和细枝将来能够生长;而这些分枝和细枝又本能地预留出空间供嫩枝和树叶生长。这样,树木的生长就有了灵活性,同时树木生长的每一部分都不致妨碍其他部分的生长。显而易见,生长的灵活性可以防止出现相互干扰的拥挤状态,充分的空间又能使各个细部和整体在生长中都得到保护。

伊利尔·沙里宁把"灵活"和"保护"的概念引入了城市建设,这意味着:第一,使城市的每一区域能够正常发展而不致妨碍其他区域;第二,采取必要的措施,保护城区已建立的使用价值,以"灵活"的规划保证城市继续健康地"生长",以"保护性"的措施稳定其使用价值。

对于畸形发展的城市,也必须在组织工作中运用灵活、保护的措施使任何未来的发展能够符合这些原则,为了达到这个目的,就得预先制定一项精心研究的、全盘考虑的和逐步实施的"外科手术"方案。该方案必须达到三个方面的目标:第一,把衰败地区的各种活动按照预定方案转移到适合于这些活动的地方去;第二,把上述置换出来的地区按照预定方案进行整顿,改作其他最适宜的用途;第三,保护一切老的和新的使用价值。这样做的实际结果是,原先得不到保护的大块紧密的城区将逐步变为若干松散的、得到保护的社区单元[23]。

实现这一目标的方法是"对日常活动进行功能性的集中"和"对这些集中点进行有机的分散"[24]。这种组织方式就是使目前的密集城市实行有机疏散,前一种方法能给城市的各个部分带来适于生活与安静居住的条件,后一种方法能给整个城市带来功能秩序与工作效率。这种变化的最终结果是在原来紧密核心的周围逐渐出现一群新建的或改建的、具有良好功能性秩序的社区,这些社区都是按照进步的城镇规划的最高原则建立起来的。

伊利尔·沙里宁城市规划的思想概括起来就是:有机疏散。

关于"有机疏散"理论的实践,伊利尔·沙里宁认为,城市发展是一个长期的缓慢的过程,应当提倡把内容广泛的规划目标分解为许多细小的部分,成为日常建设中那种容易理解的"琐事",使城市建设变成一个"有计划的、沿着预定方向走向明确目标的、一系列逐步进行"的演变过程。对于规划目标的设想,也应该从"最终目标"为起点逐步分解成若干个层次或阶段,使之与实际情况相接近,这是一个与实施过程方向相反的思考过程。这样做将可以保证随着分散过程的逐步展开,城市实际发展情况与城市的发展计划越来越接近,直至完全相符(图1.9)。伊利尔·沙里宁把这一"双向思考过程"称为"动态设计"。

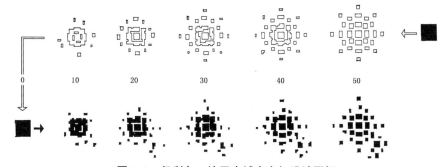

图1.9 伊利尔·沙里宁城市有机设计图解

假设:集中的城市中50%的面积已经衰败,进行整顿需要50年,在此期间城市面积将扩大一倍。(此项整顿与发展过程分五个10年时期)
上图:研究性设计的逆时间演变过程
下图:设计调整工作的顺时间演变过程

伊利尔·沙里宁"有机疏散"的理论具有明显的个性特征,他认为城市混乱、拥挤、恶化仅是城市危机的表象,其实质是文化的衰退和功利主义的盛行。城市作为一个有机体,其发展是一个漫长的过程,其中必然存在着两种趋向——生长与衰败。伊利尔·沙里宁认为,应该从重组城市功能入手,实行城市的有机疏散,才可能实现城市健康、持续生长,保持城市的活力。"有机疏散"理论把城市规划视为与城市发展相伴相随的过程,通过逐步实施"有机疏散"来消解城市矛盾,在20世纪盛行功利主义倾向时显得过于"阳春白雪",这也许是对这一理论广泛实践的制约。

至此,我们对工业革命之后城市规划理论进行了广泛的讨论,主要包括了以E.霍华德为代表的"田园城市"、伊利尔·沙里宁的"有机疏散"和勒·柯布西埃的"城市集中论"。E.霍华德的"田园城市"虽然存在着过于理想化的"乌托邦"色彩,但是,他对城市的区域关系、空间结构、景观面貌都提出了独特的见解,对城市规划学科的建设起到了极为重要的作用。伊利尔·沙里宁的"有机疏散"与"田园城市"相比具有明显的可实践性,尤其是"城市存在向积极、消极两个方向发展可能性"的分析充满了辩证的哲理,通过重新建立"日常生活的功能性集中点",调整城市结构关系,以"外科手术"剔除城市的衰败成分,使其恢复最适宜的用途,保护城市老的、新的使用价值的构想是一种极为冷静和理智的发展策略。与"田园城市"、"有机疏散"的理论相反,勒·柯布西埃极力主张城市的集中,利用先进的工程技术和大规模生产的工业技术改造大城市;利用高层建筑、立体交通重新恢复大城市的阳光、空间和绿化等"基本欢乐",保持城市的高速运转。这些伟大的探索为现代城市规划理论的发展和实践奠定了坚实的基础。

注释与参考文献

[1] 欧文·佩基著;蔡昌雄译.进步的演化.呼和浩特:内蒙古人民出版社,1998:29

[2] 马克思恩格斯选集.北京:人民出版社,1972.第一卷:321

[3] 英国政治家埃德蒙·伯克语,转引自斯塔夫里阿诺斯著;吴象婴,梁赤民译.全球通史.上海:上海社会科学院出版社,1992:344

[4] 马克思恩格斯选集.北京:人民出版社,1972.第二卷:207

[5] 斯塔夫里阿诺斯著;吴象婴,梁赤民译.全球通史.上海:上海社会科学院出版社,1992:349

[6] 斯塔夫里阿诺斯著;吴象婴,梁赤民译.全球通史.上海:上海社会科学院出版社,1992:244

[7] 陈昌曙著. 自然科学的发展与认识论. 北京:人民出版社,1983:79
[8] 斯塔夫里阿诺斯著;吴象婴,梁赤民译. 全球通史. 上海:上海社会科学院出版社,1992:285
[9] 刘易斯·芒福德著;倪文彦,宋峻岭译. 城市发展史. 北京:中国建筑工业出版社,1989:331
[10] 马克思恩格斯全集. 北京:人民出版社,1975. 第二卷:300
[11] 刘易斯·芒福德著;倪文彦,宋峻岭译. 城市发展史. 北京:中国建筑工业出版社,1989:314
[12] 马克思恩格斯选集. 北京:人民出版社,1972. 第二卷:491
[13] A. B. 布宁,T. 萨瓦连斯卡娅著;黄海华译. 城市建设艺术史. 北京:中国建筑工业出版社,1992:78
[14] 肯尼思·弗兰姆普敦著;原山等译. 现代建筑:一部批判的历史. 北京:中国建筑工业出版社,1988:114
[15] 荷兰建筑师 J. 贝克玛语,转引自罗小未. 勒·柯布西埃. 建筑师,1980 年第 3 期:185
[16] 勒·柯布西埃著;吴景祥译. 走向新建筑. 北京:中国建筑工业出版社,1981:180
[17] 勒·柯布西埃著;吴景祥译. 走向新建筑. 北京:中国建筑工业出版社,1981:70
[18] 勒·柯布西埃著;吴景祥译. 走向新建筑. 北京:中国建筑工业出版社,1981:180
[19] A. B. 布宁,T. 萨瓦连斯卡娅著;黄海华译. 城市建设艺术史. 北京:中国建筑工业出版社,1992:78
[20] 肯尼思·弗兰姆普敦著;原山等译. 现代建筑:一部批判的历史. 北京:中国建筑工业出版社,1988:114
[21] 伊利尔·沙里宁著;顾启源译. 城市:它的发展、衰败与未来. 北京:中国建筑工业出版社,1986:4
[22] 伊利尔·沙里宁;顾启源译. 城市:它的发展、衰败与未来. 北京:中国建筑工业出版社,1986:9
[23] 伊利尔·沙里宁著;顾启源译. 城市:它的发展、衰败与未来. 北京:中国建筑工业出版社,1986:123
[24] 伊利尔·沙里宁著;顾启源译. 城市:它的发展、衰败与未来. 北京:中国建筑工业出版社,1986:178

2 雅典宪章与现代城市规划理论的实践

1920年代末,政治、哲学、经济、科学和艺术在工业化的背景下出现了新的变化。前苏联的十月革命,爱因斯坦的相对论,日臻成熟的机器技术和工业化引起的新的美学原则使公众评判标准也发生了变化。这一时期,现代建筑由诞生开始走向成熟,建筑学和城市规划与公众的关系变得越来越密切,建筑师就自己的实践开始了广泛的合作与交流,1928年,国际现代建筑会议[1]成立,旨在对工业化背景下现代建筑运动的发展趋势进行探讨。1933年,CIAM Ⅳ的主题是"功能城市",发表了著名的"雅典宪章",成为城市规划特别是二战后城市重建的指导性文件。现代城市规划理论与实践正是从这一文件开始,继承、否定或扬弃,出现了精彩纷呈的众多流派和大量的规划作品。

2.1 CIAM 与雅典宪章

国际现代建筑会议于1928年在瑞士的拉·萨拉兹成立,来自8个国家的24名建筑师认为:建筑家的使命是表达时代精神,应该用新建筑来反映现代精神、物质生活;建筑形式应随社会、经济等一些条件的改变而改变;会议谋求调和各种不同因素,把建筑在经济、社会方面的地位摆正[2]。CIAM的诞生不仅显示现代建筑趋势已经形成,成为一般大众所认同的新的建筑方向,同时也表明建筑在目标、方法及美学理论上出现了趋于一致的倾向。

2.1.1 国际现代建筑会议(CIAM)

国际现代建筑会议的成立不只是使建筑理论从新古典主义走进了现代潮流,更重要的是扩大了现代建筑的领域与视野,在长达28年的十次会议中,对现代建筑的理论发展提出了新的观念,使建筑由单纯的空间感受、建筑美学的探讨扩大至对整个城市的研究,以及建筑、城市与政治、经济、文化和技术的相互关系的研究,促进了具有相同进步思想的建筑师之间的交流,在现代建筑发展史上留下了不可磨灭的一页。

CIAM十次会议,每次都设有明确的会议主题(表2.1),从"居住的最低标准"逐渐扩大至"城市的组织",在十次会议中,CIAM Ⅳ的"功能城市"是一个非常重要的议题。随后的会议都是围绕这一议题展开的,而在这一议题上的分歧也是导致CIAM终止的一个主要原因。

表2.1 CIAM十次会议议题

CIAM Ⅰ	1928	决定共同的目标及法令
瑞士 拉·萨拉兹		宣布原则,讨论下次会议议题
CIAM Ⅱ	1929	最低居住标准的探讨
德国 法兰克福		
CIAM Ⅲ	1930	理性的居住环境
比利时 布鲁塞尔		
CIAM Ⅳ	1933	功能城市
马赛→雅典邮轮		
CIAM Ⅴ	1937	住宅与休闲
法国 巴黎		
CIAM Ⅵ	1947	建筑美学,精神与物质环境的创造
英国 布立奇沃特		
CIAM Ⅶ	1949	区域、建筑容积、美学、经济、社会等研究
意大利 贝加莫		
CIAM Ⅷ	1951	城市的中心
英国 霍德斯顿		
CIAM Ⅸ	1953	人类聚居地
法国 埃-昂-普罗旺斯		
CIAM Ⅹ	1956	城市环境与社会、心理研究
克罗地亚 杜布罗夫尼克		

资料来源:孙全文等,近代建筑理论专辑.

从1928年拉·萨拉兹宣言到1956年在杜布罗夫尼克召开的CIAM最后一次会议之间,CIAM经历了三个发展阶段。第一阶段(1928—

1933)所探讨的议题多为纯理论议题,多数为具有社会主义思想倾向的德语国家的"新现实"派的建筑师,探讨居住最低标准,有效地利用土地和材料,确定最佳高度与间距等技术问题;第二阶段(1933—1947)处于勒·柯布西埃极强的个人影响之下,把研究重点有意识地转向城市规划,从城市主义角度看,1933年CIAM Ⅳ无疑是综合性最强的一次会议,发表的会议宣言——雅典宪章集中反映了当时"现代建筑"学派的观点,把城市功能分为居住、工作、游憩和交通四大活动;第三阶段(1947—1956)是由观点分歧最终走向分裂的阶段,老一代CIAM成员对战后城市处境的复杂性无法作出现实的评价,青年一代成员越来越感到失望与不安。正式的分裂出现在1953年的CIAM Ⅸ会议上,青年一代提出了一种更为复杂的模式来替代老一代对城市核心区的简单化模型,他们不仅抛弃了卡米洛·西特(Camillo Sitte)的情感,也抛弃了勒·柯布西埃"功能城市"的理性,寻求实体形式与社会、心理需要之间更为精确的关系。

CIAM Ⅹ杜布罗夫尼克会议上,勒·柯布西埃的一封公开信结束了"国际现代建筑会议"长达28年的历程。

2.1.2 雅典宪章

CIAM Ⅳ——主题为"功能城市"——于1933年7月至8月先后在S.帕特立斯号邮轮、雅典举行,在法国马赛闭幕。这是一次浪漫的地中海航行,是在一派秀丽景色、远离工业欧洲现实的背景下召开的,会议对34个欧洲城市进行了比较分析,在此基础上产生了"最为奥林匹克的、最富有修辞性、也是最具破坏性的"[3]会议宣言——雅典宪章。

雅典宪章共分为定义、城市四大活动等八章[4]。

(1) 城市发展受地理、经济、政治和社会因素的影响,城市与周围地区是一个不可分制的整体。

(2) 居住、工作、游憩和交通是城市的四大基本活动。

(3) 居住区应选用城市的最好地段,在不同地段根据生活情况制定不同的人口密度标准,在高密度地区应利用现代建筑技术建造间距较大的高层住宅。

(4) 工业必须依其性能、需要进行分类,选址时应考虑与城市其他功能的相互关系。

(5) 利用城市建设和改造的机会开辟城市游憩用地,同时开发城市外围的自然风景,满足居民游憩需要。

（6）城市必须在调查的基础上建立新的街道系统并实行功能分类，适应城市现代交通工具的需要。

（7）城市发展过程中应保留有历史价值的建筑物。

（8）每个城市应该制定一个与国家计划、区域计划相一致的城市规划方案，必须以法律保证其实现。

1933年雅典宪章明显带有勒·柯布西埃"光辉城市"的理论倾向，其核心观点，也是最有争议的观点，是对城市进行功能分区，宪章所提出的城市发展对策都建立在这一基础之上。雅典宪章以欧洲城市现状分析为基础，所以，宪章所规定的原则、观点、建议对当时欧洲城市的现状具有广泛的指导意义，对局部地解决城市中的矛盾起到了一定的作用，特别是把城市与周围区域联系起来，把城市与相关的政治、经济、社会因素结合起来的思路，扩大了建筑设计、城市规划的视野，客观地说，面对工业革命后的城市现状，对城市实行功能分区的办法可以缓和城市的矛盾与问题。从总体上看，雅典宪章对陈旧、传统观念的挑战，强调城市发展必须保持与工业生产、科学技术发展的一致性，以先进的科学、工程技术发展和改造大城市的思想，都具有其进步意义。

然而，雅典宪章也存在着一些不容忽视的问题。城市规划中过于刻板的功能分区，功能区之间绿化带的分隔措施肢解了城市的有机结构，使复杂、丰富的城市生活走向单一化、简单化，与人类的心理需要背道而驰；绝对的分区使居住远离工作地点，扩大了城市的交通量，使极为拥挤的城市交通随着交通工具的革命而日益恶化；宪章中关于居住建筑的指导意见以及人口密度的划分无法适应原有的社会结构，忽略了城市地方性的特征与变化，导致了千篇一律、毫无个性的"国际风格"的盛行。

随着城市问题研究的深入，二战之后的城市重建工作中出现了新问题，特别是生产力发展导致产业结构的重大变化，雅典宪章越来越暴露出其根本性的弱点。而大量的实践与研究，多学科的交叉与渗透使城市规划理论得到了广泛而深入的发展。

2.2 现代城市规划理论的实践

第二次世界大战结束之后，世界迎来了经济增长的"黄金时代"。自1950年代起，西方发达国家和大部分发展中国家的生产、生活水平都出现了大幅度的提高，生产力和科学技术日趋先进，建筑工业化体系日趋完善,城市交通技术与设施日趋完备。社会、经济和科技发展引起的巨大变化为解决城市问题创造了极为有利的条件,在雅典宪章的基本前提下,各国根据自身发展的特点,广泛探索城市发展问题,进一步丰富和发展了现代城市规划理论。

2.2.1 大伦敦规划与"卫星城"理论[5]

E. 霍华德在提出"田园城市"学说之后,于1903年进一步提出了建设花园城市的五项目标,1909年英国颁布了《住宅,城市规划法》,标志着英国城市规划体系的建立。

第二次世界大战结束之后,英国城市的战后重建在广泛研究的基础上提出了"从城市区域的角度出发,通过开发城市远郊地区的新城,分散大城市压力"的规划思想,即卫星城理论。英国的新城运动对战后重建起到了十分重要的作用,对世界各国解决大城市的问题提出了一种新的尝试。

1)"巴洛报告"与城市规划方法

第一次世界大战之后,虽然英国的人口增长速度明显减缓,但各城市继续向外蔓延的趋势没有停止,城市间的边界变得模糊不清,人口开始向城市的边缘地带迁移,土地开发压力增大。同时,私人小汽车的出现使交通问题成为大城市的主要问题,尽管战争的影响和战后英国经济结构的变化使城市规划理论的研究和实践活动徘徊不前,但1920年代兴起的区域规划理论的研究和实践却顺应了当时经济发展的需要。

1937年7月,中央政府组建了"关于工业人口重新分配研究"的皇家委员会,M. 巴洛(Montange Barlow)为该委员会主席,研究课题是:①寻求构成当时全国工业人口自然分布不均衡的原因,并提出未来人口自然分布结构模式;②研究社会经济发展到什么水平或中央政府制定的哪些发展策略的失误而形成了这种人口不合理分布现象;③针对当时全国人口分布不均衡的现象提出相应的对策。研究报告于1939年完成,1940年才经议会通过,即巴洛报告。研究报告提出了三点:第一,必须建立全国性的规划机构;第二,高度拥挤的工业城市必须重新开发,这些地区的工业人口必须疏散;第三,中央政府应采取对策,通过工业的重新分布平衡全国的工业发展。该委员会建议中央政府组织专业技术人员对伦敦地区进行专项研究,取得经验进而在全国推广[6]。

以 J. 厄思华特(Justice Uthwatt)为主席的关于土地开发补偿和赔偿

政策专家研究委员会1942年提交了有关土地开发控制中的补偿与赔偿政策的研究报告。而1941年的"中期报告"提出了两项主要的规划措施：①必须在全国扩大临时开发控制的范围，以适应战后大规模的重建工作；②必须进行重建的地区应该重新编制城市规划。

以L.思科特（Leslie Scott）为主席的农村地区土地利用委员会1942年提交的报告强调必须限制过分地利用耕地进行工业开发，政府应该着手建立包括农村规划和城市规划两项内容的规划体系。

以上三个著名的研究报告和同时期的其他城市规划研究报告从不同的侧面为1947年英国城市规划法提供了理论和实践的基础，完善了英国的城市规划体系。

2) 大伦敦规划

1941年英国政府采纳了"巴洛报告"的建议，决定成立一个中央规划机构来统筹战后的重建工作。1942年，英国著名规划师P.艾伯格隆比（Patrick Abercrombie）主持了"大伦敦规划"的编制，1944年完成了大伦敦规划和题为"伦敦市的重建"的研究报告。

大伦敦规划的区域范围约为6 700 km²，人口约为1 250万人。规划的指导思想是改善伦敦居民的生活条件。

大伦敦规划结构是由内至外、集中式的层圈结构。即内城圈、近郊圈、绿带圈与外圈（图2.1）。内城圈包括伦敦郡及周边地带，建筑密集，

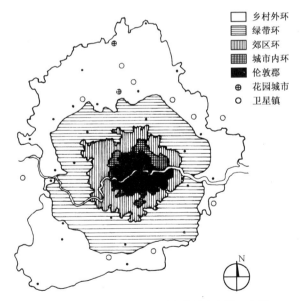

图2.1 P.艾伯格隆比 "大伦敦规划"示意图

工业、居住混杂，主要为改造区，把居住净密度降至 190～250 人/hm²；近郊圈进行控制，不增加人口，居住用地净密度控制在 125 人/hm²，配套公用设施组成社区，圈内空地尽量绿化以弥补绿地的不足；绿带圈为宽约 16 km 的绿化地带，圈内为森林、大型公园绿地以及各种游憩运动场地；外圈为农业区，规划设置 8 个卫星城，并扩建原有的 20 多座旧城镇，用以疏散伦敦的工业企业和过剩人口。二战结束后，伦敦的建设基本按照"大伦敦规划"进行实施。

P. 艾伯格隆比在"大伦敦规划"中提出了"以区域概念解决大城市问题"的规划思想，建立了"控制中心区，通过开发城市远郊地区的新城，分散中心城市的压力"的规划模式，为各国大城市的发展提出了新的思路。

3) 英国新城运动

在大伦敦规划之后，英国政府为全面开展新镇建设作了进一步的准备工作。1945 年成立了以 L. 李斯(Lord Reith)为首的新镇委员会，对新镇建设所涉及的有关问题进行研究，在半年时间内委员会提出了三个研究报告，详细阐述了建设新镇必要的立法问题以及建设新镇的原则、目标、体制机构等，1946 年，英国议会通过了《新镇法》，成为指导新镇建设的纲领。

英国建设新镇的主要目标是要建设一个"既能生活又能工作的、平衡的和独立自足的新镇"，即：新镇应为它的居民提供商店、学校、电影院、公共交通等一切必要设施和相当数量的就业机会，保证新镇居民能就地生活和就地工作；新镇的工作岗位应由多家企业或工业部门提供；新镇应吸收各种阶层的人员居住和工作。显然，就业机会与总人口的平衡是新镇必不可少的条件。

二战之后至 1980 年代初，英国先后设立了 33 个新镇(英格兰 22 个，威尔士 2 个，苏格兰 5 个，北爱尔兰 4 个)[7]。早期建设的新镇较多地体现着花园城市的设计思想：规模较小，人口规模一般控制在 10 万人以下，密度较低，居住区平均密度约为 75 人/hm²；居住、工业分区明确，居住建筑以邻里为单位进行建设，鼓励人们组成一个小社会，邻里间布置大片绿地，道路系统以平面路网为主，根据具体情况开辟小范围的步行区。这个阶段的新镇在功能、形式等方面大体相似，强调独立和平衡。具有代表性的新镇是斯蒂文乃奇和哈罗新城。

进入 1950 年代，英国人口增长较快，收入也稳步增加，私人小汽车发展较快，人们对公共生活的要求越来越高，反思早期新镇建设的情况，人们普遍认为早期新镇的密度太低，规模偏小，无法提供足够的文化娱乐和其他服务设施,难以形成城市氛围,新镇中心缺乏生气与活力。在随后的新镇建设中对这些问题有所改进,战后20年英国社会与经济发生了很大的变化,工业发展、财富增加改变了人们的思想意识和生活方式,人们对住房、工作和休息要求拥有更多的选择自由,所以,英国新镇规划在1960年代出现了新的变化。

4) 密尔顿·凯恩斯

1964年,英国住房和地方政府部公布了《东南部研究》报告,反思过去新镇建设的意义,认为由于产业结构的变化,伦敦仍然具有巨大的吸引力,英格兰的东南部地区人口在大量增加,这种状况是1944年大伦敦规划没有预料到的,因此,报告主张建设一些规模较大的、有吸引力的城市,把伦敦日益增长的就业人口吸引过来。密尔顿·凯恩斯就是其中的一个。

密尔顿·凯恩斯新城规划小组由来自多个领域的二三十位专家组成,经过三个月的讨论,提出了七十个规划目标、最后归纳为六大目标。

(1) 一个充满机会和选择自由的城市;
(2) 一个交通极为方便的城市;
(3) 平衡与多样化;
(4) 一个吸引人的城市;
(5) 一个便于公众参与的规划;
(6) 有效地、充分地利用物质设施。

密尔顿·凯恩斯位于伦敦西北 80 km,占地 9 000 hm²,规划人口为 25 万,于 1967 年开始规划,1970 年开始建设。城市平面为四方形,纵横各约 8 km,规划地区内的现状村庄具有历史文化价值,所以,被有机地组织到规划中去,得到了精心保护。新城的道路结构是间距为 1 000 m 的方格网系统,大部分交叉口为平交,由同步转换信号灯系统控制,车辆可随"绿波"行驶(图 2.2)。

与早期新镇相比,密尔顿·凯恩斯新城在规模、功能组织、交通组织和景观设计等方面都出现了新的变化,物质基础为自由选择提供了保证,规划思想和目标更趋于实用。

在功能组织上,规划小组把用地规划与交通组织作为一个整体来统一考虑,对新城的通勤交通进行多方案分析,为了减少通勤交通,最终选择了工作岗位完全分散的布局形式。因为一些现代化工厂已不再污染环境,所以,大的工厂可以分布在全城,小而无害的工厂可以安排在居住区

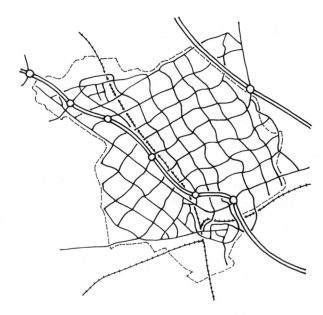

图 2.2　密尔顿·凯恩斯主要道路网结构图

内。非工业的就业机会(商业中心、医疗中心、高等院校等)是引起大交通量的单元,分散布置在新城的中心和边缘地带,实现交通负荷的均匀分布,减少长距离交通量,同时也满足了人们自由选择工作和服务设施的需要。

在居住区日常服务设施的布置方式上,密尔顿·凯恩斯新城一改过去安排在地理中心位置、内向布置的方式。日常服务设施、学校安排在贴近主要道路、距两端交叉口各一半距离的地方,与公共汽车站、地下人行横道结合起来,横跨干道两侧,形成活动中心。这种布置方式为每一住户提供了至少 4 种选择,每个家庭可按不同目的自由选择去哪个中心,距离都在 500 m 左右。由于活动中心处于环境区的边缘,所以,相邻环境区的居民可以共同使用,加强了相邻环境区居民之间的相互交往。

在道路系统的组织上,规划更加强调交通的效率与经济性,经过比较,密尔顿·凯恩斯规划小组认为,在私人小汽车和公共交通平行发展的条件下,公共交通以公共汽车最为经济、舒适。他们最终选择了棋盘式方格网道路系统和公共交通方式,这种方式比较简单、经济地解决了交通问题,人们可以自由地选择公共交通工具或私人交通工具,并为城市将来的变化保留着最大限度的灵活性。

在城市整体面貌上,规划特别重视城市景观的设计,新城景观的一个重要特点是有一个自北向南的长条形公园,公园内包括一条联合大运河和乌兹尔河,沿河开辟有多块水面,此外,规划坚持了传统花园城市的特色,保留并保护了全部现有的森林,注意绿化空间的组织,使每个路段各具特色,避免雷同;在各个环境区内,注意保持原有的地方特色,使新建筑与保留的古建筑相互协调;在城市中心,把建筑物、出入道路作为一个整体系统来设计,通过合理的交通组织为私人、政府和商业单位提供了自由、方便的活动场所,创造出市中心应有的繁荣与丰富多彩的景观面貌。

进入20世纪,英国的城市规划政策一直以控制城区发展、鼓励城市工业与人口外迁、分散城市功能为宗旨,但1970年代中期以后,城市开发建设出现了逆反现象,内城人口大量流失,工厂企业外迁或倒闭,大量废地空房出现在内城区,出现了所谓的内城荒废现象,这一现象的根源仍然是工业革命大力发展工业留下的隐患,经过一个多世纪的发展变成了明显的社会问题。英国1970年代新镇与旧城的强烈反差以及新镇中出现的新问题引起了广泛的注意和争论,结果,英国城市政策发生了重大改变。1978年工党政府通过了《内城法》,把城市建设的重心由建设远郊卫星城转向城市内部更新,自1946年开始的英国著名的开发远郊卫星城的"新城运动"暂告结束。

从社会意义来看,新城建设运动对英国的经济发展、城市发展作出了重大贡献,新城不仅在不同程度上减缓了第二次世界大战结束后伦敦和其他大城市的巨大压力,而且为居民提供了良好的生活、工作环境,新城的规划布局、建筑与风景园林设计远远高于英国其他地方的水平与质量。英国"新城运动"的思想在世界范围内广泛传播,同一时期各国相继以这一规划思路来解决大城市的问题,出现了像瑞典魏林比、芬兰塔皮奥拉、美国雷斯顿、日本东京多摩等一大批环境优美、宜于生活的新城。

2.2.2 "功能城市"的实践

雅典宪章"功能城市"的实践体现在1950年的印度昌迪加尔和1956年的巴西巴西利亚的规划中。这两个择地新建的城市,为充分展示雅典宪章的精神提供了绝好的舞台,是现代杰出建筑大师以最新科学技术成就和艺术哲学观念综合解决城市建设问题的典型范例。

1) 昌迪加尔

昌迪加尔是由勒·柯布西埃设计的印度旁遮普邦的新首府,面积约

3 600 hm², 人口规模为 50 万。

昌迪加尔的建设地点由政府选定在喜马拉雅山多岩的支脉山麓地带, 在两条相距约 8 km 的河流之间、一块略向西南倾斜的高地上, 平缓的地貌适合于任何规划体系, 勒·柯布西埃的城市形态象征生物形体的构思构成了城市总图的特征。主脑是行政中心, 设在城市的顶端, 以喜马拉雅山脉为背景, 商业中心犹如人的心脏, 博物馆、大学区与工业区分别放在城市的两侧, 似人的双手, 道路系统构成了骨架, 建筑物像肌肉一样贴附其上, 水电系统似血管神经遍及全市(图 2.3)。

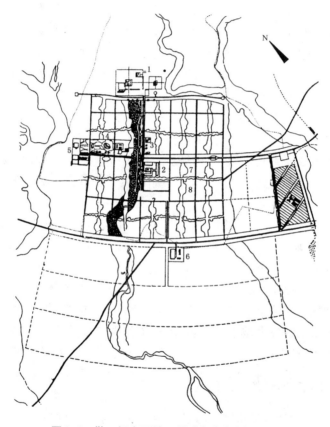

图 2.3　勒·柯布西埃　昌迪加尔规划平面图

1—行政中心；2—商业中心；3—接待中心；4—博物馆与运动场；
5—大学；6—市场；7—绿带与游憩设施；8—商业街

勒·柯布西埃采用了他早年规划中特有的方格网道路系统, 昌迪加尔的总平面并不是棋盘方格, 横向街道呈微弧度线型, 增加了道路的趣味，所有道路节点设环岛式交叉口。行政中心、商业中心、大学区和车站、工业区由主要干道连成一个整体，次要道路将城市用地划分为800 m×1 200 m的标准街区，在这个基本框架中布置了纵向贯穿全城的宽阔绿带和横向贯穿全城的步行商业街，构成了昌迪加尔总平面的完整概念。

在每个街区中，纵向的宽阔绿带里布置有诊所、学校等设施以及步行道、自行车道，横向步行商业街上布置了地段商店、市场和娱乐设施，其余部分开辟为居住用地，以环形道路相连，共同构成了一个向心的居住街坊。

行政中心是昌迪加尔的核心与标志，由秘书处办公楼、议会大厦、总督官邸和最高法院组成。前三者布置在进入行政中心的主干道左侧，最高法院远离它们，布置在右侧，加之雕塑、水池、步行广场和坡地、草地构成了均衡而又极为精致的平面(图2.4)。在规划设计中，勒·柯布西埃充分汲取了印度传统建筑的地方性、民族性特征，以极为娴熟的构图手法表达了新与旧、民族与国际相互统一和谐的设计思想。为了抑制秘书处办公楼的巨大体量，勒·柯布西埃使它远离主干道，并以端头朝向城市，因此，当人们进入行政中心时，可以从最有利的视角看到议会大厦富有个性的建筑形象，这样，在穿过整个行政中心时，人们始终处于一种均衡的构图之中。

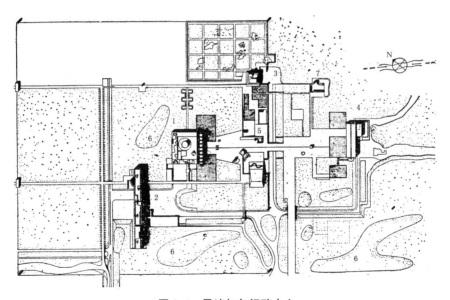

图 2.4　昌迪加尔行政中心

1—议会；2—各部办公楼；3—首长官邸；4—最高法院；
5—水池；6—山丘；7—雕塑（"张开的手"）

在处理城市与自然的关系方面,规划方案显示了勒·柯布西埃独特的智慧,昌迪加尔的地理位置介于喜马拉雅山区与漫无边际的印度平原之间,勒·柯布西埃非常清楚地理解"地理精髓"——北印度深谷切割的连绵山脊、尖顶峭壁以独特的"布景"作为城市无比壮观的背景,采用横向弯曲的道路和低平的建筑形式,将行政中心选址于城市顶端,强化了巨大山峰在城市中的地位及意义,把自然环境的无可比拟的价值、城市与自然的关系表述得淋漓尽致。

2)巴西利亚

巴西利亚是作为巴西的新首都进行建设的,距里约热内卢 960 km,占地 150 km^2,人口规模 50 万。其总体规划方案是通过设计竞赛(1957)而确定的,巴西建筑师 L.科斯塔(Lucio Costa)的方案当选。

巴西利亚位于果亚斯州广袤平坦的草原地带,用地近似三角形,两侧有两条河流汇合于一点,在河流的交汇处以人工的办法蓄水建成了人工湖。L.科斯塔的规划方案极为简洁,两条相互垂直的主轴线在城市中心交叉,形成传统的"十"字形空间结构。一条轴线由火车站起,自西向东长达 8.8 km,通过林荫大道把公共建筑串联起来;另一条轴线长 13.5 km,由北向南呈弓形,作为居住用地的结构轴线(图 2.5)。整个规划方案简洁明了,整齐、几何型的大林荫道轴线与地形十分吻合而又与不规整的湖泊产生了生动的对比效果,创造了如画的景观,特别是东西向的公共轴线具有强烈的对称效果,把三权广场的地位推向了极致,充分体现了作为首都所需要的庄严、广阔和气势恢弘,这一方案的图形效果是对首都形象的极好表达。

城市道路网以高速道路为主要骨架,汽车是交通系统的主体,其他道路把城市用地再分为专用街区和建筑区。居住用地分为两种完全不同的形式:一种为居住轴线上的格子状街坊,由公寓式住宅组成,呈带状分布;另一种是在外围靠近湖泊的三个宽阔的低密度居住区,这是高收入阶层的住所。作为首都,仅在火车站附近布置了较少的工业用地。

巴西利亚总平面具有许多功能方面的缺陷。在极度追求城市平面构图效果时牺牲了城市的许多基本功能,造成了城市用地构成比例的失衡,带型模式在城市日常运转时极不经济。1960 年,随着总统府和政府的搬迁,巴西利亚作为首都开始运转,主要依靠国家的支撑而生存,城市公用事业大大落后于规划所制定的标准,使城市处于一种"对富人来说还不够雅致和对穷人来说又不够便宜"[8]的尴尬境地。如果说巴西利亚存在缺

2 雅典宪章与现代城市规划理论的实践

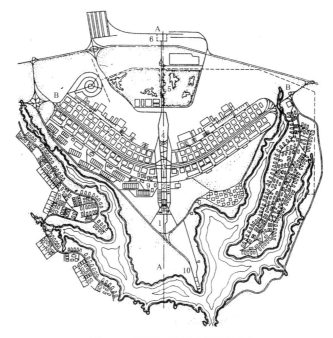

图 2.5 巴西利亚城市总平面图

A—A 东西主轴线:政府大厦和公共建筑;B—B:市民分布轴;
1—三权广场;2—广场及各部大厦;3—商务中心;4—广播电视大厦;
5—森林公园;6—火车站;7—多层住宅区;8—独立住宅区;
9—大使馆区;10—水上运动设施

陷的话,那应该是由放弃"功能城市"的基本原则,追求纪念碑式构图效果的指导思想所引起的。

印度昌迪加尔、巴西巴西利亚都是择地新建的城市,在 1950 年代采用"功能城市"的规划方法是一种必然的选择。就规划方案及主要公共建筑的设计而言,特别是在昌迪加尔,勒·柯布西埃在处理城市的民族形象、城市与自然的关系以及城市整体风格等问题时充分展示了他天才般的创新思想和造型技巧。昌迪加尔出现的问题仍然是由规划方案过于超前和理想化引起的,勒·柯布西埃把工业化时代为小汽车设计的理想城市建造在一个许多人连自行车也买不起的国家之中[9]。

从印度昌迪加尔、巴西巴西利亚的规划实践中我们可以看到,城市发展已经走过了一个"从个人创造或单个专业操作"的时代,城市是一个极为复杂的综合体,它的存在、发展包含了人类一切活动与行为,多学科的交叉和参与是一种必然的趋势。

2.2.3 "十次小组"的城市观

1950年代,CIAM中出现了一大批朝气蓬勃、思维活跃的青年建筑师,他们持有与CIAM主流思想不一致的观点,这就是现代建筑运动史中著名的"十次小组"[10]。

1953年,CIAM Ⅸ会议在法国埃-昂-普罗旺斯举行,会议主题是人类聚居地问题,以史密森夫妇及温·艾克为首的青年建筑师对雅典宪章的功能分区提出质疑,认为应该深入研究城市生长的结构原理以及比家庭细胞高一级的、有意义的单元。次年一月,在荷兰的杜恩继续开会,英国、荷兰小组的建筑师研究了九次会议的成果,并为十次会议准备议题,会议发表了著名的杜恩宣言,指出按照雅典宪章原则所产生的城镇不足以表现出生机勃勃的人际结合,并建议按照城市、城镇、村庄、住宅的不同特性去研究人类居住问题。这一宣言出现了十分明显的人文主义倾向,在以后的大约十年时间内,"十次小组"共聚会15次,在不间断的实践中探索现代建筑运动的未来。

1) "十次小组"的基本观点

1950年代是一个特别的年代,这个时期除了经济增长迎来了一个非常时期外,在环境思想、社会价值、哲学与艺术等方面出现了许多新观念。人类重新审视自身的价值与意义,特别是1955年起出现了"个人主义"思潮,强调个人的自身价值,追求更美好、更理想的生活质量与生活方式;新的艺术思潮带来了冲击,未来派主张"动感"与"变化",直接影响了城市的美学观念,扩大了视觉环境的范围,稍后的风格派也主张建筑师与艺术家共同创造时代的特色,建立起源于现代生活的艺术特色;生态学的兴起使人类对自然界,特别是生物体相互依存的关系有了更为深刻的理解,如果在创造人工环境满足自我舒适的目标时破坏了自然生态的平衡,将会导致人类本身的灾难,这些环境思想引起了规划师、建筑师对环境问题的广泛关注。

"十次小组"的成员大都出生在第一次世界大战之后,普遍受到了"新人文主义"、"个人主义"的影响,他们的理论研究自然会以"人"为主,尊重人、社会和自然的协调关系,探讨人的本质与人的价值,对城市、城市生活以及城市规划方法提出了许多独特的见解。

(1) 归属感与人际结合

"十次小组"对归属感极为重视,认为"归属感是人的一种基本的情感需要,从归属感出发建立的认同感可以丰富人们的邻里意识"。史密森夫妇认为,使人产生认同的理想城市应该是城市的每幢建筑物、路灯、标志都和谐地成为人们生活的一部分,必须创造出让人产生基本接触的环境,由人们的日常活动引起人际结合,建立起对环境的认同,满足人们的心理需要。

史密森夫妇以更为接近现象学概念的分类法,把城市分为住宅、街道、区域和城市四大递进层次,取代雅典宪章对城市功能的划分[11],以不同范围的人类活动建立人们对不同层次领域的认同,进而建立起环境体系的结构。当然,"住宅、街道、区域、城市"所指的并不是具体的实体,而是一种概念,代表着人际结合的四个层次和不同人群活动的特性。每一层次都显现出质同的外貌,具有某种功能、背景、尺度和结构,每一层次都因为其他层次的存在而显得更具特色,各层次之间的关系彼此包容、彼此涵盖,共同构成一个具有层次、秩序、极易被理解的整体。

(2) 门阶观念

"十次小组"成员对城市及建筑物中充满着对立和矛盾的现象极为关注。在城市中,整体与部分,统一与分离,大与小,多与少,内部与外部,开放与封闭,实体与空间,个体与群体,运动与静止,变化与稳定……事物两面性的特征极为明显,并且,这种两面性又处于不停的变化之中,一切都与使用空间的主体——人相关:以"我"为中心的内在世界很可能是以"你"为中心的外在世界,内与外的区别与不同的本体相对应。对于同一本体而言,内部与外部两种截然不同的范围既难以界定,又无法衔接,建筑师通常以"门"的形式来界定领域的范围,"门"也从有形的具象物体上升为人的意象经验,意味着使用者的"进入"或"离去",作为内外的分界,具有"介质"或"中性空间"的性质。

门阶观念即为中性空间的概念[12]。

城市、建筑之间充满了对立与相互转化,很多现象根本无法以"门"加以界定,必须创造出具有类似意义的"中性空间",其目的在于较好地形成空间的界定意识、连续意识,以及空间使用过程中的多样性特征。

(3) 生长与"改变的美学"

"十次小组"对城市持有类似生物学的观点与态度,认为城市具有生长的特征,一个环境随着时间的推移,必然会面临着尺度与目标的改变,并引起运转过程中的矛盾。因此,他们认为城市规划与设计不是在白纸上展开工作,而是一个持续不断的过程,就城市而言,任何一代人只可能进行有限度的工作,城市规划的每一阶段都应该保持应有的弹性,允许变化,适应变化。

史密森夫妇提出了一个十分重要的观念——"改变的美学",认为城市的成长与改变是城市规划设计的一个基本要素,城市随着时间的变化而成长,城市规划、设计应该包括时间的因素,新的建筑物应该显示出它们在城市整体环境中尺度、大小变化的可能性,同时,建筑物的美学原则也应该是一种"改变的美学",表现出未来发展的趋势,城市规划设计不仅要能够改变,适应改变,更应该暗示改变的趋势。

对于这种改变,他们认为城市需要一些"固定点"——具有较长变换周期的"标志物"构建城市的框架。此外,城市还存在着大量的改变周期较短的因素(如杂货铺、商店、广告等)和周期极短的因素(如人以及他的衣物、汽车等),这种变化周期较短、极短的因素对城市整体关系的影响不大,它们表达着一种短期的情景与氛围。基于以上的分析,城市的改变应该反映出城市构成因素恰如其分的循环变化,固定的东西应该是固定的,短暂的东西就应该是短暂的[13],城市规划与设计应该关注城市长期存在的城市结构。

(4)丛簇模式

丛簇模式是"十次小组"对城市结构的一种综合性观念,丛簇是聚集的形态特征。剖析丛簇的组织结构,区别于单核细胞,是由多个节点呈网状连接。对于单核蔓延膨胀的城市结构,"十次小组"认为应该以"枝干"的方式,使之呈"丛簇"模式去适应城市的变化与发展。

丛簇模式城市可以理解为由多个基本单元构成,每个单元的内部是一个相对封闭、具有明显结构的体系以及与活动相一致的配置关系,适应内部活动的变化,表达着"自由与系统化并存"的组织形式,所有单元由清晰的道路系统协调,构成整体(图2.6)。

丛簇城市是以线型中心为"枝干"发展起来的,这一模式从根本上区别于马塔的带型城市,它是由历史性的节点以多触角的方式进行扩展的。

"枝干"是城市活动、城市扩展的主干,它是居民交

图2.6 "丛簇城市"模型

往、流动的通道,包括了为居民提供各种服务的公共设施(商业、文化、教育、娱乐)以及步行道、机动车道、公用管道。"枝干"的发展、延伸、变化随着时间的发展和地点的改变而变化,随着功能的改变、尺度的改变而变化,城市空间的形式、尺度随着城市功能的改变而变化,总之,"十次小组"认为丛簇模式是一个符合城市成长的结构模式。

2)"十次小组"的典型方案

(1) 金巷住宅区规划(1952)

史密森夫妇于1952年参加了伦敦金巷居住区规划设计竞赛,提出了他们著名的"空中街道"的概念。

在竞赛图纸的说明中,史密森夫妇指出,"空中街道"不是单纯的走廊或阳台,而是一个具体的小社会环境,每一层都拥有不同的特征,是由杂货店、邮筒、电话亭、花店等设施组成的"场所"。空中街道的宽度应保证当两辆婴儿车停留、家庭主妇聊天时,其他人可以通行,儿童可以在其间进行多种游戏和嬉闹,住户可以通过对住宅入口富有个性的装饰建立其可识别性,把家庭生活与街道生活组合成一个整体。

空中街道最基本的想法是把街道生活场景引入高层住宅,希望高层住宅的住户能享受地面层拥有的"充满人情味的小城镇街道的氛围",把建筑群演化成一个连续的网络,并赋予其多重功能,建立一些促进住户间相互接触的机会与场所,增进人际结合,建立起人对环境的归属感。金巷住宅区中的主要公共建筑与主要的空中街道共同构成了住宅区可生长的空间结构,可以随着城市的成长或以丛簇模式,如树枝状任意伸展而发展(图2.7)。

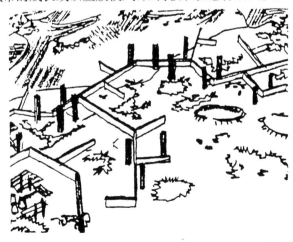

图2.7 "空中街道"结构示意图

虽然史密森夫妇的方案并未实施,但是方案中提出的建筑物与街道的关系强化了步行交通的意义与地位,"空中街道"的设想在当时影响了"十次小组"的其他成员和许多住宅规划设计,1961年由林恩和史密斯设计的谢菲尔德公园山住宅区是运用"空中街道"的实例。

(2) 柏林自由大学规划(1963)

由伍兹、坎迪里和约西克合作的柏林自由大学设计竞赛方案(图2.8)重点强调了使用者的行为要求、空间的联系方式以及未来扩展的可能,他们在寻求物质形态结构的同时,认为大学校园应该是一种特别的"场所",是一种特殊的工具。

图2.8　柏林自由大学规划方案(模型照片)

在方案设计过程中,他们提出了一些关于大学的新概念:

① 大学的构想是对一般知识和专业知识的寻求与交换。

② 大学是个人与团体的一种结合,个人和团体在不同的教育训练下独立或集体工作,当个人集合在一起工作时就会显露出新的个性,产生新的需要。

③ 个人与团体的关系极为重要,不能因为混合而忽略各自的特点,如果到处都是团体就等于没有团体;如果没有个人,团体就会失去意义。

④ 不同功能的外形表现、对纪念性形式的追求必然会把大学分解成多种特别的空间形式,因此,必须寻找一个系统,可以组合不同教育训练所需的空间、形式。

⑤ 高层建筑中"层的关系"表现出分离的特征,空间所表述的意义是独立与隔绝,而水平发展的形态可以把各类空间组合成一种有系统的空间结构,促进公共交往的实现。

⑥ 在一个注重个人与团体关系的结构中,个体或团体可以根据需要决定自己与他人应有的关系。

显然,大学校园的主要功能是鼓励和促进各系学生间的彼此交往、增进知识、加强交流,因此,伍兹、坎迪里和约西克的规划方案试图通过建立一种"场所"为使用者提供相互接触、交流的机会。

柏林自由大学的道路结构方式是以一组平行的道路(呈东北—西南走向)与学校的主要发展方向保持一致,具有良好的开放性,适应未来发展的需要。干道之间的间距为60 m,这一道路系统使礼堂、展览廊、图书馆、餐厅等设施与校园的其他部分保持着密切的联系,另外有一组次干道与主干道垂直相交,共同构成了校园内的道路系统,主干道为活动频繁的地段提供服务,次干道服务于校园相对宁静的地段,使校园内的活动处于平衡、协调的状态。校园内所有的建筑不超过三层,机动车停车场布置在校园的两端,整个校园完全步行化(图 2.9)。

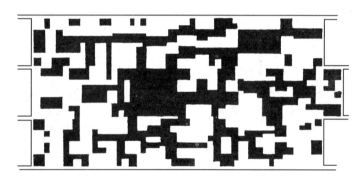

a. 外部空间系统

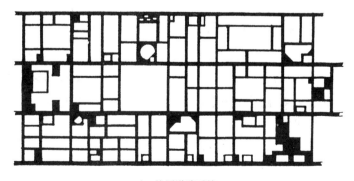

b. 校园道路系统

图 2.9　柏林自由大学外部空间分析

(3) 图卢兹-勒·米拉尔新城

图卢兹位于法国南部,为了避免城市过度膨胀,法国政府决定建立一个相对独立的新城,在这项国际竞赛中坎迪里、约西克、伍兹的方案获一等奖(图2.10)。

该方案具有以下特点:

① 尽量保持基地原有的乡村情调,在人工环境与自然环境之间做出清晰的界定,利用新城自身独特的个性来对应古堡和城市的历史环境。

② 公共活动及设施呈带状分布,把全城分为5个相对独立的区域,通过许多"分枝"深入每个区域,使城市生活连成一片;带状中心包括商店、市场、社区服务设施、学校、花园、停车场等公共设施,以此形成对全城的最大接触面,达到便捷的目的,同时又考虑到未来继续成长的可能(图2.11)。

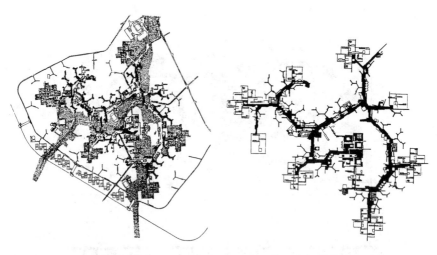

图2.10 图卢兹-勒·米拉尔新城　　图2.11 带状中心结构

③ 在交通组织方面,步行、车行划分为两个完全独立的系统进行组合。主要步行道沿着带状中心在同一水平面上通往全城的各个角落,不与车行道发生交叉;机动车道路以"Y"形交叉口为主要形式,减少交叉口机动车流线的冲突。

④ 关于街道,方案用"空中街道"的概念把它当作一种"场所"来进行设计与组织。

总之,坎迪里、约西克和伍兹的规划方案充分表达了"十次小组"的城市观,其目的非常明确,就是要打破传统的方格型、放射型、细胞型等几何形态,创造一种符合城市生活和未来发展需要的有机组织。

"十次小组"是一个松散的会议组织形式,成员更迭不断,彼此之间的学术观点也不完全一致,但他们具有明显的人文主义倾向,强调城市环境对人的影响,认为城市规划必须保持城市具有成长的机制,保持人、社会、自然的和谐关系。虽然,"十次小组"没有建立完整的理论体系,没有大量的设计作品,但他们在剖析城市现象方面的思考以及提出的种种观念无疑对城市规划理论的发展具有先导作用和开创意义。

2.2.4 "单核城市"的变革

向心是城市的一种普遍现象,向心、放射状模式是城市任意发展的一种自然形态。工业革命之后,工业与人口的聚集加剧了这一倾向,城市迅速蔓延,这无疑使城市中心区的环境日益恶化,运转趋于停滞。二战结束之后,世界迎来了经济全面复苏的"黄金时代",经济的高速增长和科学技术的惊人进步,使人类重新认识和评价赖以生存的城市,对于"趋于停滞"的状况,人们拿起了科学技术的"手术刀",力图使城市重新获得新生。

1)东京"城市轴"结构

东京是日本的首都,也是世界大都市之一,具有典型的单核中心的结构特征,1942年,东京都[14]人口为735.8万人,第二次世界大战期间,东京遭到了很大破坏,二战结束后,在美国的帮助下经济复苏,1957年在"首都区域发展法"的指导下制定了东京规划,这是一个"1944大伦敦规划"的翻版:在距市中心16 km的环形地带建立10 km宽的绿带,绿带以外发展一批卫星城镇。城市发展的现实使这一规划落空了,1955年东京都人口规模接近800万,每年以30万人的幅度增长,1960年人口数接近1 000万,人口聚集的趋势仍然在继续(图2.12)。

图 2.12 东京 1965 年城市形态

1960年，丹下健三工作小组提出了"以城市轴为骨架"的城市结构改革方案："东京规划—1960"。

对于城市现状，丹下健三认为：1 000万人口的城市是20世纪文明进步、经济发展的必然产物，必须正确地看待其发展的必然性、存在的意义和功能本质。经济发展推动了城市产业结构的革命，东京的本质既不是第二产业的功能，也不是单纯的第三产业功能集结，而是这些功能在信息上互相连接而起着一种综合功能。

如何解决东京的问题，丹下健三做了多种分析与选择。一种思路是建立副中心来分散城市中心的压力，虽然这一思路可能会缓和上下班人流的压力，但城市功能之间的必要联系会使城市中心与副中心以及副中心之间的流动更为严重；另一种方法是在邻近市中心地带开发高层住宅，高层化的结果将会改善日照和环境状况，但并不能增加居住人口，对城市的作用不大，特别是东京向心放射式的交通体系一旦扩展，必然会加剧城市向市中心集中的趋势，形成恶性循环。经过分析与比较，丹下健三的结论是，对于1 000万人口的大城市，向心放射型的单核城市结构是无能为力的，必须寻求一种更为开放、更适合生长和变化的结构形态。

丹下健三提出了类似动物脊柱的平行放射的"城市轴结构"。

"东京规划—1960"[15]有如下表述：城市轴以现在城市中心为起点，这个发展轴在利用现有城市中心能力的同时，东南方向从东京湾上延伸至梗津市，在西北方向到达大宫、朝霞方面。这一城市轴的交通运输通道向东南延伸至太平洋，向西北到达日本海，成为横断日本包含信息体系和能源体系的中枢干线。三条东海道城市群的干线不是集中于城市中心一点，而是与城市轴相交于三个分散的节点，具有各自的意义和固定性，东京的城市中心功能分散展开在城市轴上，构成具有发展潜力的开放结构（图2.13）。

东京城市轴最显著的特点是它的链状交通系统[16]。

这一系统以环为基本单元而构成，类似脊椎的环无论发展到哪一阶段，其交通体系都是完整的，适应了城市组织结构的开放、高效与发展；而无限制的全立交设计可以使交通量达到高速道路10倍的水平，保证500万～600万人口的同时流动（图2.14）。

"东京规划—1960"对东京城市结构改革提出三个要点：

（1）把向心放射状系统改革为线型平行放射状系统，产生了线型发展的开放性城市轴。链状交通系统彻底否定了大城市向心放射型单核城

图 2.13 东京规划—1960

1—新东京站；2—东京旅客港；3—中央政府区；4—办公区；5—海上住宅区；
6—旅客火箭发射场；7—新东海道线,地下高速路；8—羽田国际空港；9—国内空港；
10—京叶工业地带；11—梗津工业地带；12—京滨工业地带；13—晴海；14—银座；
15—皇居；16—市夕谷；17—上野；18—池袋；19—新宿；20—涩谷

市结构,把运动轴作为城市流动的动脉,以现状城市中心为起点,朝着污染少、投机妨碍最少的东京湾上发展,并保持有多种方向的发展可能,是一个开放型的社会结构,将成为21世纪东京乃至日本的象征。

(2) 探索把城市、交通和建筑纳入统一的系统,城市轴也是城市、交通和建筑的统一体,汽车化高速交通改变了道路和建筑的关系,需要设计一个能把城市、交通和建筑加以联系的新体系，创造一个从"高速—缓速—停车场—门户"的新交通序列。丹下健三提出了"架空柱＋核体系统"的结构，垂直交通、设备管线集中的管道核体作为柱子，两柱之间布置办公用房或其他用房，地面上由绿地、停车场及链式交通环构成城市交通网络，以交通系统作为媒介把城市与建筑统一起来。

(3) 探索反映现代文明社会开放性、流动性特征的城市空间秩序。汽车化交通改变了原有城市空间的尺度与秩序，现代城市中包含有两种尺度，城市主要结构尺度和人的常规尺度，即时速 100 km 的小汽车和步幅不足 1 m 的步行者，东京规划的链式交通系统作为城市系统的结构来保持城市作为一个整体的运转效率及其秩序；而城市次要结构则以满足人的自由选择为基础，通过可变化、可更替的自由组合方式来适应人们日常生活的需要。二者的结合使人类日常生活中个性及自由选择与巨大尺度的城市环境趋于协调，创造出开放性的城市结构适应城市的成长、变化。

2) 莫斯科总图(1971)

莫斯科迄今已有 800 多年历史，十月革命胜利之后确定为原苏联的首都，是世界上重要的政治、科学、工业和文化中心之一，莫斯科城市规划与建设是世界大城市建设的范例之一，英国城市学家威廉·罗勃逊认为，"莫斯科是世界大城市中规划得最好的，我们应当仔细研究莫斯科的发展，看看我们能学到些什么"。加拿大多伦多市约克大学的苏联城市建设问题专家认为："莫斯科城市建设的经验对发展中国家的大城市比较合适，因为这些发展中国家有强有力的中央政府。"[17]

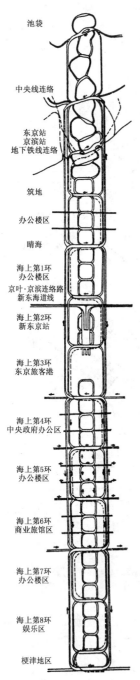

图 2.14　东京城市轴构成链状交通系统

莫斯科城市建设取得成就的关键在于中央政府计划经济模式的支持和长期、连续的城市规划的指导。

十月革命胜利之后,苏维埃政府努力探索社会主义社会的城市规划与建设,对于什么是社会主义的城市模式,如何组织社会主义的生活方式,以及如何消灭城乡差别等一系列问题进行了热烈的争论,并提出了各种各样的理论和方案。1933年举行了莫斯科建设总图方案竞赛,一些著名的外国建筑家应邀参加,赖特提出了"广亩城",勒·柯布西埃提出了"现代城市"的方案,这些方案很少考虑莫斯科演变的历史、文化因素。最终由国内的规划师、建筑师、经济学家、工程师、党和国家的干部组成的十个工作组合作完成了1935年莫斯科总图。其规划要点为:人口规模500万,用地规模为600 km^2;全市划为十三个区,分居住、工业、文化、绿化等,减少市中心居民密度,外围开辟新的居住区;保留原有环形放射的道路系统,并进一步加以完善,确定发展公共交通的原则,继续建设地铁,把地面和地下铁路网连接起来,全市绕以16 km宽的绿带。

莫斯科1935年总图是一个以克里姆林地区为中心,历史形成的环形放射道路为系统的单核、向心城市结构。二战结束之后,莫斯科的建设取得了卓有成效的进展,1959年莫斯科人口突破了总图规定的500万,1960年苏维埃政府发布命令,扩大莫斯科市界,市区面积增加至875 km^2。这一决定是影响莫斯科发展的重大决策,是走向大城市发展概念或区域发展概念的具体行动,市界的扩大为分散市中心的人口提供了有利条件。

1960年扩大市界后,苏维埃政府便开始着手制定新的莫斯科总图,1963年莫斯科市委和市执委会根据国家计委和建委的建议制定了莫斯科发展的技术经济论证(1966年批准),在此基础上,莫斯科总图的编制工作完成,并于1971年6月批准(图2.15)。

1971莫斯科总图具有两大特点:一是将莫斯科市区的发展规划与莫斯科市、莫斯科州的区域规划同时考虑,使莫

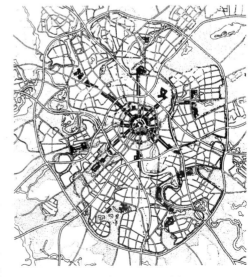

图2.15 莫斯科1971规划总图

斯科市、莫斯科州的生产力和人口分布更加合理，从而更有效地控制了莫斯科市区的人口规模。二是改革传统的单一中心的城市结构，放弃了周围建设卫星城的方案，选择了多中心组合的规划结构，使城市发展适应了经济增长的需要，并较好地保持了城市发展的连续性。

1971莫斯科总图采用了"多中心八大片"的规划结构，其指导思想是每一片区的社会结构协调，居住、工作和游憩三方面取得基本平衡，自成体系，相对独立，设有市级中心和大片绿地，保持各自的个性与特色，成为城中之城，以克服大城市交通拥挤等种种弊端。

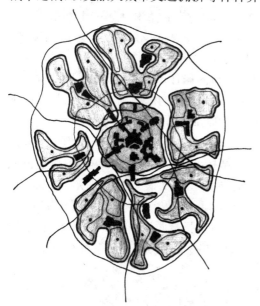

图 2.16　莫斯科 1971 规划结构图

克里姆林宫、红场则在老中心区（基本上以环形铁路为界）。作为核心片区，除了举世闻名的克里姆林宫外，还有大量的古建筑、历史名人活动点、富有特色的百年老店，以及历史形成的具有特点的空间结构，因此，核心片区保持了原有的革命、历史、文化、教育和行政公共核心的性质。其余七个片区环绕在核心片区四周，呈"星光放射"状的多中心体系（图2.16），每个片区分成 2～5 个由 25 万～40 万人口组成的规划区，再分为若干个 3 万～7 万人口的居住区，以其规模配置公共设施，组织生活。

为了适应"多中心八大片"的规划布局，1971莫斯科总图将主要放射干道和花园环路改建为连续交通干道，各片中心一般都有主要干道通向城市各重要地区，各片区中心以地铁环线相连；此外，在花园环路和汽车外环路之间新建两条环路，一条用于联系城市中的一系列火车站，另一条用于联系主要城市中心和各片的中心。为了减轻核心片区的交通压力、疏通过境交通，加强市中心与郊区的联系，在原有环形放射道路网的基础上增加了井字形高速道路系统，这一高速道路系统从核心片区的边缘通过。1971莫斯科总图规定城市交通的主体是公共交通，其目标为：莫斯科人到达市内任何一点的交通时间不超过 40 min,绝大部分居民上班时间不超过 35 min,去森林绿带内的任一游憩地方的旅程不超过 90 min,去莫斯科地区任一地点的交通时间不超过 2.5 h。

莫斯科的多中心结构,使得一个 800 万人口的特大城市在 878 km² 范围内实现了合理的疏散,缓解了城市中心区的压力与负担。同时又避免了建设、发展给珍贵的历史遗产带来破坏的可能,使居住者的生活、工作和游憩安排得更加理想。

3) 大巴黎规划(1965)

巴黎是法国的首都,是法国的政治、经济、文化和交通中心,是一座历史悠久的历史名城。公元 888 年,法兰西王国成立,以巴黎为首府,经过 12 世纪奥古斯都时期、17 世纪路易十四时期,特别是 19 世纪拿破仑三世执政,由欧斯曼主持对巴黎进行大规模改建之后,基本上形成了巴黎市区的基本框架。在漫长的发展过程中,巴黎以积极而谨慎的态度维护着它的传统与文化,并始终领导着欧洲建设的潮流,保持着和谐统一的城市风貌。

20 世纪初,工业革命和小汽车的出现给巴黎带来了一系列问题:大型工业沿城市边缘发展并衍生出工人聚居区;城市建设跟不上城市人口膨胀的速度;市区用地无法控制,不断向四周蔓延,形成了一般大都市共有的"块状聚积"的城市形态(图 2.17)。

巴黎的矛盾主要反映在以下几个方面:

(1) 城区过分拥挤

巴黎人口增长很快,1801 年巴黎人口为 50 万,到 1946 年达到 460 万,二战后巴黎人口增加更快,20 多年时间增长

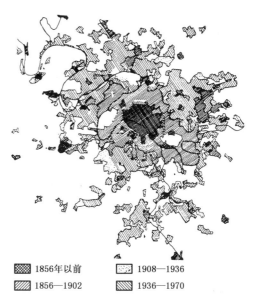

图 2.17 巴黎城市发展阶段示意图

至 800 多万。人口增长的同时用地不断扩大,过去巴黎城市面积不到 100 km²,外缘距市中心仅 5~6 km,后来外缘离市中心增加到 30~50 km,最后将周围的 7 个省都包括进来[18]。巴黎中心区面积为 100 km²,若扣除

两个森林公园面积不足 90 km²,却集中了 260 万人,人口密度在某些地区达到 10 万人/km²。

(2) 城郊之间、东西部之间人口与就业岗位失衡

全市的一半就业岗位以及首都绝大多数政治、金融、商业、文化教育、科研和旅游等功能都集中在市区,因此,每天有大量住在郊区的人到城里上班,造成了城郊交通日益紧张,特别是城区环路上的交通日趋恶化。此外,巴黎的东、西部之间还存在着人口与就业岗位的严重失衡,东部居住人口过于集中,而大部分就业岗位又集中在西部,造成了巴黎东西部交通的拥挤,许多职员的通勤交通时间延长,利用公共交通要花费 1.5 h,在特殊情况下,甚至要花费 4 h,而东西部之间的直线距离实际才几千米。

(3) 城市用地严重不足

随着物质和文化生活水平的提高、休息时间的增加,居民对生活环境质量的要求越来越高,除了要求扩大住宅面积外,对文化、社会教育设施、绿地、停车场提出了更高的需求。如果按照现代化的城市设施要求,巴黎城市用地要增加 5 倍。城市用地不足的直接后果是侵占绿地,使人与自然环境隔绝,城市环境质量恶化。

(4) 郊区设施配套不全造成当地居民生活不便

巴黎郊区过去是由一些比较协调的小城镇组成,当地居民生活条件比较方便,但城市郊区化的倾向使郊区住宅大量增加,而必要的生活设施配备不足,大型商店、电影院以及咖啡馆等公共设施更为缺乏,虽然有些城镇有行政机构、大学或剧院,但真正城市生活并没有建立起来,相反,一些大型设施吸引了许多小汽车,进一步加剧了城镇生活的混乱。

1910 年,巴黎成立了第一个扩建委员会,开始了巴黎城市发展的不间断研究,特别是二战之后,巴黎的规划思想经过一系列的调查研究和一二十年的酝酿,逐步明确和完善,从规划思想到具体的规划手法都有独到之处。他们认为,大城市的发展是一种必然的趋势,以人为的强制手段压制大城市的发展是不可能的,也是不切合实际的。巴黎在 1961 年规划中曾采用"绿带隔离"的规划措施,但结果失败了,城市跨越绿带继续向四周蔓延,甚至最后干脆把绿带吞噬了,此外,他们也否定了"第二巴黎"、"新城镇圈"的发展方案[19]。1965 年保尔·德鲁弗里主持制定了"巴黎区域指导性规划",提出了一个打破旧概念的创新构想,即巴黎区域规划采用"保护旧市区,重建副中心,发展新城镇,爱护自然村"的方针[20],摒弃了单一大中心的传统概念,以建设副中心缓解城市中心区的矛盾,沿城市切

线方向构建两条由东南向西北平行的发展轴布置新城,解决城市发展的问题,使巴黎的发展纳入规划控制的轨道。

巴黎区域指导性规划,对巴黎发展提出了5条战略性措施。

(1) 在更大范围内考虑工业和城市人口的分布,沿塞纳河下游统一考虑,形成几个城市群,即大巴黎地区、卢昂地区和勒哈佛地区城市群,以减少工业、人口进一步向巴黎地区聚集(图2.18)。

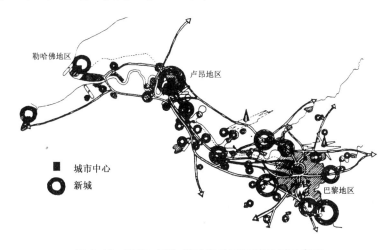

图2.18 巴黎-卢昂-勒哈佛地区区域规划示意图

(2) 打破原有单中心城市布局,在巴黎近郊建设凡尔赛、费力斯、罗吉、克雷泰、圣·丹尼斯、保比尼、勒·保吉脱、罗西、拉·德方斯9个副中心,减轻巴黎城市中心区的压力。

(3) 改变原有聚焦式向心发展的城市结构,沿塞纳河两侧平行轴线发展,建设塞尔杰·蓬图瓦兹、玛尔纳·拉无雷和圣康坦·昂、伊夫林、埃夫利、默伦·塞纳尔5个新城,容纳160万人口。远期城市发展将沿巴黎伸出的快速干道选择用地(图2.19)。

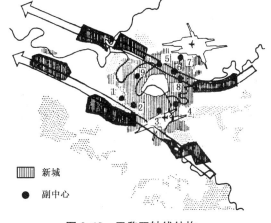

图2.19 巴黎双轴线结构

(4) 整治郊区森林和绿地,向公众开放,保护郊区的自然环境,达到生态平衡。

(5) 逐步改造巴黎市区,并注意保护文物古迹及传统的建筑、广场、花园、街道和居住区等,注意新旧建筑的尺度和风格,使二者统一在协调的环境中。

巴黎多中心及沿轴线发展的城市结构是一种创新的构思,巴黎地区的新城被看做为巴黎本身的一部分,精心设计的高速道路和快速地下铁路把旧巴黎同新城结合起来,使它们在形态上、职能上成为一个有机的整体,显示出勃勃生机。

2.3 城市规划理论的发展趋向

工业革命之后,人类社会出现了一个明显的特征——聚居,其特点及过程被称之为"城市化",大量人口因为生产方式的改变向城市聚集,从功能运转状态来看,城市也逐步演化为一个相对独立的部分,工业革命所带来的效率在城市中得到了淋漓尽致的表现。

在这一发展过程中,人类对城市的认识也表现为一个进步的过程,早期人们利用工业革命带来的技术进步,以人的意志建设城市,"无所不能"的偏激和强烈的功利色彩很快使城市陷入了困境。拥挤、污染、效率低下……城市问题从一个技术问题演变为社会问题,科学技术的进步和人类的理智使人们终于认清了城市与地球的关系:一方面,城市在地球生态系统中仅是一个极小极小的单元;另一方面,这一极小单元对地球生态环境具有极强的破坏性。人类开始了在保持生态平衡的前提下追求社会和谐的努力。

2.3.1 共同的关注

城市化进程的加快使城市变成了人类的主要聚居地,特别是1964年第一台计算机的诞生,预示着人类将进入信息时代,随后,科学技术的进步把这一预见逐步变成了现实,信息传递在加快,地球在变小,人类拥有着共同的未来。同样,人们对于自身的日常生活、生存环境都会在不同的层面、从不同的角度、依不同的需要发表不同的意见,提出不同的要求。

1)《威尼斯宪章》(1964)

《保护文物建筑及历史地段的国际宪章》于1964年5月31日在意大

利名城威尼斯通过,这一宪章旨在对人类文化遗产提出一个具有国际性共识的保护与修复的纲领,以保证人类文明的延续。宪章认为,世世代代人民的历史文物建筑,饱含着从过去的年月传下来的信息,是人民千百年传统的活的见证。人们越来越认识到人类各种价值的统一性,从而把古代的纪念物看做共同的遗产。英国B. M. 费尔顿博士认为文物建筑具有情感价值、文化价值和使用价值[21],文物建筑及历史地段的含义变得越来越宽,保护的意义在于展示人类文明的多样性与多元性,激发人们对其所具有的文化、社会和经济价值的积极兴趣。瑞典哲学家S. 哈尔登认为:"除了少数例外,大多数人认为最好住在一个充满记忆的环境里。知道前后左右都是些什么东西,会使人感到安全。……在我们跟环境和历史的联系中,文化的认同是归属意识,这是由物质环境的许多方面造成的,这些方面提醒我们意识到这一代人跟过去历史的联系。"[22]显然,文物建筑及历史地段是城市的无价之宝,城市规划必须考虑充分利用这些不可替代的资源,创造城市的个性与特色。

《威尼斯宪章》指出,历史文物建筑的概念不仅包含个别的建筑作品,而且包含能够见证某种文明、某种有意义的发展或某种历史事件的城市或乡村环境,这不仅适用于伟大的艺术品,也适用于由于时光流逝而获得文化意义的过去比较不重要的作品。对于历史文物建筑的保护,《威尼斯宪章》规定"保护文物建筑,务必要使它传之永久",应该利用一切科学和技术来保护和修复它们,把它们当作历史见证物,也要把它们当作艺术作品来保护,一点不走样地把它们的全部信息传下去,即把文物建筑的历史信息、人文信息和艺术信息传递下去。

《威尼斯宪章》对文物建筑及历史地段的保护做出了原则性的规定,认为对于文物建筑绝不可以变动它的平面布局或装饰,保护一座文物建筑,意味着要适当地保护一个环境,凡是会改变体形关系和色彩关系的新建、拆除或变动都是绝不允许的。关于文物建筑的修复,《威尼斯宪章》认为是一件高度专门化的技术,它的目的是完全保护和再现文物建筑的审美和历史价值,它必须尊重原始资料和确凿的文献。补足缺失的部分,必须保持整体的和谐一致,但必须使补足的部分跟原来的部分明显地区别,防止补足部分使原有的艺术和历史见证失去真实性。

从《雅典宪章》的"有历史价值的古建筑均应妥为保存"到《威尼斯宪章》的"一点不走样地把它们的全部信息传下去"是一个观念的转变,表明了人类对自身进化历程的关注。当然,由于地理、民族、宗教等因素以及不同的历史渊源,人类文明必然反映出多元化的特征,这在信息飞速传递、科技高度发展、物质生活提高、世界趋于同一的状态中,历史文物建筑与历史地段越来越显示出不可替代的意义,是赋予城市历史、文化和地方性特征的最重要的因素。

2)《斯德哥尔摩人类环境宣言》(1972)

20 世纪,人类借助于工业革命的成果取得了巨大的物质成就,同样也面临着前所未有的危机,人口的增长,食品的短缺,自然资源的耗竭,生态环境的恶化……所有这些正严重威胁着人类的生存与发展。对于人类所面临的共同问题,联合国 1972 年 6 月 5 日在瑞典斯德哥尔摩召开了人类环境会议,这是国际社会就环境问题召开的第一次世界性会议,大会通过了《斯德哥尔摩人类环境宣言》,呼吁世界各国和各界人士进行广泛合作,共同努力,建立人类生存的理想环境。

《斯德哥尔摩人类环境宣言》认为,人类在漫长和曲折的进化过程中已经达到了这样一个阶段,即由于科学技术发展的迅速加快,人类获得了大规模改造环境的方法和能力,如果明智地加以使用的话,就可以给各国人民带来开发的利益和提高生活质量的机会。如果使用不当或轻率地使用,这种能力就会给人类和人类环境造成无可估量的损害。人类必须在与自然合作的前提下利用知识建设一个较好的环境,使它与争取世界和平、争取经济和社会发展这两个既定的基本目标共同实现。

《斯德哥尔摩人类环境宣言》提出了共同的原则:

(1) 人权 人类有权在一种能够过尊严和福利的生活环境中,享有自由、平等和充足的生活条件的基本权利,并且负有保护和改善这一代和将来的世世代代的环境的庄严责任。

(2) 资源的利用与保护 为了这一代和将来世世代代的利益,地球上的自然资源必须通过周密计划或适当管理加以保护。地球生产再生资源的能力必须得到保持,而且在实际可能的情况下加以恢复或改善;在使用地球上不可再生资源时,必须防范将来资源枯竭的危险。

(3) 发展与保护 为了实现更合理的资源管理从而改善环境,各国应该对它们的发展计划采取统一和协调的做法,以保证为了人民的利益使发展同保护、改善人类环境的需要相一致,取得社会、经济和环境三方面的最大利益。

(4) 研究与教育 为了人类的共同利益,必须应用科学和技术以鉴定、避免和控制环境的危害并解决环境问题,必须促进各国特别是发展中国家,国内和国际范围内从事有关环境问题的科学研究和发展。必须对年轻一代和成年人进行环境问题的教育。

(5) 国际合作　有关保护和改善环境的国际问题应当由所有的国家,不论大小,在平等的基础上本着合作精神加以处理。必须通过多边或双边的安排或其他合适途径的合作,在正当地考虑所有国家的主权和利益的情况下,防止、消灭或减少并有效地控制各方面的行为对环境造成的有害影响。

联合国人类环境会议是讨论地球生态环境的第一次世界性会议,标志着全人类环境意识的觉醒。人类终于发现,无论身处何处,无论持有何种政治主张,无论选择何种生活方式,人类将面临着一个共同的未来——一个脆弱而又必须赖以生存的星球。

《斯德哥尔摩人类环境宣言》是人类文明进程中的一个重要里程碑。

3)《马丘比丘宪章》(1977)

自国际现代建筑会议(CIAM)发表了著名的《雅典宪章》以后,这一纲领性文件对西方建筑教育、建筑理论与实践产生了巨大影响。随着时间的推移,特别是城市化进程的加快,出现了许多《雅典宪章》尚未涉及的新课题,二战以后30年的实践也表明《雅典宪章》的指导思想存在着根本性的缺陷与弱点。1977年12月,一些城市规划师聚集于秘鲁的利马,以《雅典宪章》为出发点,进行了为时一周的讨论,提出了《马丘比丘宪章》。

《马丘比丘宪章》认为,《雅典宪章》仍然是本时代的一项基本文件,其中的许多原理至今还和当年一样有效。《马丘比丘宪章》的提出旨在对《雅典宪章》进行改进和修正。

(1) 城市与区域　由于城市化过程正在席卷世界各地,已经刻不容缓地要求我们更有效地利用现有人力和自然资源。规划必须在不断发展的城市化过程中反映出城市与其周围区域之间动态的统一性。城市规划必须建立在各专业设计人员、城市居民以及政治领导人之间系统的、不间断的相互协作配合的基础上。

(2) 城市增长　《雅典宪章》对城市规划的探讨并没有反映最近出现的农村人口大量外流而加速城市增长的现象。尽管城市混乱发展在工业化社会和发展中国家具有不同的特征,但结论是一致的:人口增加,生活质量下降。

(3) 分区概念　《雅典宪章》中"功能分区"的设想引出了把城市划分

为各种分区或几个组成部分的做法,为了追求分区清楚却牺牲了城市的有机构成。《马丘比丘宪章》认为人的相互作用与交往是城市存在的基本根据,城市规划、建筑设计必须努力去创造一个综合的、多功能的环境。

(4) 城市运输　44年的经验证明,道路分类、增加车行道和设计各种交叉口等方面根本不存在最理想的解决方法。《马丘比丘宪章》认为公共交通是城市发展规划和城市增长的基本要素,城市必须规划并维护好公共运输系统,保持其与城市化的要求、与能源的短缺相平衡。城市运输系统是联系市内外空间的一系列相互连接的网络,应当允许其随着城市的增长、变化做经常性的试验。

(5) 环境污染　当前最严重的问题之一是我们的环境污染迅速加剧,现在已经到了空前的、具有潜在性灾难的程度,世界上城市化地区内的居民被迫生活在日趋恶化的环境下,控制城市发展的当局在经济和城市规划方面,在建筑设计、工程标准和规范以及在规划与开发政策方面必须采取紧急措施,防止环境继续恶化,并按照公认的公共卫生福利标准恢复环境固有的完整性。

(6) 文物保护　《马丘比丘宪章》认为城市的个性和特征取决于城市的体型结构和社会特征。因此,不仅要保存和维护好城市的历史遗址和古迹,而且还要继承一般的文化传统,一切有价值的、说明社会和民族特性的文物必须保护起来。

(7) 城市与建筑　现代建筑的主要问题已不再是纯体积的视觉表演,而是创造人们能在其中生活的空间;要强调的已不再是外壳而是内容;不再是孤立的建筑而是城市组织结构的连续性。《马丘比丘宪章》认为,新的城市化概念追求的是建成环境的连续性,每一座建筑不再是孤立的,而是一个连续统一体中的一个单元,它需要同其他单元进行对话,从而使其自身的形象完整。

《马丘比丘宪章》指出,在1933年,主导思想是把城市和城市的建筑分成若干组成部分。在1977年,目标应当是把那些失去了相互依赖性和相互联系性,并已经失去其活力和内涵的组成部分重新统一起来。《马丘比丘宪章》表明了城市规划理论由"功能分区"向"功能综合"转变的强烈倾向。

4)《建筑师华沙宣言》(1981)

国际建筑师联合会第十四届世界大会于1981年在华沙召开,会议的主题是"建筑—人—环境",这次会议是以建筑师的眼光,以《雅典宪章》等一系列宪章、文件为基础,讨论人、建筑和环境之间的相互关系,进一步强调了对人性的尊重,强调了人的社会性特征。《建筑师华沙宣言》认为,"建筑师的责任是全面的,是在为人类创造新的环境"。

(1) 人的基本权利　每个人都有生理的、智能的、精神的、社会的和经济的各种需求;每个社会作为一个整体,有保持其固有文化统一性和连续性的权利;人类聚居地必须为自由、尊严、平等和社会公正提供一个环境。聚居地的规划应该有市民参与,充分反映多方面的需求和权利,同时应重视与自然界和谐地平衡发展。改进所有人的生活质量应当是每个聚居地建设纲要的目标。

(2) 当代世界的挑战　当代世界存在着深刻的差异:人们的生活标准和生活条件各不相同;经济发展的不平衡导致了各国之间和个人之间悬殊的贫富差别;由城市人口激增引起的城市恶化变得特别严重,石化燃料迅速枯竭,而处于城市化中的世界对能源的需求日益增长;许多国家面临的严重问题是环境污染加剧,已经达到了可能引起灾难的程度。

(3) 对发展的控制　必须确定有效的办法,影响和控制环境开发的进程,并在每一个水平和阶段上保证平衡。政府有责任制定同工业化、农业、社会福利以及提高环境和文化水平的政策相协调的聚居地建设纲要和政策,必须把解决人类聚居地的问题当作是每个国家和整个世界发展过程中的必要组成部分。

(4) 职业责任　建筑学是创造人类生活环境的综合的艺术和科学。当今世界的特点是社会政治和经济制度各不相同,设计人员的责任就是在每一种制度下,利用可能的手段,以最有效的方法改善人为环境。

经济规划、城市规划、城市设计和建筑设计的共同目标应当是探索并满足人们的各种需求。人类聚居地应该维护个人、家庭和社会的一致,采取充分手段保障私密性,并且提供面对面相互交往的可能。

在经济和技术发展的每一个阶段,建筑师的作用都是表现他那个社会的价值。顾及他为之工作的环境,保证他的工作对社会和环境的和谐有积极的贡献,这些都应该列为他的职责。

《建筑师华沙宣言》全面审视了人与建筑、环境之间的相互关系,明确了建筑师更为广泛的职业责任,以及建筑师所面临的来自各方面的挑战,把原有的和新的因素、自然的和人为的因素结合起来,通过适合于人的尺度的空间设计,保护和发展社会遗产,维护文化发展的连续性。

5)"人居二"及其他

联合国第二次人类住区会议于1996年6月3日至14日在土耳其的

历史名城伊斯坦布尔举行,这个会议被称为是一次"城市高峰会议"。通过联合国大会的努力,改善人类居住环境已经从学术界、工程技术专业的范围上升为各国首脑普遍关注、并为之奋斗的全球性的行动纲领。会议的中心议题是"人人有适当住房"和"城市化世界中的可持续人类住区发展",会议的纲领性文件为《人居环境议程:目标和原则、承诺和全球行动计划》。

"可持续人类住区的建设把经济发展、社会发展和环境保护结合在一起,充分尊重包括发展权在内的各项人权和基本自由,并且提供一种达成以道德与精神的远见建立起来的更加稳定与和平的世界的手段。民主,尊重人权,社会各个部门透明的、代议制的且负有责任的政府和行政机关,以及民间团体的有效参与都是实现可持续发展不可缺少的基础。"

"科学和技术对建立可持续的人类住区和维持其所依赖的生态系统具有重大作用。人类住区的可持续性要求按照各国条件,使资源的地区分布或其他适当的分布能保持平衡,要求促进经济与社会发展,促进人的健康与教育,保持生物多样性和可持续地使用其组成部分,维护文化的多样性,并按照能够充分维持人类未来世世代代之人类生命和幸福的标准,保持空气、水、森林、植被和土壤的质量。"

在联合国第二次人类住区大会上,与会各国政府共同承诺"在城市化地区实现可持续的人类住区目标,为此,要推动社会进步,使其在生态系统的承受能力之内,充分利用资源,并考虑到未来的原则,为所有人,特别是易受伤害或处境不利的群体,获得与大自然及其文化遗产、精神和文化价值相协调的健康、安全和富于成效的生活提供平等机会,这将能确保经济和社会的发展以及环境的保护,从而促进国家可持续发展目标的实现"。

"人居环境"的概念及其思想是一个逐步明确和不断完善的过程。1965年成立了世界人类聚居学会;1972年联合国在瑞典斯德哥尔摩召开了人类环境会议;1976年联合国在加拿大温哥华召开了联合国第一次人类住区会议,1982年联合国成员国在内罗毕基会纪念斯德哥尔摩联合国人类环境会议十周年,1987年联合国世界环境与发展委员会发表了布伦特兰报告《我们共同的未来》,首次提出了可持续发展的思想;1992年联合国在巴西里约热内卢召开"环境与发展"全球首脑会议;1996年在土耳其伊斯坦布尔召开了联合国第二次人类住区会议。依照这个时间表可以看出,"人居环境科学"已经逐步发展为一个综合性极强的学科群,它以区域、城市、城镇、乡村等人类聚居环境为研究对象,把人类聚居作为一个整体,从政治、社会、文化、技术等方面进行广泛研究。它研究人类发展与生态环境之间的相互关系,从而使人类按照其理想建设聚居环境,同时能保证人类行为、聚居环境处于地球生态圈的平衡状态中。

人居环境科学涉及领域广泛,吴良镛先生以系统观念将人居环境科学划分为居住系统、支持系统、人类系统、社会系统和自然系统等五个大系统(图 2.20),每个大系统又可分为若干小系统。

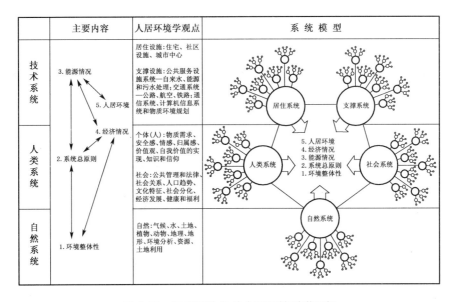

图 2.20 吴良镛先生的人居环境科学图解

人居环境科学是一个开放的学术研究体系,要在大量的理论与实践工作基础上,通过多系统的建立与交叉,深入研究,使之趋于完善,我们憧憬着可持续的人类住区,企盼着我们共同的未来。

2.3.2 城市规划理论的发展趋向

自 E.霍华德发表《明天:一条迈向真正改革的和平道路》,提出"田园城市"学说,至今已经一百多年,当回首审视城市——这一人类的伟大作品时,我们发现,与一百多年前相比,世界已经发生了巨大的变化,假如说 21 世纪的到来使人类处于新的起点的话,那么,这也是"螺旋式上升"后的一个新的起点。在这一百多年中,人类借助于工业革命及其科学技术的发展促成了社会进步,同时人类也经历了两次世界大战的创伤,经历了意识形态的演变与更替,经历了一次次城市生态环境的严重破坏以及因多种原因引起的社会冲突。当今人类社会面临着共同的挑战和共有的未来。

21世纪,人口增长和城市化仍然是人类文明进程的主要特征。一般认为,在2030年左右,世界人口在100亿左右稳定下来[23],若世界城市化水平保持在50%左右,那么,住在城市中的人口应该是50亿左右,城市的"容量"有这么大吗?20世纪的城市问题在新世纪中还会继续或重复吗?尽管人类在1972年对地球生态环境问题已经达成共识,1987年提出了"可持续发展"的原则,但地球生态环境状况并没有出现明显的好转,1980年代以来,世界环境已经从区域性的点源污染扩展到全世界的全球性污染,污染物质通过所有环境介质不断迁移、转化和积累,使环境污染的范围遍及全世界的各个角落。全球经济处于不平衡状态,世界分成了工业化国家和发展中国家,二者之间的差距存在着进一步扩大的趋势,这种差距可能会导致认识和行动的分歧。科学技术革命及其成果的应用提高了人类认识和改变世界的能力,个人电脑(1975)和Internet全球网络(1990)的出现标志着全球进入了信息社会,人类的时空观将会因此发生改变,人类社会趋于同一的倾向越来越明显,这无疑是对人类文明多元性特征的巨大冲击。可以预见,在21世纪,城市化与人口增长,共同的生态环境问题,全球性的不平衡发展以及人类"同一化"倾向必然会影响着人类文明的进程,影响着人类文明的物质载体——城市的建设和发展。

今天的状况与工业革命初期相比较,人类已经向前迈出了巨大的一步。人类所拥有的物质基础和改变世界的能力、面临的问题与困难以及人类的思维方法都发生了根本性的改变,考察工业革命之后的城市、城市发展的过程不难理解,城市已经突破了具体的物质环境营造的概念,演化为一个极为复杂的社会系统工程。相伴相随的城市规划理论几乎涉及了人类文明的所有领域,各学科的交叉、介入促进了城市规划理论的完善与发展。

任何规划理论都有其时效性,是在一定历史发展阶段、特定的地域背景下,人类认识和改造环境、寻求发展的总结。因此,当背景条件发生了改变,人类认识、改变世界的能力有所提高,必然会提出新的思想,通过证伪而进行更新。城市发展是一个不断进步的、连续发展的过程,城市规划理论是一个以营造人类生存的物质环境为载体的开放性体系,随着人类对自然环境的认识、理解、利用和建设能力的增强,城市规划理论的发展将会处于一个不断发展、不断更新、不断完善的成长过程之中。

进入21世纪,城市规划理论的发展必然会关注当今城市发展所面临的问题,将会呈现出以下强烈的发展趋势。

1) 可持续发展——城市规划的环境保护趋向

布伦特兰委员会提出"可持续发展"的思想已经成为世界各国经济发展的共同纲领,"可持续发展是既满足当代人的需要,又不对后代人满足其需要的能力构成危害的发展"[24]。这一思想以两个关键因素为基础,一是人的需要,二是环境限度。发展的目的是满足人类的需要,这包括当代人、后代人的需要,特别是世界贫困人口的基本生活需要;环境限度是对人类活动施加限制,对满足需要的能力施加限制,确保生态环境的持续性,在不超出生态系统承载能力限度的前提下改善人类生活质量。世界自然保护同盟、联合国环境规划署和世界野生生物基金会的《保护地球——可持续生存战略》(1991)对人类的持续生存提出了九项原则:①建立一个可持续社会;②尊重并保护生活社区;③改善人类生活质量;④保护地球的生命力和多样性;⑤(人类活动)维持在地球的承载能力之内;⑥改变个人的态度和生活习惯;⑦使公民团体能够关心自己的环境;⑧提供协调和保护的国家网络;⑨建立全球联盟。把生态环境的持续演变作为人类生存的前提,正确表述了人类与地球生态圈的关系。因此,在城市规划研究中把生态环境的持续作为城市发展的首要目标是一种必然的发展趋势。

21世纪,我国城市发展的压力巨大,一方面,我国人口基数大、城市化水平起点低,据专家预测,在21世纪30年代,我国人口将达到16亿左右,城市化水平达到55%,这意味着我国城镇人口将从目前的3.6亿增加到8.8亿,净增5亿多[25]。另一方面,城市发展面临着十分严峻的资源短缺矛盾,主要表现在土地、水、能源等方面。土地的短缺将影响城市空间的合理利用,城市运转效率下降;水资源的压力会给城市生活、生产带来严重的威胁,迫使城市远距离引水、采取高成本的节水技术;能源的短缺不可能改变以煤为主的能源结构,"三废"污染源的绝对量将日益上升。由此可见,可持续发展战略是我国城市发展唯一可选择的道路。

2) 文脉——城市规划的文化研究趋向

城市是人类活动物化过程的产物,它客观、真实地记载了人类文明的进程,是人类文化和科学技术的结晶,表述了在不同历史阶段人类对自然环境的认识、理解,是一部用石头写在大地上的人类文明史。由于地域和历史的原因,城市的结构方式,建造技术……经过长期的自然选择和历史沉淀,表现出人类文明应有的多元性和地域特征。中华民族是一个历史悠久、文化灿烂的民族,我国许多区域和城市拥有丰富多彩的文化遗产和优秀卓越的文化基因,随着历史的进程在不断发展、壮大。自现代建筑"国际式"风格在世界范围内普及,成为一种潮流时,其在城市中表现为现代与历史的对立和咄咄逼人的强劲势头,在城市的发展过程中,中国传统文化在节节退化、消失,濒临"灭绝";在城市形态上可以看到的是地方性和历史特征的丧失,取而代之的是城市面貌的千篇一律。

21世纪,信息产业加快了全球一体化的进程,这一趋势强调了世界的同一性。当人类建立"可持续发展"的观念时,应该看到这不仅体现在自然资源的永续利用和生态环境的可持续,更为重要的,应该体现在人类文明和文化的可持续发展上,城市规划理论中的文化研究是一个重要的研究趋向,让城市成为历史、现实和未来的和谐载体是21世纪城市发展的目标之一。

城市的文化内涵包括了城市文化遗产的保存、现代文化的创造和二者之间的整合与协调。

3) 交往——城市规划的社会学研究趋向

交往是人的一种基本社会属性,在一定历史阶段,人类的交往方式与生产方式、生活方式相一致,总的趋势是由封闭走向开放,由贫乏走向丰富多彩。当人类由工业社会进入信息时代后,世界经济一体化、社会生活信息化、不断推进的城市化、交通工具的完善和全球化的趋势使人类交往方式出现了根本性的改变。由于生活节奏的加快、电子通信网络和信息高速公路的建立,人们可以接受和处理更多的外来信息,人们的交往将获得无限的丰富性、快捷性和选择性,人们的交往范围更加广阔,但与此相随的将是广泛交往下人际关系的冷酷与孤独。

以信息处理手段为主体的人际交往在促进人类交往的过程中具有极强的负面影响。虽然人们在交往过程中,现代信息技术增强了人们跨越时间与空间的能力,但"人—机"对话系统却造成了人的孤独和人与人之间的疏离,一旦个人同外界的交往联系主要通过"人—机"系统来完成,那么,它将剥夺了人际交往中直接接触的机会,使人们陷入一种频繁交往掩盖下的仅仅与机器打交道的孤独,导致人们心理、感情的失衡。"人—机"对话交往同样会造成社区结构的解体和人际关系的不稳定,在互联网上人们可以跨越时空,与远方的朋友闲聊,对远方的事件发表见解,而对身边的事情失去兴趣,进而表现出不应有的麻木与漠然,邻里关系越来越生疏,以致不相往来,使社区活动得不到应有的支持而可能导致社区结构解体;信息技术促进社会节奏加快,流动性提高,这必然会使人际交往呈现出"短暂性"的倾向,人际关系的稳定性削弱。

人际关系的冷漠在21世纪将随着信息技术的发展、普及而得到强化,促进人们"面对面"直接交往是未来城市规划研究的一个主要倾向,应该通过城市物质环境的建设适应未来"以短暂性交往为基础,以有限介入为特征"的人际交往方式,消除信息技术带来的社会学方面的负面影响,保持人类社会生活的和谐。

注释与参考文献

[1] "国际现代建筑会议"为"Congre's Internationaux d'Architecture Moderne",或译为"国际新建筑会议",简称为CIAM。

[2] 童寯. 新建筑与流派. 北京:中国建筑工业出版社,1980:80

[3] 雷纳·班纳姆语,转引自肯尼思·弗兰姆普敦著;原山等译. 现代建筑:一部批判的历史. 北京:中国建筑工业出版社,1988:343

[4] 陈占祥. 雅典宪章与马丘比丘宪章评述. 建筑师,第4期:1980:248

[5] 新镇:New Town,译为新镇或新城,也译为卫星城,意指新建城市,通常规模较小为新镇,规模较大为新城。

[6] 郝娟. 西欧城市规划理论与实践. 天津:天津大学出版社,1997:83

[7] 郝娟. 西欧城市规划理论与实践. 天津:天津大学出版社,1997:22

[8] 英国建筑师乔治·贝康语,转引自A. B. 布宁,T. 萨瓦连斯卡娅著;黄海华译. 城市建设艺术史. 北京:中国建筑工业出版社,1992:322

[9] 肯尼思·弗兰姆普敦著;原山等译. 现代建筑:一部批判的历史. 北京:中国建筑工业出版社,1988:287

[10] "十次小组"为"Team X",其主要成员为英国的史密森夫妇(Alison Smithson, Peter Smithson)和沃尔克(J. Voelcker);荷兰的贝克玛(Jacob Bakema)和温·艾克(Aldo Van Eyck);法国的坎迪里(G. Candilis);美国的伍兹(Shadrach Woods);波兰的索尔坦(Tarzy Soltan);西班牙的科德克(J. Coderch);挪威的格朗(G. Grung);瑞典的厄斯金(A. Ersking);意大利的迪·卡尔洛(Giancarlo de Carlo)等。

[11] 肯尼思·弗兰姆普敦著;原山等译. 现代建筑:一部批判的历史. 北京:中国建筑工业出版,1988:346

[12] 孙全文等著. 近代建筑理论专辑(建筑史与理论专题报告). 台北:詹氏书局,1985:91

[13] 程里尧. Team10 的城市设计思想. 世界建筑,1983(3):78
[14] 东京都包括市区的 23 个区和郊区的 27 个市,人口 1 162 万,用地 2 145 km²;东京大都市圈则包括东京都及周围的埼玉、神奈川、千叶三县;首都圈则是东京都和周围的埼玉、神奈川、千叶、群马、栃木、茨城、山梨七县的统称,人口达到 3 346 万(1980)。
[15] 马国馨著. 丹下健三. 北京:中国建筑工业出版社,1989:345
[16] 链状交通系统:Cycle transportation system,也称为锁状交通系统或循环运输系统。
[17] 世界大城市规划与建设编写组. 世界大城市规划与建设. 上海:同济大学出版社,1988:159
[18] 巴黎是一个通称,可分为巴黎中心区,指巴黎最繁华地带,面积约 20 km²;巴黎市区,指环形大道范围之内的老城区,面积为 105 km²,共分为 20 个区;大巴黎,指巴黎大都市区,除了巴黎市区之外的近郊和远郊区。整个巴黎地区包括七省一市,人口为 988 万(1975),面积 12 008 km²。
[19] "第二巴黎"的构想是在巴黎以西地带发展一个强大的新城,具有相对的独立性,形成与巴黎相抗衡的"双磁极"结构;"新城镇圈"结构即类似伦敦卫星城的结构方案,在巴黎外围发展卫星城。这两种方案都因可行性、发展规模及实施效果等因素而放弃。
[20] 柴锡贤等. 巴黎地区的新城建设. 世界建筑,1981(3)
[21] B. M. 费尔顿. 欧洲关于文物建筑保护的观念. 世界建筑,1986(3)
[22] B. M. 费尔顿. 欧洲关于文物建筑保护的观念. 世界建筑,1986(3)
[23] 霍布斯鲍姆著;郑明萱译. 极端的年代. 南京:江苏人民出版社,1998:840
[24] 世界环境与发展委员会著;王之佳,柯金良译. 我们共同的未来. 长春:吉林人民出版社,1997:53
[25] 马武定. 城市化与农业现代化. 城市规划,1997(6)

3 城市形态与空间结构

关于城市有多种解释,其中一个有意义的观点是生态学的观点,该观点把城市类比为细胞;城市具有细胞的结构特征、生长机理和表现形态,城市像细胞一样,必须具备生长的内在和外在条件;考察一个城市的发展轨迹,可以看到城市生长、变化的形态特征。

在人类历史进程中,由于生产力发展水平的不同,必然产生不同的社会形态、经济结构、民族心理……城市作为人类活动的物质载体,必然会打上人类文明的烙印。一方面,城市形态与结构可以反映出人类对自然环境的态度与能力;另一方面,城市必须具备包含人类行为的"足够容量"。关于城市生长机理,齐康先生把城市活动与城市环境的对应关系形象地表述为核桃"仁"与"壳"的关系[1],城市活动、社会系统是"桃仁",城市形态及空间结构是"桃壳",二者之间的对应、合理和协调是城市发展的一个重要前提。

城市形态及总体布局与城市活动具有一致性的基本特征,即城市形态反映城市活动。在农业文明时代,人类主要通过自然环境中的耕作等生产行为获取生活必需品,城市呈现出以商业、手工业以及宗教、防卫为特征的形态,城市规模以及城市间的距离都反映出农业文明的特征。工业革命之后,生产方式发生了根本性的改变,人类的主要生产行为发生在城市内部,工业生产成为城市的特征,一切都随着工业、科技的发展而改变,城市表现出人类极强的征服欲望。

城市形态的物态构造受限于自然环境,当一切行为转变为具体的活动时,城市形态离不开自然生态环境的可能性。不同经纬度的区位气候条件,不同的地形地貌条件,不同的动、植物种群等自然生态因素的差异必然会反映出不同的城市形态,和谐与平衡是城市存在的根本,一旦自然生态环境受到人为的损害,那么人类赖以生存的城市环境必然受到来自自然环境的制约或报复,直至重新回复到平衡状态为止。

人类文明进程表明发展是一个永恒的主题,"内因是变化的根据,外因是变化的条件",城市形态的变化将永远伴随着人类的进步,城市作为人类活动的物质载体,是人类聚居的最基本的组织形式,是人类物质、精神的综合体现。

3.1 城市扩展的影响因素

城市化是社会发展的必然,其主要特征表现为生产方式由农业类型向工业类型转化,作为生产力的人口出现聚集,这一趋势强化了城市物质环境的形态变化和内在结构的调整,城市环境质量的变化取决于相关因素的综合影响。

城市化趋势不只是一个人口由农村向城市迁移的表象问题,它标志着社会结构在总体平衡状态下的调整。作为国民经济基础的农业必须在保持稳定、持续生产,满足社会发展需要的前提下实现富余劳动力的转移,而城市则拥有足够的产业岗位和物质条件使人口转移成为现实,在动态发展过程中达到新的平衡,实现社会进步。可见,城市的合理扩展是城市化必不可少的物质条件,同时,城市化的进程又反过来促进城市的发展。

我国城市化进程受到了我国宏观条件的影响,这些因素包括自然生态环境状况、人口状况、经济发展状况和城市建成状况。

3.1.1 自然生态环境状况

城市发展所进行的一切物质建设必须落实在土地这个根本上,如何有效地、合理地利用土地成为城市发展的重要原则之一,我们必须从宏观环境的角度去理解城市发展与自然生态环境相互依存的关系,宏观的自然环境指的是我国整体的自然生态环境状况,这是从总体和趋势上把握城市发展与自然生态环境协调的重要前提。

我国是世界上自然地理环境最丰富的国家之一,受气候(地带性因素)和地貌(非地带性因素)两个基本因素的作用,主要特征是三大自然区和地势的三大阶梯。其中,贵藏高原是中国最高一级地形阶梯;大兴安岭、太行山和伏牛山以东是中国地势最低的一级阶梯,是中国的主要平原和低山丘陵分布地区;中间为第二级阶梯。相对应的三大自然区划分为东部季风气候区,其西部界限是从大兴安岭西麓,经辽西山地和燕山山地的北部、鄂尔多斯高原的中部,往西至贵藏高原的东缘,它包括了东北平原、华北平原、长江三角洲和珠江三角洲,约占全国陆地面积的45%,总人口的96%,工农业总产值的95%,夏季海洋性季风影响显著,气候润湿;西北干旱区,是欧亚大陆草原和荒漠区的一部分,约占全国国土面积的30%,大部分是海拔1 000 m左右的高原和内陆盆地,气候干燥,水资源缺乏,人口和工农业总产值不到全国的4%;贵藏高寒区,是全球的一个独特的自然地理区域,平均海拔高度在4 000 m以上,自然条件对人类的生存限制很大,面积约占全国的25%,人口不到全国的1%。我国自然地理的三大自然区和地势的三大阶梯在相当程度上构建了我国的区域特征和经济发展的宏观框架。

当今,我国面临着严重的资源缺乏。

1) 土地状况

我国以"地大物博"著称世界,在960万 km^2 的土地上,作为主要生命支持系统的耕地1亿 hm^2,森林1.34亿 hm^2,草地2.9亿 hm^2,内陆水域27万 km^2,以及18 000 km海岸线上的广大滩涂和广大的内陆架。但是,按人口平均,我们的生命资源则远远低于世界平均水平(人均土地14亩),为世界人均数的32%;人均耕地1.275亩,为世界平均数的1/4;人均森林2亩,为世界人均数的11%;人均草地3.5亩,为世界人均数的33%[2]。令人担忧的是我国土地状况呈继续恶化的趋势,就可耕地而言,主要表现为严重的水土流失,全国风蚀面积为188万 km^2,水蚀面积为197万 km^2,流失土壤总量50亿t,有1/3的耕地受水土流失危害;沙漠化及荒漠化面积扩大,有393万 hm^2 农田受沙漠化威胁;土质恶化,有1亿亩耕地盐碱化,同时有大量耕地腐殖质减少,土地肥力下降。

2) 森林与草场

我国现有森林面积1.34亿 hm^2,森林覆盖率为13.92%,林木积蓄量118亿 m^3,无论是森林覆盖率和森林总量,还是人均林地和人均活林木积蓄量都远远低于世界平均水平,世界排名在第120位之后。尽管经过多方面的努力,我国森林覆盖率在1993年至1996年间一直稳定在13.92%,但森林资源的危机并未消除,一方面,全国成熟林资源赤字每年为5 000万 m^3,加上其他人为或天然原因,每年的森林资源赤字大约是1亿 m^3。另一方面,我国森林分布极不均衡,广大的西部干旱、半干旱地区大片森林退化,覆盖率不足1%;长江流域几十年来森林覆盖率一直呈降低趋势,占长江流域上游面积56%的四川省,覆盖率由1950年代的20%下降到1980年代的13%,中游鄱阳湖流域森林覆盖率为17.8%,低于江西省的平均水平(33.6%),下游的安徽、江苏两省的覆盖率分为13.5%和8%,长江流域森林的破坏导致了水土流失加剧[3]。

草场的生态功能已呈现出退化的趋势,我国草原面积43.5亿亩,占国土面积的30%,加上南方草山草坡共53.5亿亩,相当于耕地面积的3.6倍,主要分布在干旱、半干旱或高寒生态脆弱地区,草场能力较1950年代又普遍下降了30%～50%,草场退化、沙化和碱化现象十分严重,目前,在33.6亿亩可利用的草场中,明显退化的有7亿～10亿亩,并以每年2 000万～3 000万亩的速度扩展[4]。

3) 水资源状况

全国陆域多年平均年降雨总量为6万亿 m^3,形成水资源总量约2.8万 m^3,约为世界淡水总量的7%,人均水资源量约2 400 m^3,为世界人均量的1/4,居世界第88位,被列为世界12个贫水国家之一。由于我国水资源的时空分布不均匀,特别是水污染的扩展,扩大了水资源紧缺的危机。据报道,我国500个城市中有300个城市缺水,日缺水量1 000万 m^3,其中严重缺水的城市50座;许多作为饮用水水源的湖泊富营养化现象扩大,许多城市地下水超采或严重超采,导致地下水位下降,76个城市地下水严重受污染,水质恶化,形成供水困难;北方和西北农村有5 000多万人和3 000万头牲畜得不到饮水保障,受干旱影响的耕地占耕地面积的1/5。

4) 能源状况

我国是世界能源大国,从总量看,能源储量、能源生产和消费总量都处于世界前列:煤炭资源丰富、品种齐全,埋深在1 500 m以内的煤炭总资源量达4万亿 t,陆地及大陆架石油总资源量为787.5亿 t,天然气总量为33.3万亿 m^3,水能资源蕴藏量居世界首位,另外,还有丰富的太阳能、地热能、风能、潮汐能等可再生资源。我国的能源问题主要是供需矛盾突出、能源结构不合理和能源利用率低。特别是能源结构值得引起重视,以燃煤为主的能源结构所引起的环境问题是我国最突出的环境问题之一,1995年原煤产量和消费量都超过10亿 t,煤炭占能源消费总量的76%,煤是主要的工业燃料和动力,其提供65%的化工燃料和85%的城市民用燃料,中国城市大气污染主要是由燃煤引起的。

1997年中国区域发展报告对我国区域生态状况的评价是,由于自然和人为因素的影响,中国生态状况形势严峻,主要表现在水资源紧缺,植被破坏严重,水土流失加剧,土地荒漠化仍在发展,生物多样性在减少,导致农田、森林、草原以及江河湖海等自然生态系统生产力下降,在生态系统功能较强的东部地区出现土地退化和环境恶化的现象,原本生态系统十分脆弱的西部地区恶化趋势更为严重[5]。

3.1.2 人口状况

中国是世界上人口最多的国家,1995年2月15日中国政府向全世界正式宣布中国"12亿人口日"的到来,这意味着这一时刻因1970年代以来推行的计划生育政策被推迟了9年,也意味着中国人口总数提前5年突破了1980年代初设定的2000年达到的最高界限。讨论中国的任何问题都必须考虑人口这一极为重要的前提,都应该建立"人均意识"。在21世纪,我国来自人口方面的压力主要在人口数量、人口素质、人口结构和人口分布四个方面。

1) 人口数量

从1970年代初,中国开始对生育实行计划控制,生育水平虽然大幅降低,但中国人口的总数仍在迅速增长,1949年中国人口总数为4.52亿,然而,1985年,这一数字已达到10.45亿,在30多年的时间里翻了一番。在21世纪,巨大的惯性正在将中国的人口推向一个新的峰值,《转变中的中国人口与发展总报告》对我国未来人口的发展作了预测:2000年至2010年,年均新增人口仍将超过1 000万以上;2020年至2030年,年均新增人口将降至500万左右,最高人口值将于2035年前后达到15亿以上,约15.2亿~15.6亿[6]。虽然影响人口变动的因素很多,但不同的研究都具有相似的结论:人口的峰值到来时间约为2040年,最高人口可达15.5亿~16亿人。越过这样一个制高点,中国人口才可望实现零增长。这对正在加速走向现代化和寻求可持续发展的中国来说,是一个沉重的压力。

2) 人口分布

对于中国人口分布状况的研究同样反映出一些在未来发展过程中不容忽视的问题。胡焕庸在1935年《中国人口之分布》一文中指出:从东北的瑷辉(即爱辉,今黑河)到西南的腾冲作一直线,分全国为两部分,结果发现,西北面积占全国64%,人口仅占4%;东南部分的相应数据为36%与96%。1982年人口普查复算,西北部分为5.6%,东南部为94.4%,变化无几。费孝通先生从黑龙江的漠河到云南的瑞丽画一直线,所得结果极为相似。谷祖善在《出生性别比的地理分布》中以等于和大于107.0为界画出一条曲线,也把中国分成东西两部分(上海除外),其中东部共19个省、市、区,面积占36%,人口占83%,西部十省、市、区(含上海)面积占64%,人口占17%(图3.1)。从上述研究可见,中国人口分布呈现出强烈的不平衡性,由地理资源、经济历史等多种因素的共同影响,中国东部呈现出人口密集、性别比高度集中的特征,由此造成的人口压力不可忽视,特别是城市化的压力极大,中国东部将面临着与农业争地、住房不足、交通拥挤、资源紧缺、环境污染等一系列问题。

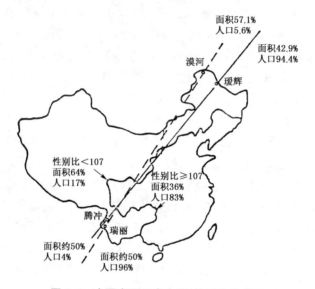

图3.1 中国东西两半人口、性别比分布图

3) 人口结构

人口学粗略地把总体人口分为0~14岁少年人口、15~59岁成年或生产年龄人口和60岁以上老年人口三部分。显然,在人口结构中,成年人口极为重要,是全部人口的核心部分,而在未来的20年中成年人口所占的比例将持续上升,据推测,2020年为9.6亿[7],虽然说,生产年龄人口比例上升意味着社会抚养系数低,是经济发展难得的"黄金时代",但在未来20多年中生产年龄人口再增加近2亿,这就使就业压力持续增大,人口与劳动力过剩的趋势将会日益加剧。

4) 人口素质

关于人口质量,学术界认为应该包括人口身体素质和文化素质。1949年以后,随着经济的发展,人民生活水平的提高,医疗、卫生条件的改善,

1990年全国人口普查时,婴儿死亡率下降到33.8‰,大大低于目前世界63‰、发展中国家69‰的水平,1989年出生时的预期寿命提高到68.6岁,高于目前世界65岁、发展中国家63岁的水平[8],说明中国人口身体素质确实有了相当大的提高。但人口身体素质也存在着另一个侧面,据1987年4月1日第一次全国残疾人抽样调查推算,中国各类残疾人总数为5 164万人,占人口总数的5%,有残疾人的家庭约占全社会家庭总数的1/5。

人口的文化素质是一项极为重要的指标,我国有至少1.8亿文盲,其中青少年文盲占30%,每年新增文盲人口至少为200万,据1990年人口普查资料报告,我国大学文化程度人口占总人口的1.42%,高中文化程度人口为8.04%,文盲、半文盲人口为15.88%[9]。中国文盲、半文盲人口的92%在农村,而一项对50岁以下妇女按文化程度分类统计的平均生育子女大致是:文盲5.86个,小学文化水平4.8个,初中文化水平3.47个,高中文化水平2.85个,大专文化水平2.05个,由此可能得出的结论是,文盲的后代愈来愈多,而文化结构的每一个阶梯上,我们高文化高智商的子孙将愈来愈少,中国作家徐刚认为,人多只是一个方面,文盲和愚昧是更具有本质意义的可怕,这是一种可以致一个社会、一个民族于死地的滑坡[10]。

3.1.3 经济发展状况

自1978年以来,中国经济和社会获得了巨大发展,在1978年至1995年间,人均实际国内生产总值每年以8%的速度飞快增长,使2亿中国人告别了绝对贫困[11],仅用了一代人的时间取得了其他国家用几个世纪才能取得的成就,是当代令世人瞩目的伟大奇迹。

1)成就

1979年以前,我国实行中央集权的计划经济管理体制,在高度集中的计划经济体制和大一统的行政性资源配置方式下,投资主体单一,建设项目统一安排,布局蓝图一笔独绘,产品统购统销,原材料统一调拨供应,财政统收统支。1978年底我国政府在深刻总结国内经济建设经验和分析国际经济形势的基础上把实行对外开放确定为基本国策,在此之后,中国政府实行改革开放政策,逐步建立了现代社会主义市场经济模式。

宏观经济政策的调整,使中国经济发展进入了前所未有的持续增长的阶段,农村改革的推行全面激活了经济,推动了中国经济发展和面貌改变,持续17年的快速增长率使得中国人均收入每10年翻一番,这一速度比近代史上几乎所有国家都要快。世界银行的报告认为,中国经济迅速增长具有三个显著特征:①全面增长,沿海各省的增长率较快,年均为9.7%,非沿海各省出现了明显变化,如果以省为基本统计单位,1978年至1995年间世界20个增长最快的经济体都会在中国。②中国经济增长呈明显的周期性。③生产力增长在其中起着决定性作用。高储蓄率、经济结构的变化,务实的改革思路和初始的经济状况是中国经济持续增长的决定因素[12]。

2) 增长状况

我国是发展中大国,处于大规模工业化和城市化的初期,以基础产业为主体,国家的优先目标必须谋求经济的快速增长,这也就决定了区域经济发展的不平衡。1979年至1992年全国GDP的年增长速度为9.0%,在全国经济取得连续10多年的快速增长的同时,地区间经济增长的差距迅速扩大,这种差距同时出现在以下区域范畴:省市自治区之间、沿海地区与内陆地区之间、东中西三个地带之间、少数民族聚集地区与汉民族聚集地区之间、城市与乡村地区之间。

就宏观分析,中国区域经济主要是"东中西地带"和"南北问题"。

按照1980年代中期国家关于东中西三个地带的划分,东部地带包括沿海的12个省、区、市,西部地带包括原西南、西北9个省区,其余属于中部地带,即黑龙江、吉林、内蒙古、山西、河南、湖北、湖南、江西、安徽等9省、区。经济增长速度和经济总量地带性差距在扩大(表3.1)。

表3.1 1980年代以来东中西三个地带经济总量(GDP)及占全国比重的变化　(GDP单位为亿元,当年)

地带	1980年		1985年		1990年		1994年		1995年		1996年	
	GDP	%	GDP	%	GDP	%	GDP	%	GDP	%	GDP	%
全国	4 387	100.0	8 603	100.0	17 178	100.0	45 586	100.0	57 623	100.0	68 584	100.0
东部地带	2 296	52.3	4 553	52.9	9 239	53.8	26 608	58.4	33 615	58.4	39 727	57.9
中部地带	1 369	31.2	2 675	31.1	5 129	29.8	12 415	27.2	15 868	27.5	19 187	28.0
西部地带	722	16.5	1 375	16.0	2 810	16.4	6 563	14.4	8 140	14.1	9 670	14.1

资料来源:《中国统计年鉴》,1983—1997,国家统计局;
《改革17年——安徽区域经济发展概览》,安徽省统计局

南北间也呈现了经济发展的差异,以自然条件、资源和社会经济发展联系的特征同样可以划分为三个地带,即北部地带共15个省、市、区,中部地带11个省、区、市和南部地带5个省、区[13],在过去的10多年中,北、中、南三个地带的经济总量和人均经济水平发生了巨大的变化,北部地带的GDP和人均GDP大幅度下降,南部地带大幅度上升,中部地带略有下降(表3.2)。

对于中国区域经济的不平衡性,《1997中国区域发展报告》认为,国家优先目标是谋求经济的快速增长,这就决定了区域经济的不平衡发展,但造成经济地带性差异扩大是多种因素共同作用的结果,这包括自然地理环境,自然资源,地理区位,与经济核心区、大城市的相对位置,历史因素,现阶段的经济因素和体制原因[14]。

表3.2 南北间三个地带经济发展地位的变化
(GDP及占全国比重:亿元、%)

地 带	1980年		1985年		1990年		1995年	
	GDP	%	GDP	%	GDP	%	GDP	%
全国	4 387	100.0	8 603	100.0	17 178	100.0	57 623	100.0
北部地带	2 017	46.0	3 898	45.3	7 516	43.8	23 746	41.2
中部地带	1 837	41.9	3 562	41.4	6 840	39.8	23 158	40.2
南部地带	533	12.1	1 143	13.3	2 822	16.4	10 719	18.6

资料来源:1997中国区域发展报告.商务印书馆,1997

3) 经济结构状况

从总体状况来看,我国经济发展处于工业化的中期——重工业化阶段,"八五"期间全国国民生产总值年均增长12%,是新中国成立以来增长速度最快、波动最小的5年,第一产业年均增长4.1%,第二产业年均增长17.3%,第三产业年均增长9.5%,工业化程度明显提高,产业结构进一步完善。在第一产业中,农业结构发生了重大变化,农业在农林牧渔业总产值的比重由74%("六五")降至60%("八五")。高层次化从沿海向内陆区域逐步推进,农业发展状况因地而异,沿海地区的渔业增长速度较快,中西部则以农区牧业增长较快;在第二产业中,大部分省、区、市重工业发展加快,重工业在全国范围内得到普遍加强,1996年轻重工业呈同步增长态势,重工业产品生产分散化、轻工业生产趋于集中化成为近期第二产业的特征;第三产业的发展仍然处于初始阶段,商贸餐饮业、运输邮电业占有主导地位,在提供劳动就业机会、完善市场经济体系、提高人民生活水平、构筑经济建设大环境方面发挥了重要作用,其发展状况为经济相对发达的省市第三产业发展水平较高,多数省区第三产业比较落后,同其经济发展总体水平基本一致。

中国区域经济发展出现了复杂的多面性,这是经济体制改革——由计划经济向市场经济转变的必然结果。区域经济发展的不平衡性是我国经济发展的主要特征,区域经济发展水平和状态日趋多样化是未来我国经济发展的必然趋势。

3.1.4 城市化进程分析

据统计,到2008年底,我国城市数量达655个,建制镇19 234个,城市化水平为45.68%,若我国人口数稳定在16亿左右,城市化水平达到55%,城市人口将逐步达到8.8亿。这一宏观预测标志着我国城市化进程将以现存城市为基础,各级城市逐步升级、扩大规模为特征。

在未来相当长时间内,我国经济发展处于持续增长的阶段,城市人口聚集效益日益增强,因此,我国城市化进程将以聚集为主要发展方式,城市数量增加,各类城市逐步升级,小城市发展为中等城市,中等城市发展为大城市,在城镇密集地区则逐步演化为城镇群带,在大城市、特大城市将进一步强化中心城市的职能,在规模扩大的同时,充分利用"三维"空间的潜能扩大城市容量,加强对周边地区的辐射能力。在城市形态上表现为城市规模扩大,城市用地向城市郊区扩展。

城市化进程中,集中与升级的趋势将随着我国国民经济发展水平的格局而变化,根据国外发展经验,当人均GDP达到1 000美元时,"小汽车进入家庭"的趋势将出现高潮,当小汽车拥有量达到80辆/千人,并建立起相应的城市道路网,城市形态才会出现郊区化的趋势。当全国性高速道路网的建设和全国性电信网络的完善以及乡镇企业的更新换代,使城乡差别进一步缩小,巨大城市带和城镇群带就会出现。

值得注意的是,我国区域经济发展的不平衡将延续相当长的时间,直接影响城市化的进程,呈现出地区性差异:东部沿海地区率先完成城市集中与升级,比全国其他地区较快地进入城市分散的阶段,即东部沿海地区城市形态经过聚集后进入分散状态时,中部地区城市形态表现出分散的倾向,而西部地区还处于集中发展的阶段。由于我国东部地区自然条件优越,经济发展处于全国领先地位,所以,东部沿海地区将优先出现巨大的城市带或城镇群带的城市体系(表3.3)。

表3.3 中国城市形态演化地区差异的主要特点比较

	东部地区	中部地区	西部地区
2005年以前	城市集中、有分散倾向、城镇体系成熟	城市集中、城镇体系形成	城市集中、城镇体系尚未产生
2005—2025年	城市分散明显、有产生巨大城市带倾向	城市集中、有分散倾向、城镇体系成熟	城市集中、城镇体系形成
2025—2050年	城市分散、巨大城市带产生	城市分散明显、有产生巨大城市带倾向	城市集中、有分散倾向、城镇体系成熟

资料来源:何明俊.中国未来城市形态演化的宏观分析.城市规划,1996增刊

从以上的分析我们可以看到,由于我国是一个发展中国家,自然条件、资源状况、人口状况和经济发展水平、环境问题都处于一种不能令人过于乐观的状况,所以,我国城市化进程充满了机遇和挑战,我们必须认清形势,在这样一个宏观背景下分析和研究城市及其发展问题。

3.2 城市形态分析

城市形态是指城市各构成要素(包括物质的、经济的和社会的)的空间分布模式,它包括了空间组合的具体的物态环境和反映各要素相互关系的抽象的结构模式。

对于城市形态的理解应该分为两个层面。一个层面是公众层面,城市使用者通过有形的物态环境和无形的城市公共活动去认识和理解,K.林奇(Kevin Lynch)认为,物质要素是路径、边界、地域、节点和标志物,以及使用者的主观感受,以此来体验城市。另一个层面就是专业层面,专业技术人员从较抽象的技术角度去理解城市:城市的空间结构、功能组织、交通系统、规模与效率、密度、建造技术、变化与生长……在分析城市结构与形态时,专业人员既要以专业的眼光去观察、分析、理解,也要以"普通使用者的眼光"去体验城市人日常生活和城市最基本的构成因素,二者相比,后一点更为重要。

3.2.1 城市土地利用的基本形态

城市土地利用模式是城市活动的空间表现,它决定了城市的运行效率和生态质量,是城市总体布局的依据之一,关于城市土地利用模式的研究主要包括两个方面,即区位理论和土地利用模型。区位理论认为,城市各地块都表现出不同的位置关系,并影响城市的地域结构,土地利用模型

的研究重点是城市各功能区的组织关系。

1) 区位理论

区位指分布点的位置关系,区位论就是关于人类活动的空间分布及其相互关系的学说。这一学说产生于 1820 年代至 1830 年代的德国,包括杜能(J. H. Thunon)的农业区位论(1826)、韦伯(Alfred Weber)的工业区位论(1909)和克里斯塔勒(Walter Christaller)的城市区位论(1932),1950 年代之后,区位理论日趋完善、成熟。

(1) 农业区位论

农业区位论主要集中在杜能的著作《孤立国同农业和国民经济的关系》中,杜能认为,农业土地利用类型和农业土地经营集约化程度不仅取决于土地的天然特性,更重要的是依赖于当时的经济状况和生产力水平,其中,农业生产用地到农产品消费地的距离最为重要。他从农业土地利用的角度阐述了对农业生产的区位选择进行经济分析的方法。

杜能提出了"孤立国"的假设:在一个大面积的区域内有一个圆形的"国家",圆中只有一个城市,位于其中心;其他为农业用地,各部分的土壤质量和气候特点相同,完全投入使用,且可获得尽可能高的纯收益;城市是农产品的消费中心,城市与各部分的联系都是陆路交通,运输费用与农产品的重量、生产地到消费市场的距离成正比。从这一假设条件出发,可以推导出关于土地利用类型的一些结论:在距城市最近的郊区适宜生产易腐烂、不宜长途运输或是重量大、价格低的农产品。如果这些农产品在远离城市的地方生产,其成本就会因超过城市的销售价格而亏本。由于城市中农产品销售价格是一定的,生产这种农产品的企业越靠近城市,纯收益就越大。当靠近城市消费中心的农业企业的产品不能全部满足市场需求时,市场价格就将提高,结果会扩大农产品的生产范围。相反,如果市场上某种农产品的消费需求可以从城市近郊得到满足,那么距城市较远的企业应种植单位质量价值较大的产品,这就会引起生产资料和劳动费用的相对下降,其结果为,随着消费距离的增加,土地经营愈粗放,距城市最近的郊区经营最集约。

由此杜能提出了著名的"杜能圈",即城市周围土地的利用类型以及农业集约化程度都是呈圈层变化的,围绕城市消费中心形成一系列同心圆(图 3.2)。从经济上看,杜能理论的核心部分是农业生产的位置级差地租,可以理解为位置级差地租反映了土地作为经济利用时的价格与需求之间正相关,这为土地资源的合理利用提供了主要的经济依据。

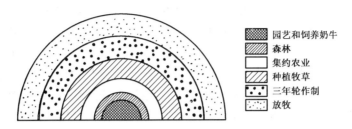

图 3.2 杜能农业圈

（2）工业区位论

韦伯工业区位论的核心是以现代交通运输方式为前提，寻求在原材料和消费中心一定的情况下工业区位的最佳分布点。韦伯认为，影响工业区位的因素可以分为两类，一类是影响工业分布于各个区域的"区域因素"[15]，另一类为在工业的区域分布之中把工业集中于某点的"集聚因素"。韦伯对"区域因素"进行了分析与解剖，认为运输成本因素和劳动力成本因素最为重要，原材料、动力和燃料成本都可以通过价格表达为运输成本，显然，原材料成本存在运输成本问题，距离越远，运输成本越高，同时，原料类也存在产品的价格问题，价格高的产品可以看成是距生产地远、运输成本高的原料。韦伯区位理论认为运输成本首先在运费最低的区位形成区位单元，然后，劳动力成本和集聚因素作为一种"改变力"同运输成本基本网络竞争。

在运输指向的基础上，区位受到劳动力成本的影响，那么，是选择最小运输成本点还是劳动力成本最低点呢？韦伯认为运输指向的区位同劳动力指向的区位相比，如果遇到劳动力成本最低点所节省的劳动力成本大于因迁移所增加运输成本，劳动力指向的区位是合理的，反之，就不合理。

除了区域要素（运输成本和劳动力成本）之外，影响工业地方性积累和分布的所有其他要素统统归入集聚要素和分散要素，所谓集聚要素是使在某一点集中产生优势或成本降低的集聚，分散要素是集聚的相反方向，是使生产分散化产生优势的要素，工业在一个地方集聚与否可以看成是集聚力与分散力平衡后的最终结果。

韦伯认为，集聚可分为两个阶段，第一阶段为初级阶段，仅通过企业自身的扩大、发展而产生集聚优势，第二阶段是各个企业通过相互联系的组织而地方集中化，这是最重要的高级集聚阶段。高级聚集有四个基本要素，即：技术设备的发展使生产过程专业化进而要求工业的集聚；劳动力的高度分工要求完善的、灵活的劳动力组织,有利于集聚的发生;集聚可以产生广泛的市场化,降低生产成本、提高效率;集聚可以使基础设施实行共享从而降低"一般性开支"。但是,"任何集聚都能引起相反的倾向——增加开支"[16],分散要素的强弱同步于集聚规模的大小,也正是因为集聚引起地税的上涨,聚集规模越大,地税上涨越快,因而分散倾向也越强烈。集聚要素和分散要素相互作用的最终结果产生了单位产品一定数量的成本节约。

韦伯工业区位论对以后的区位理论、经济地理、区域研究产生了深远的影响。

(3) 城市区位论

克里斯塔勒从城市或中心居民点的物品供应、行政管理、交通运输等主要职能的角度,论述了城镇居民点的结构及形成过程,提出了"中心地理论",即"城市区位论",其基本内容是关于一定区域内城市和城市职能、规模及空间结构的学说,克里斯塔勒形象地概括为区域内城市等级及规模关系的六边形模型:人类社会聚落具有六边形结构单元特征,中心地位于六边形的中央(图 3.3)。

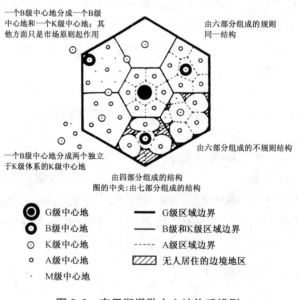

图 3.3 克里斯塔勒中心地体系模型

克里斯塔勒认为,任何一个中心地都有大致确定的经济距离和能达到的范围,承担着向外围区域提供商品和各种服务的职能。中心地有大小之分,较小的中心地供应的商品、提供的服务,无论数量还是种类都较少,其外围区的范围也相应较小;而较大的中心地,提供的商品和服务在数量和种类上都较多,其外围区也较大。中心地的等级越高,所提供的商品和服务的数量和种类就越多。

就每个具体的中心地而言,克里斯塔勒明确指出,人类经济活动的地理单元无论小到何种程度,它总是处于不均衡状态,在空间分布上永远存在着中心地和外围区的差异。因此,有效地安排经济活动的途径不是消灭这种地域差异而是应当正视差异的存在,并造成合理的差异,以促进总体上经济的发展。

克里斯塔勒"中心地理论"提出了人类社会聚集的结构模型,并根据这一理论建立了包括自然地理基础、社会生产与需求和社会服务三者在内的符合逻辑的组织系统。

(4) 区位理论的新发展

1820年代至1940年代是区位理论形成和初步发展的阶段,都是在一定的假设前提下的纯理论推导,着眼点仅在于客体和有关区位因素的空间分布、定向联系,尚未涉及动态变化,1950年代以来,工业化和城市化促进了区位经济结构及其模式的进一步发展。区位理论从单个经济单位的区位决策发展到地区总体经济结构及其模型的研究;区位理论的研究方法从抽象的纯理论模型推导转为力求接近实际的区域分析,建立在实践中可运用的模型,强调了其应用性;区位理论的决策客体已从传统的工业、农业、市场扩展到包括运输、商业、服务业、银行、保险等更为广泛的第三产业。

2) 城市土地利用模式

城市土地利用模式是城市人文活动分布的空间表现,它直接决定着城市运转的效率及生态环境质量,是城市总体规划、城市扩展的重要依据之一。由于受研究出发点、研究地区城市特征和发展阶段的制约和影响,城市土地利用模式同样形成了众多不一的学说,具有代表性的有同心圆模式、扇形模式、多核心模式和多地带模式。

(1) 伯吉斯的同心圆模式

美国城市地理学家伯吉斯(E. W. Burgess)于1923年提出了同心圆模式。伯吉斯对美国城市芝加哥地域分异进行分析,认为是向心、专业化、分离、离心、向心性离心五种力的共同作用产生地域分异,城市各地带不断地发展与调整,呈同心圆式的扩散,形成了由五个同心圆带构成的空间结构(图 3.4)。城市中心是 CBD[17]，由内向外分别是商业及公用服务业、低收入居民区、高收入居住区和通勤区。伯吉斯认为，构成同心圆模式的背景是区位地租这一经济因素，从城市中心的 CBD 到城市建成区以外的非城市用地完全按照土地利用效益分布(图 3.5)，这种模式与"杜能圈"极为相似，各种功能单位(企业或住户)将依照支付地租能力的大小成圈层状分布，支付地租能力越大的功能单位将越接近市中心。

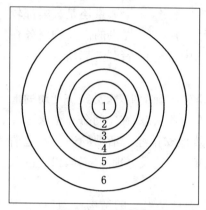

图 3.4　同心圆模式

1—CBD；2—过渡带；3—低级住宅区；
4—高级住宅区，轻工业区；
5—市郊住宅区；6—通勤区

伯吉斯同心圆模式以地租为主要依据，这一静态模式忽略了城市交通对城市用地价值的影响；此外，同心圆模式还存在着另一个不定性，即具有地租支付能力的功能单位是否愿意去支付地租，比如，工业企业若远离城市中心地带便可降低地价成本，当与城市主要交通网或对外交通设施相结合仍可获得中心地带所拥有的种种便利。

（2）霍伊特的扇形模式

霍伊特（H. Hogt）对美国城市的房租进行分析，发现城市住宅布局具有下列倾向：住宅地沿着交通线延伸的现象十分显

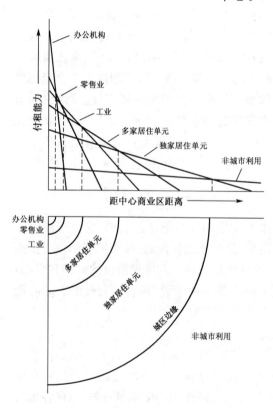

图 3.5　同心圆模式的经济分析

著,并不断向城外、用地条件优良的地段扩展、聚集;高级住宅区喜欢聚集于社会领袖等名流人物宅地的周围;事务所、银行、商店等服务设施的移动对高级住宅有吸引作用;不动产业者与住宅地的发展关系密切。在其影响下,城市土地利用结构呈扇形格局(图 3.6)。霍伊特认为城市中心是CBD,低级住宅区与批发、轻工业区混合,但是,城市的各功能区并不是以距中心区的距离分异,而是按区分布,城市交通特别是与中心CBD及对外交通设施相关的交通线对城市布局有重要影响。

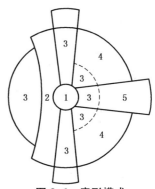

图 3.6 扇形模式

1—中心商业区;2—批发商业区,轻工业区;
3—低级住宅区;4—中等住宅区;
5—高级住宅区

(3) 哈里斯—乌尔曼多核心模式

1940 年代,奎因认为城市 CBD 是城市中心,但除此之外,城市地域范围内还存在其他中心,各自影响着一定的范围。哈里斯和乌尔曼(C. D. Harris & E. L. Ullman)在"多核心"的基础上研究城市地域结构,认为城市中心的分化和城市地域的分异是由以下四个过程作用形成的,即:各行业以自身利益为目标的区位过程;产生集聚效益的过程;各行业利益对比导致的分离过程;地价房租对行业区位的作用。对此,哈里斯和乌尔曼推出了多核心模式(图 3.7)。

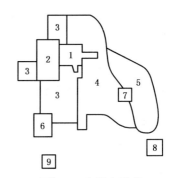

图 3.7 多核心模式

1—中心商业区;2—批发商业区,轻工业区;
3—低级住宅区;4—中等住宅区;
5—高级住宅区;6—市工业区;
7—外围商业区;8—近郊住宅区;
9—近郊工业区

在多核心模式中,城市CBD仍然是城市的活动中心,但它不一定处于城市的几何中心,批发区和低污染轻工业紧邻CBD布局,低级住宅区环绕其外,中、高级住宅区则布置在另一侧,主要公共设施处于中、高级住宅区中,工业则处于城市边缘或外围地带。城市地价的变化并非从中心向外围呈递减趋势,而是呈现出多峰值分布状态。可见,多核心模式比较接近现代城市的特征。

(4) 多地带模式及其他

如果把城市功能区进行抽象概括,可以获得更为简化的模式,迪肯森、奎因、托马斯、维维安、木内信藏等学者提出过三个地带或四个地带的抽象模式,即城市可以概括为中央地带、过渡地带和外围地带。这一抽象模式不适合分析城市的内部结构,但对于发展较快的城市而言,则可以极为简洁地观察到城市在地域范围内逐渐扩展的趋势。城市中央地带在不断扩大,过渡地带逐渐转变为趋于完善的市区,外围地带则不断地向市区或准市区演化,城市发展的状况一目了然。

城市用地模式的研究主要发生在 1920 年代至 1940 年代,偏向于对城市的静态分析,忽略了城市动态发展、城市间联系和城市网络结构的研究。中国科学院南京地理所的姚士媒、帅江平先生认为,城市模型的建立在目前有三个不可回避的问题:①城市土地利用的调整是一个持续的过程,调整的动力是什么?在打破原有模式的合理性之后又如何建立新的合理性?②在城市土地使用结构及其调整过程中,城市中心和集结地应如何适应城市发展?中心构成的网络结构应如何调整?③连绵城市带的形成,其内部机制和土地利用模式如何?城市间的相互作用对城市用地产生何种影响?[18]

3.2.2 城市用地的功能分布

如果深入剖析城市的内部结构,人们就会发现城市形态不是一个抽象的概念,而是一个具有极其丰富内涵的实体。城市形态表述了在不同历史阶段人们对自然环境、生活方式的观念与态度,反映了人们在特定历史阶段的科学技术水平。由此可见,城市形态的产生与演化是以人类的社会需要为准则,即人类生活的状态要求具有维持人类活动展开的空间环境。因此,我们可以很容易地从城市地域范围内找到不同类型的空间形态,从中发现城市形态构成的内在规律。

1) 城市形态的意义

城市形态是城市发展变化着的空间特征,这种变化是城市内外矛盾的结果[19]。对于城市形态的研究,有利于发现形态构成的结构特点、形态存在的背景条件和城市发展过程中形态变化的规律,从而保证城市规划应有的预见性。

城市形态表述了城市的地域特征。从客观分析,不同经纬度具有不同的气象特征,气候的炎热与寒冷,温湿度的变化以及动植物群落的不同,必然在城市形态中有所反映,并成为城市的地域特征。如,我国著名的城市广州与哈尔滨处于不同的纬度,拥有不同的地域气候条件,反映在城市空间尺度上的特征是广州的建筑趋于密集、通透以避开夏日的炎热;而哈尔滨则加大建筑间距以求在寒冷的冬季获得必需的日照,建筑的特征也趋于封闭和密实。就一个具体的城市而言,城市的形态与城市所处地域有着直接与必然的联系,这也正是各国城市富有个性、具有特色的一个主要因素。确切地说,世界上无法找到两块完全一样的地形条件,人类创造出各具特色的城市是一个必然,一切忽略自然特征条件的设计、规划是人类的一种悲哀。

城市与自然环境具有相互依存的共生关系,城市形态表述了人类对自然环境的态度。在中国古代,"风水说"是以朴素的自然观和"避凶趋吉"的心理需要来表现人类聚居与环境的关系。"负阴抱阳,背山面水"是中国古代城镇、住宅选择基址的基本原则(图3.8),"风水说"的选址表达了人类隶属于自然的关系,当然,这样的选址原则有利于城市形成良好的生态和小气候。背山可以屏挡冬日北来的寒流,面水可以迎接夏日南风、争取好的日照,近水可以取得方便的水源,缓坡可以避

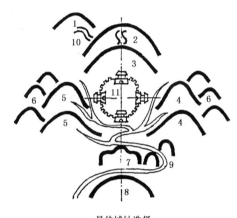

最佳城址选择

图 3.8 中国"风水说"城镇选址图解
1. 祖山　2. 少祖山　3. 主山　4. 青龙
5. 白虎　6. 护山　7. 案山　8. 朝山
9. 水口山　10. 龙脉　11. 龙穴

免淹涝,植被可以保持水土、调节小气候,在利用自然的同时取得生态平衡。工业革命带来了生产方式的变革,人类在技术上的重大进步导致了"人类中心论"的膨胀,人类在满足生活和心理需要时过度掠夺和消耗自然资源,城市无限度的膨胀导致了生态的失衡,以工业技术为基础的城市扩张使城市变得千篇一律而丧失了城市的个性。

城市形态表达了城市人工环境与自然环境的相互依存,城市形态离不开城市赖以生存的生态环境,同样,特定的地域环境将赋予城市独特的个性,如果一味强调人的力量或技术的力量,忽略了自然环境的基本规律,必然会导致不合理的结果,自然环境必然会制约和威胁到城市的生存与发展。

城市形态表达了城市活动和城市的基本功能,在表述城市活动与城市环境的关系时,有人把城市喻为一种"容器",它为各种城市生活提供场所,当然,任何事物都有两面性,这种城市生活的容器可以是公共活动的"催化器",也可以是消极的"容器",但是有一点是一致的,即:城市环境与城市活动具有一致性,城市形态必然表达城市活动的特征。

关于城市活动,我们常常以城市性质来确定城市的主要职能或主要特征,显然,主要职能不同的城市具有不同的城市形态。风景旅游城市、工业城市和一般性城市必然会形成不同的城市形态。风景旅游城市通常是重要的历史名城,拥有优美自然景观的游览胜地,有着悠久的历史,其城市的特征、形态以及活动必然会以风景资源的开发和利用为主体,成为整个城市的中心主题,明显地区别于其他城市。桂林是我国著名的旅游城市,具有峰秀、水清、石美、洞奇的特色,独秀峰、伏波山、叠彩山、七星岩、榕湖、杉湖、漓江、桃花江有机地组合在城市的结构中,优美的山、秀丽的水和城市生活有机地融为一体,构成独特的城市形态,城市生活也是以旅游业为主导产业,带动全市的经济发展。而在工业城市中,城市的形态特征、城市的生活则由城市的产业性质所确定,不同类型的工业城市具有不同的形态,工业生产的结构、方式影响着城市的发展形态。譬如,矿业城市以采矿和深加工为主导产业,矿业的资源条件是矿业生产布局的自然基础,矿藏的分布影响着矿区生产的结构,进而直接决定了城市的形态。安徽省淮南市是我国重要的采煤工业城市之一,煤炭资源丰富,品质良好,其生产条件及交通条件便利、水源充沛,为综合利用煤炭资源提供了十分有利的条件。淮南市发展为"以煤炭为主体,电力、化工为重点"的新兴工矿城市,城市的形态与煤田的分布相一致,为多点分散布局,成为东西长达 50 km 的"百里煤城"。由此可见,城市活动及功能性质决定了城市的形态,不同的城市性质或不同的城市活动必然会产生不同的城市形态。

在城市的内部,人类的行为与活动千差万别,但城市活动与城市形态的对应是一种不容忽视的基本原则,以此我们可以看到,城市在不同地段、地域具有不同的形态、尺度,以此来满足城市活动的需要。在城市的中心区,城市公共性活动极为剧烈,因此,城市中心区具有高密度的社会压力、高交通量的城市形态;建筑物的尺度巨大,人流密度极大,拥有剧烈的公共活动;在城市的居住区中,可以看到宁静的生活氛围,适度的建筑密度和空间尺度,充满生活气氛的日常琐事、活动反映了空间的物质特征,随风飘拂的衣物和游戏的孩童反映出城市生活的另一个侧面。无论是居住新区还是城市旧区,其建筑尺度、物质形态都充分表述了居住生活的种种特征。

城市形态表述了城市的文化特征,城市作为一种物质载体,是人类聚居最基本、最主要的形式,并以其所特有的属性真实记录了人类进步的历程。城市中,由广场、纪念性或标志性建筑物组成的特定空间或地段记录了城市的过去与历史,虽然,历史事件瞬间即逝,但与事件相关的环境则打上了历史的"烙印",成为人类活动的印记和城市发展的见证。中国北京故宫气势恢宏(图3.9),真实记录了明清时期封建社会的结构特征,竭尽全力表达了封建宗法礼制和帝王至高无上的权威,以极为严正甚至过于刻板的建筑语汇表述了帝王的政治权力,"穷天下之力以奉一人"的指导思想一目了然[20]。到过巴黎的人同样也无法忘记埃菲尔铁塔(图3.10),虽然,1889年法国资产阶级大革命100周年的庆典和为之举办的国际博览会已经为人们所忘却,但埃菲尔铁塔的耸立让人们无法忘记1889年埃菲尔工程师以15 000多根构件、250万个螺栓和铆钉、8 000 t优质钢铁,以崭新的结构方式、新的构造技术和新的施工方法为人类建筑史写下的新篇章以及围绕铁塔所进行的艺术论战[21]。

图3.9 北京故宫鸟瞰　　　　图3.10 巴黎埃菲尔铁塔

城市形态的文化特性还包括了城市形态所表达的社会学特点,即城市形态表述了不同时期、不同地域的社会组织方式、行为模式、观念与习俗等非物质含义。就居住而言,北方住宅以四合院住宅为代表,按南北纵轴线对称布置房屋和院落,中轴线上的正房供长辈居住,东西厢房是晚辈的住处,正房、厢房和垂花门围合成的正方庭院,构成了住宅的主体部分。

四合院结构表达了封建宗法礼教的影响力;而长江下游江南地区的住宅则以封闭院落为单元沿纵轴线方向布置,但方向不限于正南正北,大型住宅在中央轴线上建有门厅、轿厅、大厅及住房,在左右轴线上布置客厅、书房、次要房屋,虽然住宅的轴线关系表述了等级的严明,但封闭院落的单元显示了家庭的生活气息。在福建西南部及广东、广西的北部,客家土楼表述了一种聚族而居的居住行为,平面方形、矩形或圆形,最大的土楼直径达70余米,以三层环形房屋相套,房间达300多间,外环房屋高四层,中央二环房屋高一层,中央建堂供族人议事、婚丧典礼及其他公共活动之用。客家土楼以向心的方式表达了家族等级关系,而堡垒般坚实雄伟的外观表达了客家居民的戒备心理。

综上所述,城市形态不仅仅是城市规划的形式、风格、布局的物态表现,也是城市历史、文化、社会、经济、地理和科技综合作用的结果,是人类活动的物化过程。虽然说,城市作为物质形态有其自身的规律,具有相对的稳定性,但是,人类处于一个不断进步的过程中,城市活动的变化必将引起城市形态的改变,城市必然会以其变化的形态来适应人类的需要,由此可见,城市形态将处于一种变化、发展的过程之中。

2) 城市用地的功能分类

城市活动、城市运行和城市建设都必须依赖于城市的物质环境,城市用地是城市一切活动的载体。城市用地可以是高度人工化的或以自由状态存在,城市用地的开发、利用直接决定和影响着城市的形态。

城市用地不同于农业生产用地。在农业生产中,土地具有生产对象的作用,是一种基本的生产要素,而在城市中,城市用地起着承载作用,由于土地具有空间位置的不可移动性和使用的排他性,所以,城市用地的如何利用和优化组合是城市规划、城市发展研究中的一个重大课题。

城市用地具有自然、社会和经济三大属性。

城市用地具有自然属性。土地的自然生成具有不可移动的特性和明确的空间位置,当与其他因素进行比较时,就可以发现地块之间必然存在空间关系的差异:近远,高低,大小……土地的自然属性还包括土地所特有的"质"和"貌"的特征。质的特征指的是土地的内在地质条件,沼泽、淤泥、软土层或黏土层、岩石结构……地质条件对城市地价、建筑建造成本的影响最大,地质条件决定了城市用地的承载力,地质坚实,承载力较大,有利于城市建设。貌的特征指的是土地的地表状况:地形的起伏、地表的状况,直接影响着城市的平面组织与空间结构,地形起伏的用地容易产生丰富变化的城市景观,但过于复杂的地形无疑会给城市建设带来开发的难度。由此可见,城市用地具有不可移动的稳定性,但可以人为地改变用地的表层结构或形态,改变的强度取决于使用者的愿望和价值观。

城市用地具有社会属性。1949年以后,我国实行土地国有化政策,《中华人民共和国土地管理法》规定,"中华人民共和国实行土地的社会主义公有制","国有土地可以依法确定给全民所有制单位或集体所有制单位使用,国有土地和集体所有土地可以依法确定给个人使用"。即国家或集体拥有地产权,但按照土地所有权与土地使用权可以分离的原则,单位或个人可以通过合法手续获得土地使用权。在我国,土地地权与使用权的隶属关系经过立法程序得到了法律的认可和支持,由单位或社会的强力控制与调节明显地反映出城市用地的社会属性。

城市用地具有经济属性。城市用地因区位和利用潜力的不同而存在着价值的差异。城市用地的区位直接影响土地使用者的经济效益,由于城市各种活动(经济、生产、娱乐……)对土地区位要求不同,土地区位优劣的决定标准显然因不同土地使用种类而有差异,但在一般情况下,凡接近经济活动的核心、要道的道口,行人较多,交通流量较大,有利于商业高度发展的地带,地价必然高昂,反之,闭塞街巷、郊区僻野,地价必低[22]。城市用地的利用潜力各不相同,即使是同一块地,可以建造6层的建筑也可建造2层的建筑,其利用效率显然存在很大的差异,当然也可通过人工处理建造20层或30层的建筑物,从而提高土地的利用率,发挥出用地的最大潜力。城市用地的经济属性最直接的表述形式是城市用地的地价、租金或费用。

城市用地的自然属性、社会属性和经济属性决定了城市用地的多样化和复杂性,按照城市形态与城市活动一致的原则,城市物质环境的构成取决于城市活动的种类,即城市的功能。不同类型的活动要求不同的空间环境,需要不同的空间形态。举行大型足球赛的场地、商业零售场所与家庭日常生活场所有截然不同的要求,必然会产生不同的空间形态。

城市用地按照土地使用的主要性质可划分为:居住用地;公共设施用地;工业生产用地;仓储用地;对外交通用地;道路广场用地;市政公用设施用地;绿地;特殊用地;水域及其他用地。

3)典型城市用地的特征分析

就一个城市而言,不同性质的城市用地具有各自不同的职能和意义,相互之间不可替代。从简化问题的角度考虑,我们可以把城市用地分为三大部分：一个部分为城市活动的基本空间，即公共设施用地、工业生产用地、仓储用地、居住用地和特殊用地；另一个部分为城市活动的技术支撑空间，即对外交通用地、城市交通与广场用地、市政公用设施用地；第三部分为城市活动的环境因素，即绿化用地、水面及其他用地。

这种划分以与城市活动的相关程度为依据，虽然，每一类用地在城市中不可替代，但从维持城市活动展开的意义分析，其重要程度各不相同。

城市活动的基本空间满足城市日常生活、居住、生产和交换的基本职能，活动的烈度决定了城市的规模，假如在一个城市中发生的某一"事件"只能引起本城居民的兴趣及周围地区的影响，那么这个城市可能是一个一般性城市或城镇，假如"事件"能引起周围诸多城市的注意，那么这个城市的地位是地区性城市，假如"事件"能引起世界范围内的共同关注，那么这个城市将被认为是世界城市。当然，每个城市的影响力都在变化，有些城市的影响力会增强，有些城市影响力会减弱，这反映着城市生长、变化的特征。

城市的一切活动都是动态的，城市活动的展开基础是城市的运动、流动，这种运动行为包括人流、交通流、物流和信息流，其物质载体就是我们通常称为的道路、市政公用设施，它们保证了一个城市的正常运转，显而易见，城市活动的支撑空间与著名建筑大师路易斯·康的"服务空间"极为相似。不难想象，一个城市的支撑条件发生了故障，城市活动必然会趋向于瘫痪，城市的支撑条件是城市的生命线，支撑空间的效率直接影响了城市的运行效率，决定和制约着城市活动的烈度，进而影响着城市的规模与地位。

城市的环境因素决定了城市活动的质量，任何一个城市都不是一个完全的人造物，它是自然环境与人工环境的综合体，从科学的角度分析，一切人造环境以及人类活动的负面影响都必须控制在生态环境圈可承受的范围内，否则，生态环境将会随着人类活动负面影响的不断积累最终走向失衡。当今，可持续发展的思想指明了人类与自然环境的关系，人类应该有限度地开发、利用自然环境，形成人类与环境的和谐关系。

城市活动空间、城市技术支撑条件和城市环境因素是一个相互促进、相互制约的关系框架。城市活动的烈度必然会提出城市支撑条件的标准，必然会通过用地扩展来改变城市的环境因素；同样，城市的技术支撑条件可以通过增强或削弱的手段来影响城市活动的烈度，可以通过技术支撑的水平来调整城市活动与生态环境之间的关系，城市的自然环境因素也可以促进或制约城市活动的展开。

3.3 城市空间结构及扩展方式

城市发展是一个生长的过程。这一过程受到了城市活动及城市内部结构的影响,同时也受到城市外围自然条件及其他社会因素的影响,它们的共同作用决定了城市的发展。

考察城市发展史可以看到,城市的发展过程归根结底是一个"打破平衡、恢复平衡、再打破平衡"的动态过程,是一个不断进步的过程。当城市环境适应城市活动时,城市将处于积极、上升的阶段;当城市环境难以包容城市活动时,城市将处于抑制、停滞状态。城市活动决定了城市环境,同样,城市环境又会影响城市活动。当然,城市环境是否适应城市活动取决于城市环境构成因素的相互关系,即城市的空间结构。不同规模的城市,活动烈度不同,城市的结构也不一样,城市的价值观、效率决定了空间结构关系。

城市的发展是必然的,城市发展的关键是城市结构的生长。

3.3.1 城市空间结构的形式

研究和理解城市的空间结构,必须考察城市空间结构的生成因素、结构形式和结构关系,虽然,城市空间结构的形式偏重于对城市物质形态关系的表述,如城市物质因素的分布状况、城市土地利用结构、城市交通结构、城市空间体形结构,但是,这一切都会受到城市活动(城市的社会结构、经济结构)以及城市生态结构的左右和影响。

1) 生成因素

城市空间结构的生成主要是二大因素:①使人类行为实现的"场所";②使人类行为保持连续的"路径"。

挪威建筑师、建筑理论家舒尔兹关于场所的描述是"个人可以找到一个在发展过程中与他人共有、并使自己得到最佳同一性感觉的结构化整体"[23],其中,最重要的是同一性特征。场所可以通过自然的、人工的物质环境因素进行组织,其构成总和具有面的几何特征,这一现象被 K. 林奇描述为"地域"[24],人类行为实现的空间必然与人的活动相关联,这一关联包含了活动的两个方面,即活动参与的公共性和保持个性的私密性,活动的烈度在二者之间进行变化。为了保持个人拥有的私密性,在物态环境中必然要求占据与其相称的范围,即领域,体现个体之间必要距离的界限,以满足实现多种个人行为的要求;同样,公共性的特征又使个体的共同参与构成了活动的整体,共同占有适当的空间与范围,场所作为公共活动的物质基础必须满足活动的要求,构成为活动而存在的、明显的界限和边界划分,场所因活动的存在或发生构成了一个"格式塔"(图3.11)。

图3.11　由自然因素或人为因素构成的"场所"

场所与其发生的活动具有一致性。它自然会呈现出集中、聚集的特征,形体轮廓最简洁的表现形式为圆形或趋向于圆形,参与者的伙伴意识因此而得到加强,在共同的意义中心实现会合,场所作为活动实现的物质条件,必须保持其接近性、向心性和闭合性。

人类在空间位置上的移动是一种必然的行为。人类活动不是孤立的,保持着时间和空间上的连续性,与这一行为相对应的物质环境为"路径"。与"场所"相比较,路径具有线的特征,带有强烈的运动倾向、连续性和指向性。

路径空间"是一种渠道,人们习惯地、偶然地或潜在地沿着它移动"[25]。任何路径都标志着始点与终点,以此建立了"场所"之间的联系。关于城市中人的移动研究表明,即使在同一地点,走向同一目标,也常常会因为不同的人选择不同的路线,人们喜欢选择的路线也因他当时的心理状态和所保持的状况而异,莱文的研究则认为,路线的选择与建立不是由单一因素决定的,它是"短距离,安全性,最小工作量,最大经验量"[26]等因素的综合。

其实,场所与路径是不可分离的,场所一般通过路径与各个方向、各种场所产生联系,路径在促进这一联系的同时,相互联结构成网状组织,沿线边缘的同一性确定了场所的范围,强化了场所的闭合性。舒尔兹认为,场所与路径的关系产生了一个基本的二分法,即场所强烈的向心性和路线所表达的长轴性[27]。向心性是把归属于某个场所的要求象征化,强调的是向心、聚集和同一性;长轴性则强调了运动和扩展,表达了运动的力度和张力。

以不同尺度去考察人类活动与物质环境的对应关系,可以发现,场所与路径的组织具有不同的理解:在区域范畴内,城市被描述为场所,而城市间的联系被理解为路径;在城市内部,能支持各种活动的地段、地域可以被认为是场所,加强城市各部分联系的道路可视为路径;在同一地段中,因组织方式的变化也可以分为场所与路径,譬如,在居住街区中,公共建筑设施构成的公共区,由组团住宅组成的庭院可理解为场所,构成二者相互联系的道路被称为路径,即使在建筑物的内部,同样也可以划分为"场所"与"路径",即活动部分与联系部分。

K. 林奇对城市空间的研究表明,城市空间的意象是由道路、边沿、区域、节点和标志物五种元素组成,但这五大因素不是独立与分离的,城市是一个整体,"在这样一个整体之内,道路展示和预示了区域,联系着许多节点,节点连接并划分道路;边沿划分了区域,标志物指示着核心"[28]。归根结底,城市空间的核心是"区域"与"道路"。

2) 结构形式

只要仔细地观察城市的运行状况,我们就能发现城市活动具有不均衡的特点,城市活动的不均衡主要表现在活动烈度和活动地点上。

城市活动烈度不均衡与活动的参与者有直接的关系。城市活动因人而异,因地区而异,因类型而异,包容了两极间的若干层次,一极是以个人或家庭生活为代表的私密性行为;另一极是以相互交往、共同参与为特征的公共性行为,两极之间包含了若干不同强度的活动类型。在任何一个城市的日常生活中,我们都可以很容易地比较出活动的公共性(或私密性)的强度变化。如大型集会或重大体育比赛,去大型商场或购物中心购物,朋友聚会,车间或办公室上班,户外散步,室内欣赏音乐,睡眠,在这些活动或类似的活动中,存在着一个极为简单的常识:一项活动涉及的人越少,私密性越强,反之,公共性越强。城市由若干人群组成,每一个或每一组人的主观、客观要求各不相同,所以,在同一时间,城市活动必然会呈现出形式各异、活动烈度不等的种种状况,这是城市活动的真实表现。

城市活动的不均衡还反映在地域分布上,在分析城市用地形态时,我们知道城市用地存在着不同的区位关系,城市的每块用地具有不同的意义,不同用地条件支持和维持着不同类型的城市活动。当我们把城市活动的烈度分布与城市用地的区位特点结合起来考虑时就不难发现,城市活动烈度最高的地区常常是公众参与性最强、可达性最好的地区,即具有支持行为与活动展开的场所和便于市民到达的路径。

把城市活动进行分类,大致可以分为两种类型:一种为私密性行为,多为个体行为,影响面较小;另一种为公共性活动,是多人参与的"集体"行为,公共活动的烈度与参与人数相关。活动涉及的人越多,影响越大,公共性越强,对城市越重要。如果"忽略"城市中私密性活动及其场所,我们可以简化出一个极为清晰的图形——以公共活动及场所为"图"和以城市轮廓为"底"的图形。

城市空间结构可以概括为单核点状、线型带状、十字星状、多核网状等形式。

(1) 单核点状结构

单核点状结构是城市空间结构的基本形式,城市公共中心为结构核心,公共活动烈度随着距核心的距离增大而衰减(图3.12)。这一空间结构的特点是核心向各个方面具有等同的意义,城市核心拥有"主宰"城市的影响力,带有强烈的向心和聚集的倾向。其规模的大小取决于核"影响范围"的大小。但是,核的影响力无限扩大时,势必会导致各种因素在核心区的过度聚集,进而使核心区难以承受导致衰败。

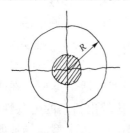 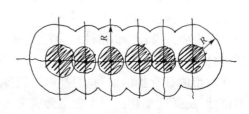

图3.12 单核点状结构示意图　　图3.13 线型带状结构示意图

(2) 线型带状结构

线型带状结构是指城市的公共中心由点状结构扩展而成(图3.13)。城市公共中心带状分布具有点状核心结构的优点,核心的带状伸展增加了城市核心的"影响范围",带状核心改变了单核结构的向心特征,功能结构具有良好的均衡感,带状核心的可伸展性较好地满足了城市继续发展的需要。带状核心的完整性和连续性是这一空间结构的关键,一旦带状核心出现"断裂",那么结构将会出现破坏。

3 城市形态与空间结构

（3）十字星状结构

十字星状结构是指城市公共中心呈两个方向或多个方向向外扩展的结构形式，城市中任意一点都能以"最短路"的方式到达城市的公共部分，这一结构形式呈放射性指状形态，较好地适应了城市规模扩大的需要（图3.14）。

十字星状结构类似于单核结构，具有强烈的向心性和聚集特征，中心核拥有强大的吸引力，在规模上，比单核结构更利于规模的扩大。但是，中心核强大的吸引力

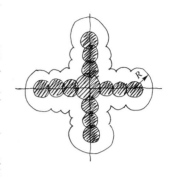

图3.14 十字星状结构示意图

也伴有消极的一面，一旦各种活动都集中于中心核时，中心核的功能可能会出现"效率丧失"的倾向；此外，指状结构的末梢与指间空间位置具有近似相等的区位，因此，星状结构极易演化为含有十字星状核心结构的团状形态。

（4）多核网状结构

多核网状结构是指城市公共中心以多中心的形式存在，多核之间为网状组织方式（"井"字为网状的最简形式），每个单核具有独立、相对完整的功能形式和各自的影响范围，核与核之间强有力的联系呈网状结构，共同构成巨大城市或城市群形态（图3.15）。

多核网状结构有多种表现形式，这取决于核的多少、影响力的大小以及核与核的相互关系。在多核结构中，如果一个核具有较大的影响力，成为结构的中心核，其

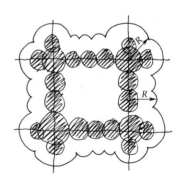

图3.15 多核网状结构示意图

他为次级核心时，多核结构将演变为松散的卫星状结构，各核之间的联系小于各核与中心核的联系，城市的发展通过建立新的卫星核来完成；假如在多核网状结构中核的大小、影响力都接近相等时，那么，多核结构将呈现出影响力趋于平衡、协调的群体结构，城市发展以结构的调整、新核的建设或老核的更新来实现。多核网状结构反映了特大城市或城市群的空间结构，其特点是高密度的城市在一定地域范围内得到疏解。城市形态

的分散可以使人工城市环境与自然生态环境形成有机组合,但也使城市各部分的联系变得比较松散。显而易见,城市的效率取决于各核之间的联系、联系方式和联系效率。

(5) 其他城市结构形式

面对能源问题、生态问题、人口增长问题以及科学技术的不断进步,众多建筑师和规划师不断探索新的城市结构方式和城市形态,表达人类对未来城市结构形式的设想。是否有可能或有必要实现这些设想,完全取决于人类所面临的客观环境和人类具备的能力。

新型城市结构模式的设想都是建立在高度技术化的基础上,最有代表性的为:

① 巨型结构　城市不是在地表呈水平方向扩展,而是通过技术手段向高空发展,设想把城市建设在一个巨大的框架上,通过标准单元进行任意组合、更换(图 3.16)。

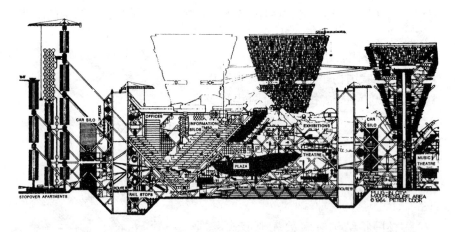

图 3.16　柯克　插入式城市

② 地下城市　以最新的建筑技术、设备、材料等科技手段开发地下空间,建设地下城市。

③ 海上城市　在大型海上石油钻井平台和深海底隧道技术的基础上建设海上城市。

④ 外层空间城市　以人类太空技术为基础,拥有自平衡生态圈的城市模式。

总而言之,城市空间结构形式是城市活动的物质表现,对城市空间结构的评判不存在先进与落后之分,更没有最佳形式和最理想的模式可言。如何评价一个城市的空间结构,其标准应该是判断城市空间结构是否满足城市活动的需要,城市空间结构是否具有扩张的可能性,是否能适应城市的发展与生长。不言而喻,城市规模与城市空间结构形式存在着对应关系,二者的不协调或不相称都会使城市的运行与发展受到制约。

3) 结构关系

我们以较为抽象的方式分析了城市的空间结构形式,但是,城市活动远远比我们描述的要复杂、丰富得多。城市活动在公共性与私密性两极之间的无限层次决定了城市活动的复杂性,与之相对应,城市空间构成也形成各种规模不等的"场所",支持城市活动的展开与持续。在任何一个城市中,我们都可以发现由众多公共设施组成的城市中心区,由部分设施组成的区级中心,由小型设施组成的街坊中心及由数幢住宅组成的庭院,甚至更小的、带有公共倾向的单元。由此可以理解,即使被我们认为最为简单的单核结构城市也是由若干大小不等的场所或区域组合起来的。

当然,城市不是独立存在的"孤立国",城市中任何一个区域也绝不是一个独立单元,它与城市的其他部分共同工作而发挥作用,实现其意义。"共同工作"的含义是各区域的相互联系,毋庸置疑,联结方式决定了城市的效率、质量,反映了城市生活多样性、复杂性的程度。

(1) 雅典宪章的"功能分区"

雅典宪章以提出城市生活的四大基本功能并实行分区而独树一帜,在相当长的时间内一直是城市规划的主流思想(图3.17)。在当时,欧洲城市发展面临困境,通过功能分区的方式解决工业革命引起的城市膨胀与农业背景的城市环境之间的矛盾,有效地解决城市发展问题,确实是一种务实的办法。"功能分区"也是雅典宪章引发争论最多的思想,通过战后 30 年实践的检验,1977 年,《马丘比丘宪章》对此进行了修正,认为城市规划"必须努力创造一个综合的多功能的环境"。

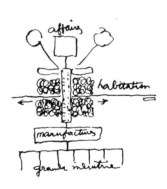

图 3.17 雅典宪章功能图解

在今天看来,雅典宪章提出的分区原则过分强调了工业革命的成就与意义,主张以先进的工业技术像制造机器一样来"建设"人的环境,"计划"人的活动,把城市按照工业技术的思路建成"城市流水线",人变成了流水线的产品,肢解了人与人的日常交往,人只能按照城市的要求进行生活,"功能分区"的原则简化了人的生活、活动,忽略了人类生活的复杂性。

但是,我们应该客观评价的是,在城市快速发展的背景下或在小尺度范围内综合多种复杂功能时,这仍然是一种值得考虑的方法。

(2) K.林奇的认知图形

K.林奇从现状城市中寻找城市的结构规律,通过对美国三城市(波士顿、泽西城、洛杉矶)的研究来分析市民如何使用、感受和记忆城市并建立"城市意象",他的研究更多地强调了城市构成因素之间联系的意义。K.林奇认为,对任何事物的体验需要与周围环境前后序列和以往的经验相联系。我们对城市的感受往往是断断续续的,零打碎敲的,还常与其他有兴趣的东西相混淆,几乎每一种感觉都在起作用。城市印象便是这一切的合成[29]。

K.林奇提出了建立城市意象的五大要素:

① 道路。道路是一种渠道,它可以是大街、步行道、公路、铁路、运河。这在大多数人印象中是占控制地位的因素。

② 边沿。边沿是两种不同质地的面的界线,具有连续中的线状突变。

③ 区域。区域是城市中等或较大的部分,具有二维向度,并拥有某些共同的特征,市民在心理上可以产生进入"内部"的感觉。

④ 节点。节点是市民借以进入城市的战略点,或是日常往来必经之点,多半指的是道路交叉口、方向变换处、十字路口或道路会集处以及结构的交换处。

⑤ 标志。标志是区别于节点的参考点,通常为大批可能目标中的突出因素,市民不能进入其内部,只是在它的外部。

在构成城市印象的五大要素中,K.林奇认为道路最为重要,是具有统治性的、极有活力的城市因素。道路展露和预示了区域,联系着许多节点,人们常常会依据道路和道路的相互关系去发展印象,在城市印象的建立过程中,道路起着至关重要的联结作用(图3.18)。K.林奇的研究表明,城市印象不是城市构成要素的简单叠加,而是通过各部分特有的排列和联系来实现,只有在各城市要素的联结成倍增加时,道路在各个方向都肯定地联结起来，城市结构才会获得足够的刚度，人们才会建立起城市的整体印象。

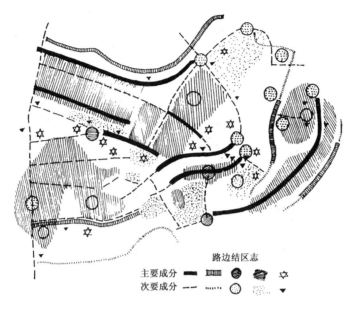

图 3.18　K.林奇　波士顿的视觉形式

虽然，城市也存在着从整体到部分的静态分级倾向，但是，市民通常以动态方式使用城市，城市各部分以时间序列互相联结，道路——穿越城市的网络或潜在的运动路线——是取得整体秩序的最有力手段[30]。

(3) C.亚历山大的半网络结构

关于城市，C.亚历山大(Christopher Alexander)提出了一种"半网络结构"的概念，C.詹姆斯认为，这至少在理论上可能解决丰富而又复杂的城市问题了。C.亚历山大在《城市并非树形》一文中以"树形"、"半网络"两个数学集合论的概念来研究城市，认为城市"具有半网络结构，而不是树形结构"[31]。

树形和半网络都是关于许多小系统的组合将如何形成大而复杂系统的思维方法。C.亚历山大从城市中撷取了一个普通生活片断进行解剖[32]，把这一日常生活内容分解成固定部分和变化部分，两者共同构成一个系统而发挥作用。而城市中包含着许许多多类似这一生活片断的单元，它们共同构成了城市大系统和丰富而复杂的城市生活。

C.亚历山大认为，现代城市存在的种种缺憾是因为现代城市采用了不恰当的"树形结构",树形结构的简单化不足以表达城市生活的复杂性。例如,雅典宪章主张对城市四大功能实行分区,游憩部分理应与城市的其他部分实行分离,这一概念以游乐场的形式在城市中具体化,"游乐"作为一个孤立的概念存在于人们的思维中,但这一概念与娱乐生活本身毫不相干;儿童们的娱乐每天都在不同地点进行着,任何一类游乐活动与它所需要的客体组成了一个系统,但它并不像雅典宪章所要求的那样割断了与城市其他系统的联系而孤立存在着。

半网络结构和树形结构相比较,有一个重要的差异,即半网络结构存在着元素间的相互交叠,而树形结构排斥了交叠结合的可能性,所以,半网络结构是潜在的,是比树形结构更复杂、更微妙的结构(图 3.19)。一个基于 20 个元素的树形结构最多能包括这 20 个元素的 19 个更深层的子集,而基于同样 20 个元素的半网络结构则能包括多于上百万个不同子集。C.亚历山大认为,半网络结构更能真实地表达城市生活的丰富与复杂,一个有活力的城市应该是也必须是半网络结构。

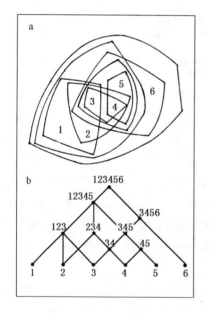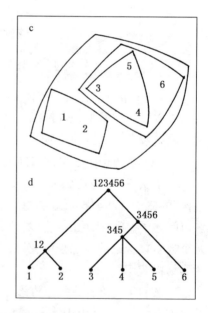

图 3.19　半网络结构与树形结构

城市结构及其构成因素的相互关系是一个极为复杂的问题,在不同的历史背景下,在不同的社会体制中,在不同的经济模式影响下,研究者不同的价值观或参照不同的理论框架都会得出不同的结论与成果。而城市结构能否恰当地反映城市生活的复杂性、适应城市物质环境的演变才是这一研究的根本。

3.3.2 城市空间结构的扩展方式

由于社会的进步促使人类活动向城市集中,城市化成为一个必然的趋势,城市必然以不断发展来适应这一变化。在物质形态及空间结构上,城市将以"外部扩展"和"内部重组"的方式进行发展,以满足城市发展的需要,值得注意的是,城市活动与城市环境之间存在着互为因果的对应关系,它们相互促进,相互影响。

1) 城市结构的生长机制

城市化是社会发展的必然,不以人的意志为转移,城市化现象表现为社会生产力的发展和生产方式的不断进步,其主要特征是人口由农业类型向工业类型转化,并向城市聚集,城市活动烈度增强。美国地理学家诺瑟姆把城市化三个阶段中人口增长的运动轨迹描述为"S"曲线(图 3.20)。

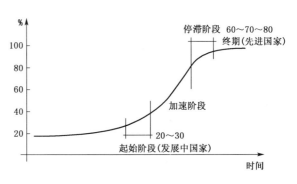

图 3.20 城市化进程的"S"曲线

城市化的第一阶段为城市化初期,即前工业化阶段,以劳动密集型家庭小生产为主,产业结构中以第一产业占有主体地位。城市人口增长缓慢,城市经济活动局限于小型家庭企业,就业者主要是工匠、小商贩、食品销售商及其他低层次的服务业人口。当人口比重超过20%时,城市化进入第二阶段,即工业化阶段,城市化进程出现加快的趋势,并持续到城市人口达到70%时趋于平缓,这一阶段经济活动由家庭转向企业化、集团化生产,工业活动集中性增强,吸引了大批农村劳动力,带动了经济各部门整体水平的提高,城市发展受到了极大的推动。工业化阶段可分为三个时期:早期,工业生产以劳动密集型为特征,吸引大量劳动力,所以,劳动力分配呈现出第一产业下降,第二产业上升的趋势,即在第一产业稳定、进步的同时,实现了劳动力的第一次转移;成熟期,工业生产技术日益成熟,由劳动密集型向技术密集型过渡,继续吸引劳动力,第一产业呈继续下降趋势,第二产业已经成熟,劳动力的比重出现微缓下降的倾向,同时孕育着第三产业的发展;后期,第三产业呈现出强劲的上升势头,第二产业在技术进步的基础上出现劳动力向第三产业转移的现象,实现了劳动力的第二次转移,应当注意的是,与第一次转移相比较,劳动力的素质发生了质的变化。在城市人口达到70%时,城市化进入第三阶段,即后工业化阶段,这一阶段,城市人口在数量上的变化趋于平缓,在60%～80%之间,产业结构以第三产业为主体,特别是信息产业的发展强化了第二、三产业的调整,并由此引起城市结构与形态的调整,交通网络、信息网络得到发展与完善,大型生产部门迁往边缘地区和中小城市,其在市中心的地位被知识密集型公司所取代,主要城市的功能逐渐由产品加工和低层次服务向信息处理和高层次服务过渡(图3.21)。

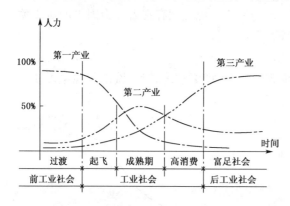

图 3.21　社会发展中产业结构变化示意图

城市化进程经历发生、发展、成熟三个阶段,其基本变化规律是,发生阶段变化速度缓慢,发展阶段变化速度加快,成熟阶段变化速度又趋于平缓。这一规律具有普遍性,不仅适合于已经实现了高度城市化的发达国家,也适用于世界上绝大多数国家与地区。目前,我国城市化进程处于一个微妙发展时期,城市化水平为45.68%(2008年),处于城市化快速发展阶段,而三大产业同时处于技术进步的上升阶段。

城市化进程的加快,对我国城市环境是一个重大考验。长期以来,我国的城市建设一直建立在计划经济模式的基础上,1978年我国实行经济体制改革,国民经济发展进入了持续增长的时期,但在这期间,城市建设的速度明显低于经济增长的速度,城市在日常运转中暴露出许多问题。陶松龄先生认为城市问题主要表现在四个方面:城市用地的扩展跟不上城市化的增长;城市内部各项用地的扩展不平衡;城市上部建筑和基础设施建设不平衡;城市发展和社会、经济、文化设施配置的协同发展不相适应[33]。虽然经过努力,这些问题在不同程度上得到了改善,而原有城市结构与当今城市活动之间的矛盾并没有得到根本的解决,导致城市品质下降,城市空间得不到合理利用,不同区位的功能效益无法充分发挥,生态环境失衡,城市特色丧失。

在21世纪,我国将迎来城市化的快速增长,与世界发达国家相比,我国城市化进程带有很强的"中国特色",世界发达国家的城市化进程与科学技术的进步同步进行,即劳动力的第一次转移以工业革命为背景,劳动力的第二次转移以信息产业的发展为基础。而我国计划经济模式一直把我国定位为农业大国,农村经济体制改革之后,农村富余劳动力增多并转移是一种必然,这一现象的背景已经大大不同于发达国家工业化阶段早期的发展状况,即我国处于第一、二、三产业同步发展,全面现代化的上升时期,我国既要实现第一产业富余劳动力的转移,同时城市产业结构必须在市场经济模式下进行调整,使城市化过程中产业结构更加符合经济持续增长的需要。人口的大规模转移和产业结构的同步调整将成为我国城市化过程的主要特征,这也是我国城市发展的真正动力。

在城市化进程中,城市物质形态的演变将以"外部扩展"和"内部重组"方式共同作用,形成新的城市形态结构来适应城市化、现代化的需要。

由社会进步引起的城市职能变化与调整是城市物质形态变化的主要原因,当城市活动的规模扩大、烈度增强时,城市将通过用地和空间的扩展来增加城市容量,接纳新的活动内容,支持城市的活力。伴随着城市在地域上向外扩张,城市内部将根据运转效率规律进行城市功能的重新组合,其主要表现为城市的中心地区或区位优越地区的公共性加强,第三产业的职能不断强化,地价上升,均质度提高;工业区向城市外围迁移,居住区则相应扩大或调整,城市功能则依照其区位"同质结块"进行组合,使城市物质环境与城市活动趋于协调。

城市形态结构的变化是一个极为复杂的过程,齐康先生认为,自然力和人为力交替融合的作用对城市形态发展的影响十分明显[34]。所谓自然力是社会自发的、无计划的发展,表现出典型的"修修补补的渐进的"特点,常常通过自发的调整来满足人的需求,处理与周围环境的关系;人为力则是人们按照某些规则、有计划地行动,常常把人们的种种要求转化为"目标"或纲领进行实施,注重其完整性,较多地体现了理性与秩序的观念。城市形态演变的历史,特别是工业革命之后城市发展的现实表明,具有前瞻性的发展规划对于一个城市的发展是十分必要的,只有通过整体的、动态的形态规划才能有效地进行扩展并消除发展过程中的矛盾与问题,因此,人为力是社会、经济、科学技术和文化等多种城市发展影响因素的综合体现,对城市的发展起着主导作用。值得注意的是,不可低估自然力对城市发展的影响。由于自然力以自发性为特征,所以,与人为力的组合就存在相加或相减两种可能,相加则成为积极因素,共同促进城市的发展,相减则为消极因素,自然力将削减人为力的作用。

概括地说,进入21世纪,我国城市化进程的速度加快,劳动力的大规模转移和第一、二、三产业同步发展是我国城市化的主要特征,这也是我国城市发展的真正动力。因此,我国城市将进入一个全面发展的阶段,将通过"外部扩展"和"内部重组"来实现城市结构形态的调整,扩大城市容量,适应经济持续增长的需要。在城市发展过程中,应该建立一种包容性强、适应性广的机制,调动一切力量,促进城市合理、协调发展。

2) 城市结构的扩展方式

城市物质形态的扩展以城市结构扩展为基础。虽然说世界上没有形态完全一样的城市,但城市的扩展方式具有较多的相似性,概括起来,可以分为四种类型:单核生长的同心圆式扩展模式,轴向生长的带状扩展模式,多核生长的延连扩展模式和多核生长的结构重组模式。城市在合理的结构扩展之后完成了城市形态的变化和城市容量的扩张。

(1) 单核生长的同心圆扩展

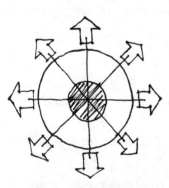

图3.22 单核生长同心圆扩展方式

同心圆扩展方式是以点为中心、全方位向外扩展的发展形式,这一扩展方式以单核城市或城市的点状公共中心的发展表现最为典型(图3.22)。

城市的日常运转以城市中心区公共性最强,是物资、能量、信息交流和人流汇聚的中心,中心区的物质形态是公共活动存在的背景与基础。当中心区的物质环境对活动提供强有力的支持、公共活动具有良好的效率与质量、活动参与者有较好的满意度时,城市中心区变得具有更大的吸引力,吸引更多的活动进入中心区,使中心区的职能得到不断的强化。同时,城市中心区的物质环境将在"活动项目"的引导下进行扩展与建设,扩充城市中心区的环境容量,使两者趋于协调一致。这一过程使城市中心区呈现出规模扩大化、职能综合化的趋势,在市民的心理上产生了巨大的向心力,这一相互促进的过程与伯吉斯的同心圆模式是一致的。

城市中心区活动性的增强对周围地区将产生吸引力,吸引力的存在把更多的活动吸引到中心区来,这是一个"自我强化"的过程。显然,城市中心区的活动烈度增强、规模扩大的关键是把"活动"不断地吸引到中心来,能否做到这一点,完全取决于中心区与周围地区的连接方式和效率。

周围地区通过指向中心区的道路进入城市中心区,建立起最直接的连接方式。从区位关系看,邻近中心区但远离交通线的地块,其交通效率有时与远离中心区而邻近交通线的地块具有同等的交通效率,因此,城市形态扩展时,会出现沿交通线优先发展,然后横向填充的倾向,实现城市的形态扩展,连接方式的便利,即城市中心区与周围地区的交通条件直接影响城市的扩展和城市形态的改变。

单核生长的同心圆扩展方式是城市中心区活动增强、吸引力增大的状况下城市扩展的方式,扩展取决于中心区的规模、吸引力和周围地区的连接方式,假如城市中心区的外围条件相等(无外围吸引点的作用、无自然制约条件因素),城市形态将以点为中心呈全方位同心圆方式扩展,一旦外围的人为或自然条件发生变化,城市同心圆的模式必然会产生变异。

(2) 轴向生长的带状扩展

城市结构沿某一方向优先发展并使城市形态发生改变,表现出带状伸展,可以称为轴向生长的带状扩展方式,这一扩展方式在不同规模的城市中都可以找到原型。无论是自发的、还是规划的,带状是这一扩展方式的形态特征(图3.23)。

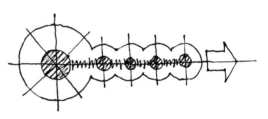

图3.23 轴向生长的扩展方式

关于城市轴向生长的带状扩展,众多的研究认为城市对外交通是引发城市带状扩展的主要原因。便利的交通条件提供了交流的机会,促进了公共交往的实现,引导和带动了沿道路两侧用地的建设与发展,满足了城市扩展的要求。

齐康先生认为,城市轴线分为两大类,一类是为实施而构筑的"实轴",另一类就是求得城市构图意向的"虚轴"[35]。城市实轴带有强烈的功能性,指向城市中心的对外交通通道拥有良好的交通条件,除了满足城市对外交通功能之外,沿道路两侧根据其效率向两侧腹地扩展,常常会成为城市新开拓的发展地带。城市虚轴带有明显的文化内涵,利用建筑物与空间组合表达着城市的历史演化过程,是人类心理的一种物化表现,北京的故宫中轴线、巴黎的东西向轴线和华盛顿中心区轴线表达了东西方不同的文化渊源和历史演化,成为控制城市发展的无形力量(图 3.24)。

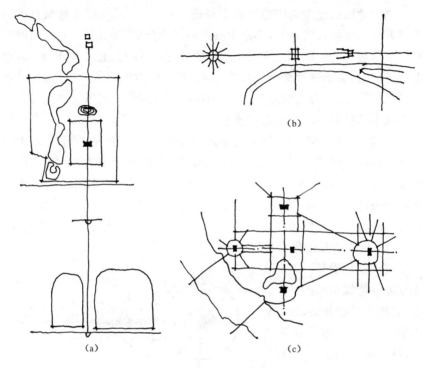

图 3.24　城市中轴线

(a) 北京;(b) 巴黎;(c) 华盛顿

城市轴向生长的带状扩展,必须考虑轴向发展与城市中心,城市轴线及城市新的生长点的关系,协调它们的关系是城市发展连续性的要求,是城市有序生长的需要。由 W. 鲍尔(Walter Bor)主持的利物浦次区域规划采用"指状"结构(图 3.25),较好地解决了利物浦在区域范围内的发展问题,而巴黎拉·德方斯副中心的建设则很好地发展了巴黎的中轴线。

城市沿对外交通线的蔓生扩展方式是一种类轴向生长的扩展,这一形式在我国的大、中、小城市的边缘地带特别典型,带有明显的自发性倾向。这一做法的价值取向可谓借鸡生蛋,利用城市已存的道路,在尽可能少投入的条件下实现城市扩展,但是,自发性常常会导致功能组织、空间

3 城市形态与空间结构

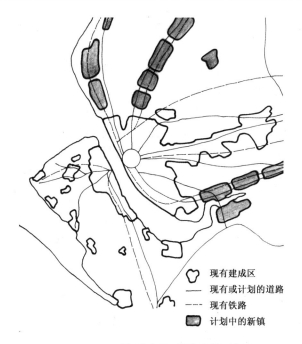

图 3.25 利物浦次区域"指状"结构

利物浦将沿主要交通线发展,交通线上建设一些半独立新城,每个新城都有就业区和商业区,各新城与利物浦之间用高速交通连接

组合上的盲目性和偶然性,使局部地区失去应有的秩序,临近交通发达的道路会使建筑物获得较强的公共性,道路两侧建筑物的密集布置导致了道路公共性倾向的强化,其结果使道路上公共性活动的类型及烈度得到强化,从而丧失了道路最基本的功能——对外交通。

(3) 多核生长的延连扩展

城市外围地带出现多个生长点,彼此之间产生"磁性相吸",并逐渐延连成片的扩展方式,城市在扩展中呈现为复合生长的形态(图 3.26)。

多核生长的延连扩展方式大多出现在特大、大城市中,在中、小城市通常表现为"双核生长并相吸填充"的模式,它与同心圆、带状扩展方式存在着根本的差异:同心圆、带状方式扩展都是由原点辐射扩展,而多核延连扩展则是在城市

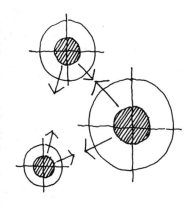

图 3.26 多核生长的延连扩展方式

形态以外形成生长点,并呈相吸趋势,延连成片,是一种独立生长、相吸成片的发展方式。

多核生长的模式较为复杂,它存在着数量、规模、核间距离以及生长速度等变量因素,但概括起来,大致可以分为两种类型。

一种类型主要受城市活动的主观要求的影响,即城市活动烈度增强,城市进入快速增长阶段,迅速在城市外围有意识地选择新的生长点接纳"城市活动",由此引起城市形态的改变达到扩展的效果。最为典型的方式是:在城市外围建设"工业园"、"科技园"等经济开发区来发展新型工业项目;在城市外围建设独立或半独立的大型居住区或卫星城来缓解因城市内部过度聚集引起的环境问题;或者由城市外围的某些节点因其某种优势(交通、资源、产业等)迅速发育为新的生长点,对城市结构进行补充而扩展。

另一种类型是在自然条件客观制约下的扩展过程,城市周围缺少宜于建设的用地,城市形态的扩展受到了地形、水系等自然条件的制约,城市不得不在外围选择用地进行扩展。地形复杂的厦门市是最为典型的一例,为了适应城市的经济增长,厦门迅速由单核结构发展为多核生长结构(图3.27)。

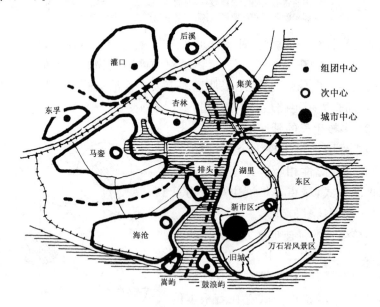

图3.27 厦门市"多核结构"规划

城市多核生长模式在出现新的生长点之后,城市扩展将进入类似单核生长的阶段,即以生长点为中心的同心圆式扩展,所不同的是,由于多核之间存在着相互间的吸引,所以,城市形态的变化将反映出填充连片的倾向与趋势。

多核生长的延续扩展模式是以多个单核形态进行组合的城市结构,这就要求每个单核应该具有相对完整的职能结构和自增长的能力,这是多核生长的必要条件。这一扩展模式的最大优点是以分散、独立的方式进行城市物质环境的扩展,在支持、促进城市活动性增强的同时能够保持良好的生态环境。

多核生长的模式把城市活动在较大地域范围内以分散的方式进行构建,必然会使城市的空间距离增大,那么,为了保证城市的运转效率就必须建设高效率的道路系统保证多核之间的高效率连接。不容忽视的是,多核生长过程中,核间"磁性相吸"带有极强的蔓生色彩,必须通过恰当的方法进行控制与引导,把这种蔓生填充纳入正常的扩展过程中来。

(4) 多核生长的结构重组

"多核生长的结构重组"扩展方式不以城市形态外围扩张为主要特征,而是在城市内部通过城市功能的替代性改变实现城市空间结构的调整与变革,达到扩大城市容量的目的。这一扩展方式大多发生在特大、大城市中(图3.28)。

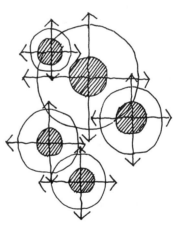

图3.28 多核生长的结构重组扩展方式

随着社会进步,特别是科学技术对人类生活的广泛影响,城市生活始终处于不断变化、进步之中,这种进步使城市活动以"流行"、"时髦"的方式向前演化,不间断地进行着新陈代谢,城市生活的不断进步具有引导城市活动更新的功能。而城市物质环境的建设——包括了建筑物、构筑物、道路及基础设施等多种人工因素和树木、水系、山体等自然因素的有机组合——是一个长期磨合、渐进的过程,与城市活动的更新相比较,具有相对稳定性,因此,常常表现为城市环境滞后于城市活动的变化,城市环境必然以不间断的"适应性"改造来保证与城市活动的一致性,应该说,这种滞后性特征是引发城市物质环境更新与改造的原因,二者之间的矛盾不突出时,表现为物质环境的"小修小补",这是一种渐进式的改造方式,如果城市活动出现剧烈变化,而城市物质环境难以适应这种变化,或者阻碍这种变化,那么就会出现大规模的改造,这是一种突变的改造方式。

城市结构内部重组的基本思路是在城市内的恰当地点,利用其区位优势进行功能替换,使城市公共活动按发展规划的思路分散或集中,实行多点聚集,对城市公共空间网络结构进行变革,扩大容量,提高城市的运转效率与环境质量。多核生长的结构重组是一项结构性扩展措施,这一扩展方式的形象特征是垂直扩展,提高建筑的高度和密度,增加地块的容积率,形成高密度区。由于"重组"过程中更新地块多为城市活动剧烈的城市敏感地区,多核生长点都具有"牵一发动全身"的影响力,因此,多核生长过程中把握住"度"极为重要:①增加开发建设的科技含量,确保环境容量与城市系统,特别是城市基础设施的一致性;②建立平衡的交通系统确保更新区的交通效率;③保持适度高密度,以求获得良好的环境效果,消除活动参与者的心理压力。

3.3.3 关于城市结构与形态扩展的讨论

城市是一个复杂的大系统,存在着众多的生长因素、无限多的变量和刺激生长的催化剂,是一个不断变化、运动的机体。城市的发展是一个连续的动态演进过程,这一过程将根据社会进步和城市活动烈度进行自我调节,呈现着快慢的变化和上升或衰退的走向,虽然城市结构与形态的扩展过程可以分为四种类型,但是,城市发展的现实表明,城市绝不是仅以某一种方式进行扩展,城市的地域形态扩展与内部结构的重组必然是相辅相成的,是一种复合的、多方位、多向量的扩张,只不过在每一阶段可能以某一种方式作为城市扩展的主要方式。

从宏观角度来看,我们应该注意,城市结构与形态的扩展是根据城市活动的变化作出的适应性调整,因此,必须把城市作为一个整体来考虑,以结构的调整来引导城市形态的变化;城市结构与形态的变化必须考虑城市特定的地域条件,使城市与自然生态环境建立起平衡协调的关系;城市结构与形态的扩展是一个动态演变的过程,必须加强扩展时序的研究,确保城市的运转效率。

1) 城市空间结构的生长与重组

城市形态扩展的核心问题是城市公共空间结构的有机生长。

在城市用地构成中,各类用地实行自我调节,趋于按比例平衡,而城市公共空间是这一平衡系统的核心与关键所在。城市扩展使这一平衡结构受到冲击,并要求达到新的平衡。所以,城市的扩展必须从整体、系统的角度去控制、引导公共空间结构的合理生长,促进城市用地结构达到新的平衡。从目前城市发展状况来看,由于城市建设投资渠道广,投资者的投资规模、投资兴趣以及投资回报率、回报周期等的影响,投资者更多地把资金投向居住类建筑,城市形态在不断扩张,而城市的公共空间的发展并不明显,城市公共空间与城市活动之间的差距在扩大,南京市就出现了大力开发河西地区的同时,跨越秦淮河的交通量日益增多以致形成交通阻塞的现象。因此,城市形态扩展应该以城市公共空间结构的扩展为先导,通过公共空间的结构扩展带动城市形态的扩展,才能保证扩展过程中城市的协调性和运转效率。

  城市生长是一个连续的过程,城市的空间结构以其独特的方式记录了人类活动的轨迹和城市发展的历史脉络,不同时代、不同的经济发展水平和不同的文化背景将建设不同风格的城市形式,社会的发展、科学的进步必然在城市中留下"印记"和特征,人们从城市结构、城市的组织方式和建筑风格可以体验到城市的文脉关系。保持城市发展新区与城市原有空间结构延续的文脉关系是城市扩展中的一个重大课题,巴黎拉·德方斯副中心的建设是当代城市更新发展的经典之笔。卢浮宫至星形广场这一雄伟的轴线西延 5 km,为拉·德方斯副中心,长 900 m、面积达 40 hm^2 的大型公共活动广场成为这一伟大轴线的延伸,斯普雷克尔森(J. O. Von Spreckelsen)设计的 105 m×150 m×105 m 的巨型方框成为这条轴线的当今标志,使香榭丽舍轴线既不完全开敞,也不完全封闭,为这一轴线的继续延伸留下了伏笔(图 3.29)。与之相比较,北京城市中心结构选择"新旧双核并列布置"的"双黄蛋"式结构值得商榷,并列双核包含了两条轴线:一条是北京故宫的城市中轴线,另一条是当今城市的 CBD 轴线。北京故宫中轴线长达 8 km,通过九道门阙直至紫禁城的三大殿,气势恢弘,登景山之巅俯览京城,叠叠层层的城楼规整严谨,举世无双,是世界城市发展史上光辉无比的杰作;CBD 轴线则以集中力量在局部地区形成权威,由现代广场、楼宇、立体交通等组成,把首都的许多新功能(外事、信息科技、商务、文化娱乐等)适当集中,形成非常现代化、高效率的中心区建设北京的新中轴线。"西古东新、西贵东华、西坦东簇,强烈的时代气息反差"[36],谁主谁次?并列的双核割裂了二者可以建立的连续性关系,使城市面临着两难的选择。

图 3.29　巴黎拉·德方斯巨门

2) 城市扩展相关的自然环境

任何一个城市的发展,并不是一般地处于"自然环境"的概念之中,而是与城市外部具体的自然环境有着密切的相互依存的关系。自然环境是由地形、地貌、地质、水文、气候、植被、动物群等自然要素组成的生态系统,城市的扩展必然对其产生影响,一旦超出其承受能力,自然生态环境将会被打破或破坏,城市发展必须谨慎地处理好城市与自然环境的相互关系。

对于城市发展的建设用地应该客观地分析其价值,研究其容量及自净能力,从自然气候、地质条件和自然景观等方面进行分析理解,以保证城市扩展时,各功能用地的配置与自然环境具有合理、协调的关系。

自然气候条件对于城市的生活质量存在至关重要的影响,这主要包括了太阳辐射、风向、温度、湿度和降水。虽然城市气候主要是大气环流和海陆位置不同所形成的大气候,但特殊的地形和城市环境自身对此会引起小范围气候的改变,形成小气候或城市气候,城市扩展必须充分研究城市的气候特征,在确定城市道路网的走向、布置绿化系统、安排工业用地、选择居住用地时,要正确评价和利用气候条件,以便最大限度地利用其有利因素,抵消不利的气候因素。

城市及周围地区的江、河、湖及地下水的水文条件与较大区域的气候特点、流域的水系分布、区域的地质、地形条件等有密切关系,城市扩展必须处理好与自然水系的关系,在充分利用自然水体带来的种种便利的同时应尽可能减少对水体的污染和破坏,增强水体的自净能力。

城市发展用地的地质条件因地质构造、自然堆积状况和组成物质的差异表现出地基承载力的不同,并受到地下水位变化的影响,还存在着滑坡、冲沟、岩溶、流沙等不利地质现象。城市扩展时应认真分析用地的地质条件,利用符合建设条件的用地进行建设,避免不利地质、地形对城市的影响和破坏。

除了对城市发展用地的地质、地形条件进行工程评价之外,还必须从景观的角度去进行研究,可以根据景观条件的优劣进行分类,明确和界定主要观赏点和景点,分析各种景观的价值,结合绿地、水域、空地、不同季节植被的质量与色彩等确定各自然景观的位置、规模和轮廓,揭示发展用地的自然特征和景观价值,使城市空间结构与自然环境达到和谐与统一。

3) 城市形态扩展的决策方法

城市规划决策建立在"投入—收益"关系研究的基础上,这一关系不是指经济投入与经济回报的直接对应关系,确切地说,是由经济投入引起的环境、经济、社会等各方面变化的综合效果,城市规划的目标是以"最小的投入"获取最好的回报。

城市发展过程中选择城市扩展方向是城市发展的一个重大决策。在相当长的时间内,规划决策一直以主观臆断为基础,随着科学技术的进步和学科交叉,这一状况已经大为改观。特别是系统论、信息论和控制论思想的普及以及计算机技术的广泛应用,规划决策已经由传统的规划师、建筑师、工程师扩大到交通工程师、城市经济学家、统计学家、社会学家、数学家和计算机专家,规划决策趋于科学、合理。

城市发展方向决策的目的是使城市以最合理的方式进行发展,但是,影响发展的因素是多方面的,有些是积极的,有些是消极的,各种影响因素构成了城市发展的约束,可以通过数学模型或专家系统进行决策。

城市发展项目可大可小,大到城市的结构性调整,小到沿街建筑的改造,都存在众多变量,以影响因子建立评价体系和决策框架,无论是对规划方案的设计或者是对方案的决策都是一种积极而明智的选择。

注释与参考文献

[1] 黄维岳等.小城镇建设探讨.北京:人民日报出版社,1985:156
[2] 余谋昌.创造美好的生态环境.北京:中国社会科学出版社,1997:28
[3] 陆大道等.1997 中国区域发展报告.北京:商务印书馆,1997:278

[4] 吴精华.中国草原退化的分析及其防治对策.生态经济,1995(5)
[5] 陆大道.1997中国区域发展报告.北京:商务印书馆,1997:277
[6] 邬沧萍主编.转变中的中国人口与发展总报告.北京:高等教育出版社,1996:103
[7] 许明主编.关键时刻——当代中国亟待解决的27个问题.北京:今日中国出版社,1997:162
[8] 许明主编.关键时刻——当代中国亟待解决的27个问题.北京:今日中国出版社,1997:171
[9] 国务院人口普查办公室编.中国第四次人口普查的主要数据.北京:中国统计出版社,1991
[10] 徐刚.中国:另一种危机.沈阳:春风文艺出版社,1995:331
[11] 世界银行编.2020年的中国.北京:中国财政经济出版社,1997:5
[12] 世界银行编.2020年的中国.北京:中国财政经济出版社,1997:8
[13] 陆大道等.1997中国区域发展报告.北京:商务印书馆,1997:110
[14] 陆大道等.1997中国区域发展报告.北京:商务印书馆,1997:118
[15] 关于区域性因素,韦伯认为主要有七大类:①地价;②厂家机器设备和其他固定资产成本;③原材料、动力和燃料成本;④劳动成本;⑤运输成本;⑥利率;⑦固定资产折旧费。
[16] 阿尔弗雷德·韦伯著;李刚剑等译.工业区位论.北京:商务印书馆,1997:121
[17] CBD为中央商务区,但传统CBD与现代CBD存在着内涵方面的根本差异。
[18] 姚士谋,帅江平.城市用地与城市生长.合肥:中国科学技术大学出版社,1995:91
[19] 齐康主编.城市环境规划设计与方法.北京:中国建筑工业出版社,1997:27
[20] 刘敦桢主编.中国古代建筑史.北京:中国建筑工业出版社,1980:294
[21] 关于埃菲尔铁塔选址于战神校场,音乐家古诺、小说家小仲马、莫泊桑等社会名流持有强烈的反对意见。
[22] 周建华.闽浙沿城市用地扩展研究//姚士媒,帅江平.城市用地与城市生长.合肥:中国科学技术大学出版社,1995:3
[23] 诺伯格·舒尔兹著;尹培桐译.存在·空间·建筑.北京:中国建筑工业出版社,1990
[24] 地域"district"或译为区域。
[25] K.林奇著;项秉仁译.城市的印象.北京:中国建筑工业出版社,1990:41
[26] 诺伯格·舒尔兹著;尹培桐译.存在·空间·建筑.北京:中国建筑工业出版社,1990
[27] 诺伯格·舒尔兹著;尹培桐译.存在·空间·建筑.北京:中国建筑工业出版社,1990

[28] K.林奇著;项秉仁译.城市的印象.北京:中国建筑工业出版社,1990:104
[29] K.林奇著;项秉仁译.城市的印象.北京:中国建筑工业出版社,1990:1
[30] K.林奇著;项秉仁译.城市的印象.北京:中国建筑工业出版社,1990:88
[31] 克里斯托弗·亚历山大著;严小婴译.城市并非树形.建筑师,第24期:1986:207
[32] 实例分析详见《建筑师》第24期第208页。
[33] 陶松龄.城市问题与城市结构.同济大学学报(自然科学版),1990(2)
[34] 齐康.城市的形态.南京工学院学报,1982(3)
[35] 齐康主编.城市环境规划设计与方法.北京:中国建筑工业出版社,1997:33
[36] 陈秉钊.给北京规划留下历史的一页.城市规划汇刊,1993(5)

4 城市中心区的更新与发展

城市中心区是城市最活跃的地区,由多种功能及相关的物质要素组成,其特征是公共活动烈度最高,交通指向性集中,物质形态趋于精致,并存在着"自我强化"的倾向,这一特征表明,城市中心区在城市发展过程中具有相对的稳定性和不断扩大的趋势。当然,城市中心区的位置、规模及运行方式在不同类型、不同规模的城市中是完全不一样的,因此,每个城市的特殊性决定了必须寻求切合实际的办法实现城市中心区的更新。

城市中心区具有优越的区位条件和社会、经济聚集的巨大优势,在21世纪,我国城市化进程加快和产业结构的调整使第三产业成为城市最活跃的经济因素,是刺激城市中心区更新、发展的强大动力,根据国外CBD演化的一般规律,结合我们经济发展和产业结构的具体情况,我国城市中心区极有可能演化为一种介于传统CBD和现代CBD之间、双重职能兼而有之的CBD形式。

4.1 城市中心区的组织结构

城市中心区是城市的核心和标志,具有功能和文化双重意义。任何一个城市不论采用什么方法建造,其指导思想都是一致的——把城市最重要的"东西"放在城市中心。所以,城市中心区的结构、组成和形态表达了人们不同的生活方式、社会组织形式和价值观。

构建城市中心的物质形态存在着相似的建设、运行和演变规律,一般情况下,城市中心区的位置与城市的几何中心趋于一致,并随着城市形态的变化而不断变化,或增强,或衰退,或迁移,是城市发展过程中社会、经济、自然等因素共同作用的结果。

4.1.1 城市公共设施的分布特点

城市活动可分为公共性和私密性两大类活动和行为,私密性活动是以住宅为中心的个人及家人的活动,除此以外,一个"城市人"的生活又与城市有着切不断、理不清的关系,我们可以通过考察一个普通"城市人"的生活来理解人与城市的关系。假如这一天是休息日,他可以不去工厂或办公室上班,那么,他可能会做出这样的安排:早晨,他到农贸市场购买供一个星期食用的各类食物,如蔬菜、肉类、海鱼和各种半成品;上午,他参观一个计算机新品的演示会或去欣赏一个青年画家的画展,顺路又逛进了一家书店,买了正在热销的《成龙传》和两张新到的 CD 唱片;一会儿,午餐时间到了,走进一家快餐店,可以是中餐店或"麦当劳";下午,他去了几家大型商场,了解大屏幕彩色电视机的行情——品种、性能和价格(计划买一台),并挑选了一些生活日用品;晚上,他和家人一起吃晚饭,喝着从市场买回来的"绍兴花雕",听着刚买回来的新唱片,不时给一两个朋友打打电话,或者和家人一起到附近的草坪上去散步,或者约几个朋友到歌厅去唱歌,到茶馆打牌……这是一个"城市人"的普通一天,由此可见,一个"城市人"的生活离不开城市,离不开其他城市人,他必然会因某种原因与其他人——可以是亲密的朋友,可以是陌生的路人——进行交往,通过相互交往参与城市的公共活动,不断提高个人私密生活的质量与水平。对于任何一个"城市人"来说,城市公共活动是他生活中必不可少的一个重要组成部分。

　　城市公共活动的展开必须以物质环境为依托,城市公共设施以分层次、分化聚合的方式进行组合。

　　城市公共设施的分布受到城市居民"使用频度"的直接影响。显然,综合商场与个体零售商店同属于商业设施的范畴,但城市居民光顾的频率是不一样的,因日常生活的需要,他可能会每天或每二三天光顾一次零售商店,而只是在需要购买某件大物品时才会去大型商场或数家商场进行选购,因此,城市公共设施将根据其使用频度、服务对象、交通条件和人口密度以"服务半径"为参考依据进行分布。城市各类公共设施基本上可以分为三个层次:第一个层次为居民日常使用频度最高的设施,其规模较小,贴近居民的生活;第二个层次是居民经常性使用的设施;第三层次是居民使用频度较低的设施。与第一层次相比,第二、三层次由于居民使用频率较低,必然通过扩大服务半径吸引更多的使用者来支持它的运转。因此,小型设施以较小的服务半径贴近城市居民的生活,中、大型设施将以较大的半径吸引城市居民或覆盖全市,甚至辐射到城市外围和周边城市。

进一步研究城市公共设施的组合方式,我们会发现,除了贴近城市居民的小型设施外,聚集是必然的趋势。在城市的几何中心位置、居民分布重心和交通可达性最佳的地带具有最大的区位优势、良好的社会聚集效益和经济聚集效益,因此,这一地带特别适合城市各种公共设施聚集。

虽然,城市公共设施具有广泛的公共性,但是,每一类型的公共设施在运行时都有独特的要求。例如,城市大型商业设施必须以良好的区位和便捷的交通吸引城市居民,期望获得最大的效率;城市体育设施聚集有大量人流,常常要求避开城市交通的敏感节点,但又临近城市干道系统便于集散观众与车辆;而行政办公机构、大专院校以及医疗设施等希望能避开大量的城市交通以保持宁静的环境。从这些城市现象来看,城市公共设施的聚集并不是简单组合、任意组合或杂乱组合,应该根据城市的规模、公共设施的运转特点进行分化聚合,以建立合理的城市公共活动空间网络,保证城市公共设施的运转效率。

一般认为,城市形态的几何中心具有最大的区位优势和聚集效益,使众多公共设施聚集而形成城市中心区。城市中心区是城市公共活动体系的核心,是政治、经济、文化等公共活动最集中的地区。所以,城市中心通常是由城市公共设施、广场绿地和交通设施共同构建一个相对集中而紧凑的地区或地段,这个地段在一定程度上反映出城市的社会、经济与文化状况。

4.1.2 城市中心区的特征

城市中心区是城市的核心,其功能构成主要是行政管理、商业服务、文化娱乐等设施,通常集中在一个地区形成单核结构,或者组合在一个较大的地域范围内形成带状或十字形结构,或者进一步分化,形成以某一功能为主体的中心,分设在城市不同的地区形成网状结构。显然,在不同规模的城市中,城市中心的结构方式各不相同。在中、小城市,城市中心区将集中大量的公共设施构成单核或带状结构;在大城市,由于公共设施类型繁多,常常因分化聚合形成以某一功能为核心的多中心结构。

尽管城市中心区的功能组合存在多种可能性,从城市中心的运行机制来分析,城市中心区存在着共同的特征:公共性活动强,建筑密度大,交通指向集中,运行时存在着"自我强化"的趋势。这些特征在商业、金融为主要功能的城市中心区更为明显。

1) 城市活动的公共性最强

城市中心区在城市居民心目中有极高的地位,那里有全城最大、最好的设施,有最多的选择机会,即使是同一种商品,在城市中心区也具有极高的"心理"附加值。同样,由于城市中心区具有"核心"意义,所以各种信息、货物以及形形色色的"城市人"都希望在城市中心区"闪亮登场",城市中心区成为全城最活跃的地区,即使人们不时会抱怨城市中心区的种种不便,但只要有机会还是非常急切地希望到城市中心区去,满足猎奇的心理需要。

城市中心区的公共性主要表现在两个方面:城市中心区拥有种类最多的公共设施,无论是大城市还是小城市,它们都聚集各类公共设施支持城市的公共活动,并从中获得自身的价值与效益,城市中心区按照这种聚集与效率的关系不间断地调整着设施的数量、内容和构成关系,以求获得最理想的运转效果,从而使城市中心区变成一个巨大的物品、信息交换中心和人流聚散中心,与城市其他地区、地段相比,城市中心区拥有最大的吸引力,是参与活动人数最多的地区,这包括了目的明确的活动参与者、目的性不明确的活动参与者和在中心区工作的各类工作人员。

2)建筑密度大

城市中心区以建筑密度高、建筑体量大作为其环境特征,由于城市中心区具有最大的区位优势和明显的聚集效益,城市中心区的高密度趋势是一种必然,"寸土寸金"是对城市中心区最形象、最恰如其分的描述。

城市中心区趋于高密度主要反映在规模的不断积累上,这包括了"渐进"的过程和"突变"的过程。渐进过程主要表现为中心区的小规模或小范围的更新改造,通过内部改造实行使用功能的变更,或者是小规模的更新改造,适应新功能的要求,使设施与其区位趋于一致。这种小规模、小范围更新改造的渐进过程其实是以蔓生的方式达到功能的更替,其结果是在建筑规模不做太大扩张的前提下使设施的公共性达到了最大值,活动参与者所感受到的是城市中心区公共设施的极度拥挤。突变的过程指城市中心区的大规模改造,通过对中心部分地块的更新扩大其规模,这种做法常常使中心区的规模出现明显的增加,密度趋于极限,更新时通常采用的设计手法是以4~6层的裙楼占满基地(留下最小的交通通道),设置公共性最强的项目,以主楼进一步增加容积率,布置办公、客房等一般公共性项目,使之达到最高的投资效益。

城市中心区的更新改造在地价、回报率的支配下以获得最大的公共性和最大的运转效率为目标,其物质环境表现出两个特征:空间轮廓以高大、挺拔的高层建筑群作为城市中心区的形象特征;在近人尺度范围内,建筑物最大可能地占据基地,构成高密度的沿街立面,以铺地、栏杆替代草坪和树木,环境进一步趋向人工化。

3）城市交通指向集中

对于城市来说,城市中心区是城市的核心,城市交通具有明确的指向。即城市各地块以及城市外围地区都以最便捷的方式与城市中心保持联结,城市交通指向集中增强了城市中心区的活力。

城市交通指向集中的特征可以从三个方面来理解。

(1) 从大量的城市总图中可以看到,在古代欧洲,大多数城市都以"环形＋放射"的道路系统来组织城市,放射形道路指向城市中心,城市中心由市政厅、教堂、广场和公共服务设施组成,以塔楼、穹顶或纪念碑建立城市的视觉中心;环形道路用来建立城市各部分之间的联系。在图形构成上很容易理解城市主体与其他部分的关系(图 4.1)。

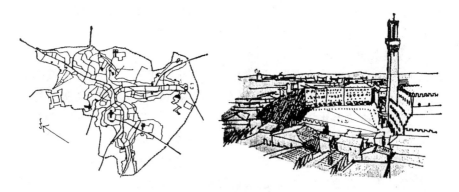

图 4.1　意大利锡耶那

城市总平面及市中心坎波广场

(2) 我国古代城市建设有严格的礼制营建制度,"居中不偏"、"不正不威",以严正方整体现社会秩序。一般城市以十字形大街为干道,中心点是台门式门楼(鼓、钟楼),棋盘式街区,周边为城墙及护城河,公共设施布置在中心区部分,大城市以这一典型布局进行重复,十字形大街演变为井字形或更多的方格[1]。在现代城市中,城市道路系统大多演化成放射状,指向城市中心区。

(3) 除了对城市道路系统结构的分析,城市日常交通行为也反映了这一特征,对城市交通实态调查也表明,城市交通有明确的指向性,越是临近城市中心区,交通密度越大,城市中心区节点的交通流量远远大于城市其他交通节点。

4）自我强化的倾向

由于城市中心区所特有的区位优势和可达性，城市生活在不断进步和提高，城市中心区不可能以一成不变的状态维持城市公共活动，也不可能不断地变换城市中心的位置来迎接城市生活的改变，城市中心区的运转规律和城市发展的连续性特征，决定了城市中心区具有相对的稳定性和以不断更新的方式来适应城市公共活动的要求，这一倾向可以称为城市中心区的"自我强化"，是经济效益杠杆作用的结果。

这种自我强化的趋势是一种互为因果的刺激过程。

城市中心区具有良好的公共环境，必然会吸引大量的参与者，公共活动烈度增大，新的公共设施就会向城市中心区聚集，使城市中心区具有更大的容量，吸引更多的居民进入中心区，使城市中心区的规模、城市活动、城市交通都趋于高密度。南京市中心区的演变过程就是一个极好的实例：为了改善新街口的交通条件，南京市在新街口商业区进行道路改造，建设了新街口四环路作为新街口商业中心区的外围辅助道路。四环路通车不久，新街口外围地区又涌现出一大批大型公共设施，扩大了新街口商业中心的容量，也扩大了新街口地域范围。一般情况下，这种扩展趋势将会持续下去，只有当城市中心区的容量、环境质量、辐射力、可达性等支持城市中心的必要条件出现巨大障碍或城市生活方式出现根本性改变时，这种自我强化的趋势才会停止。

综上所述，公共活动性强、交通指向集中、建筑密度大是城市中心区的基本特征，在其演变和发展过程中，"自我强化"是它的一个重要特征，它使城市中心区的公共性趋于极限，规模不断扩大，是一种不容忽视的运动趋势。

4.1.3 城市中心区运转状况分析

城市中心区的运转状况是一个极为复杂的问题，其主要原因有两个方面，一是城市中心区始终处于变化之中，运转状况与城市的运行密切相关，并且和时间的变化相对应；二是与评价者选择的评价指标有关，从活动参与者的角度看，去城市中心区在预计的时间内完成了计划要办的事，他就会非常高兴，也许遇到的堵车、拥挤、噪音等消极干扰都会视而不见。但是，当我们从整体环境的角度客观地评价城市中心区，我们会发现城市中心区的运转状况并不那么令人满意，我们不得不为我们的城市中心区担心：它能承受我国城市化进程中城市扩容带来的巨大冲击吗？

1) 问题与矛盾

引起城市中心区问题与矛盾的主要原因是城市产业结构的变化与城市中心区固有物质形态之间的脱节。城市中心区环境跟不上城市中心区活动变化的需要，必然导致城市中心区自发的改造行为，由此引起了城市中心区构成因素之间的大量矛盾，并在运转时表现出来，其结果大大降低了城市中心区乃至整个城市的运行效率。

（1）建筑密度大，空间形象杂乱

由于城市中心区的聚集效益和运转的连续性，从投资回报率的角度出发，人们很难从整体结构、运行规律上寻找解决问题的办法，所以，城市中心区的改造一直沿用"小改大"、"旧翻新"的做法，期望以局部改善的积累达到整体改造的目的，这一做法的直接后果是使城市中心区作为整体出现了根本性的失衡症，更新后的中心区建筑高度不断刷新，拥有极高的建筑容积率，但各自为政的功能、交通组织使中心区空间结构的整体性受到了破坏，城市中心区缺少标志性，高密度的高层建筑拥挤不堪，巨大的建筑尺度、大片阴影使城市中心区失去了应有的秩序与和谐。

（2）交通效率下降

城市中心区的交通问题由来已久，城市交通指向集中使城市中心区的交通问题日趋严重，主要集中在交通组织、交通运行和车辆停放等环节上。

城市中心区更新改造过程中，道路面积不足是引起城市中心区交通拥挤、阻塞现象的主要原因，从绝对量的比较上看，我国城市道路的增长速度远远低于城市机动车数量的增长，面对越来越多的指向城市中心区的交通，通过拓宽道路的做法解决交通矛盾收效甚微，大城市中心区的交通效率极低，大约在 $10\sim15$ km/h[2]。

交通混杂是引起城市中心区交通拥挤的另一原因，在各种交通工具中，非机动车交通是一种不容忽视的交通方式，它介于行人与机动车之间，拥有一个巨大的交通群体，非机动车交通与机动车的混杂、与行人交叉是交通拥挤的又一个主要原因，曾经有些城市以"拒绝非机动车进入市中心"的做法来解决城市中心区的交通矛盾，结果收效甚微，并引起了其他问题。

城市中心区缺少停车面积是城市中心区普遍存在的问题，城市中心区"寸土寸金"，开发商、规划管理部门关心的是建筑控制红线、建筑高度、建筑形象、后退距离以及自备车的停车问题，而对于由设施公共性所引起的人流聚集及交通工具的停放估计不足，加剧了城市中心区停车的矛盾。

4 城市中心区的更新与发展

当我们把道路面积、车辆运行与车辆停放等一系列矛盾都集中到城市中心区时,城市中心区交通效率低下是一个必然的结论。

（3）环境质量下降

城市中心区环境质量问题源于中心区的环境状况和活动烈度。

众所周知,城市中心区建筑密度大,街道两侧高楼林立,形成了"街道峡谷",产生了特殊的小气候——气流死区,污染扩散条件较差,而城市中心区机动车交通流量大,在过饱和状况下,车辆经常处于怠速驻车、起步加速、减速停车等状态下运行,污染排放量增大,进入大气后扩散速度缓慢,长时间的积累便发生污染危害。

城市中心区的过量交通、建筑高密度以及单一平面的交通方式使城市中心区的步行条件恶化,城市中心区的道路状况与其他地段基本相似,超饱和的交通量和过量的停车需求使步行空间的环境质量下降,过度拥挤给人们带来了压力并引起人们的紧张和心理戒备,使人们失去了公共活动的乐趣。

2）成因分析

城市中心区运转过程中的矛盾与问题将会阻碍和制约城市中心区的运转效率,虽然说城市中心区的问题始终伴随着城市的发展,是一个普遍性的问题,但值得注意的是我国城市中心区的问题与西方发达国家相比,其背景条件不一样,我们正处于城市化和汽车化初期,而西方发达国家的城市问题更多的是由后汽车时代引起的。

（1）传统模式的问题

如何布置商业等公共设施,宋朝改变了唐朝集中于"市"的做法,开始沿街布置,在宋张择端的《清明上河图》中详细地记载了宋朝的城市景象,开敞的沿街店铺,多层独立的酒楼屋宇、门面广阔的金银彩帛交易所等设施构成了主要商业街的景象,这一景象的交通状况是步行、马车和轿子,由街道两侧店铺围合的街道空间既是交通空间,更是活动空间,在以步行、马车为主体的慢节奏交通状况下构成了良好的街道空间尺度。我国商业设施沿街道两侧布置的传统模式一直延续至今,大多数城市的中心区商业设施、娱乐设施仍然首选沿街布置,所不同的是沿街更密集、更拥挤,层数增加了,建筑的高度增加了,交通方式也发生了根本的改变,机动车交通、非机动车交通替代了马车和轿子,这一改变从根本上改变了商业街的活动状况,商业中心越繁华,吸引的人和车越多,活动状况越混乱,而快速的现代交通把商业街这个以街道为主体的空间环境肢解成"貌合神离"的两个不相干的部分。

(2) 规划观念的问题

对于如何评价商业流通等公共活动的价值与意义,长期以来一直比较含糊,自1949年以来,我国一直以计划经济的模式发展经济,城市的中心任务是发展城市的工业生产,城市商业等服务设施仅是城市生活的配套,在计划经济模式的指导和前苏联专家的帮助下,我国逐步建立了一整套以计划经济模式为基础的规划理论体系和指标体系,尽管实行经济体制改革已经三十多年,但这一规划理论体系的影响仍然存在,在规划观念上,对城市或城市中心区作为一个有机整体的认识不足,城市中心区过多地关注有形的建筑而忽略其他设施的投入,重视建筑形象的设计而忽略人的基本要求,所以,随着城市中心区的更新,城市中心区的环境质量下降也是一种可以想象的倾向与结果。

(3) 更新方式的问题

城市中心区的演变存在着自我强化的趋势,即在运转过程中活动烈度、交通强度和建筑密度呈互为因果的关系,聚集使城市中心区小环境趋向于高密度。对于这种更新方式我们研究得不够,城市中心区更新很少研究城市中心区运行方式的变化、结构的变化和由更新引起的相互关系的变化,过多地去注意单体建筑的更新,城市中心区的更新变成了城市中心区建筑容积率的积累,建筑由低层变多层,由低层变高层,或由低层变超高层,与城市公共活动相关的道路、停车场、货场几乎难以扩展,由于缺少相关设施的支撑,城市中心区以建筑规模增长为特征的更新必然把城市中心区的结构引向畸形,更新方式变成了加速城市中心区混乱的催化剂。

城市中心区的矛盾与问题除了受到上述传统模式、规划思想、更新方式等影响以外,还受到经济发展水平、投资渠道、价值观以及管理方式等方面的影响。

3) 结论

城市中心区在不同规模、不同类型的城市中,其结构形式是不完全一样的。在中、小城市,城市中心区以综合性为特征,即公共设施趋于集中布置;在大城市,由于公共设施种类较多,各自有不同的运行规律,所以,大多呈分化聚合状态,表现为多中心结构。无论采取何种结构形式,以商业、金融、文化娱乐为代表的第三产业是最活跃的因素,逐步演变为城市中心区的主体功能。

城市中心区是城市的核心,不同于城市的一般地区,它具有公共性强,建筑密度高,交通指向集中的基本特征,它是一个城市的标志和象征。由于城市中心区具有最大的区位优势和最佳的可达性,所以,城市中心在演变过程中存在着自我强化的趋势,这一趋势使城市中心区趋向于高密度。

城市中心区的高密度给我们带来了聚集的效益,提供了更多的展开公共性活动的场所与空间,同时也带来了问题和矛盾,中心区建筑形象混乱,在发展过程中丧失了城市的地方特色;城市中心区的吸引力使更多的交通向中心区聚集引起了一系列的交通问题——阻塞、混杂、废气、噪音和交通事故,高密度同样也给中心区活动参与者带来了生理健康的损害和心理压力,这一系列问题值得广泛关注。

城市中心区一系列矛盾和问题的产生有多种原因,其根本原因是我们对城市中心区这一特殊物质形态的运行规律、更新方式认识不足,虽然我们一再主张从整体出发,控制其结构,保持整体的协调性,但是,相当多的更新行为并没有真正纳入到规划控制中去,确切地说,城市中心区的更新处于一种介于控制与失控之间的中间状态,随着更新改造的进程,城市中心区的矛盾与问题逐步显露出来,如果我们不能把更新行为引导到规划控制的轨道上来,城市中心区的矛盾与问题将很难消除。

4.2 CBD 与城市公共空间结构

在 21 世纪,我国将迎来城市化进程加快的发展时期,根据专家预测,2020 年我国劳动年龄人口达到高峰值为 8.93 亿人,若三大产业的从业人员为 33.76∶28.67∶37.57 的话,在 2020 年第二、三产业的从业人员总和比目前净增 3.12 亿人。由此看来,城市的扩展和城市产业结构的调整势在必行,在未来的城市发展过程中,第三产业的发展是最大的增长点。

面对我国城市化的进程和我国城市发展的现状,研究和分析国外城市 CBD 的建设及演化过程对我们有现实的参考意义。

4.2.1 CBD 的基本特征及演化过程

CBD 是 Central Business District 的英文缩写,中文多翻译为"中心商务区",最早是由美国城市地理学家伯吉斯于 1923 年创立城市地域结构"同心圆模式"时提出的概念,其内涵及结构方式随着西方国家城市化及产业结构的变化已经有了很大的改变。

1) CBD 的一般概念

早期的研究认为,CBD 是城市的功能核心,在这个地域范围内,零售业、服务业、商业、批发业、仓储业、娱乐业以及办公事务、文教事业等公共设施高度集中;交通极为便利,人流、车流量最大,昼夜间人口数量变化极大,城市地价处于峰值状态,土地利用率极高,并保持有向 CBD 外围地带急速扩展的趋势。

如何界定城市 CBD 的范围,1954 年美国学者墨菲和万斯提出了一个综合的方法,他们认为,地价峰值是 CBD 的显著特征,以此划定的地域为 CBD 用地,其中应该包括零售和服务业、娱乐业、商业活动及报纸出版业,而批发业、铁路编组站、工业、居住区、公园、学校、政府机关等不在这一范围内。在对美国 9 个城市土地利用进行细致深入的调查之后,墨菲和万斯提出了界定 CBD 用地的两个指标:

(1) 中心商务高度指标(Central Business Height Index)

$$CBHI = \frac{中心商务建筑面积总和}{总建筑基底面积}$$

(2) 中心商务强度指数(Central Business Intensity Index)

$$CBII = \frac{中心商务区建筑面积总和}{总建筑面积} \times 100\%$$

将 CBHI>1, CBII>50% 的地区定义为 CBD[3]。

以后的研究认为,这一界定指标在不同国家或不同地区不一致,戴维斯对开普敦的研究认为 CBHI>4, CBII>80% 的地域为"硬核",是真正具有实力的 CBD,其余部分为"核缘"(1959);赫伯特、卡特又提出了中心商务建筑面积指数比率的概率(Central Business Floorspace Index),以 CBHI, CBII, CBFI 三项指标综合使用来界定 CBD 的地域范围。

由于城市构成的差异,CBD 早期研究对 CBD 的内部结构也是众说纷纭。墨菲、万斯和爱泼斯坦认为 CBD 的商务活动以圈层进行划分:第一圈是以大型百货商场、高档购物商店为主体的零售业集中区;第二圈为零售服务业和底层金融、高层办公的多层建筑集中区;第三圈以写字楼、旅馆为主;第四圈为商业性较弱、需要大面积低价土地的商务区(1955)。斯科特认为 CBD 的内部结构可分为三大功能圈,即以百货店、女装店集中为特征的零售业内圈,以杂货店、服务业等多种零售活动为主的零售业外圈,以及办公事务圈;三者的关系为:零售业内圈处于城市的地理中心及地价峰值区,零售业外圈临近内圈发展,办公事务圈则总是在一侧发展(1959)。戴维斯为CBD布局提出了一个结构模式:传统的城市中心购物活动受一般便捷性影响最大,因而常常与顾客的分布相关,呈圆形以体现其等级状况及相关的潜在利益;其他商务与进入市中心的交通干道密切相关,即受干线便捷性影响最大;一些特殊功能(娱乐设施、家具展销、产品市场等)与场地、历史背景或环境条件相关,即受特殊便捷性影响最大(1972)。

赫伯特、托马斯在对CBD的形成机制、历史演变、影响因素及内部结构进行深入、细致的分析之后,提出了一个适合中等城市的概念化CBD模式。CBD可以分为六个区:初级零售业区,区位的便捷性最大,服务于广大范围的城市平民,商品及服务等级明显;二级零售业区,与初级零售区相邻但分界明显,服务于内城的中产阶级,商品及服务等级不明显,多数情况下分布于中心零售业集中区的一侧;商务办公区,一般有较中心的区位,以金融、保险业集中为主,但随着时间的推移倾向于分布在市中心环境更好的地方;娱乐及旅馆区,相对集中,毗邻于商务办公区;批发业、仓储业区,常常分布在沿海、沿河、运河码头或火车站附近的市中心环境较差区;公共管理、办公机构集中区,与城市发展初期的市政大厅相邻,尽管面向公众服务,但不是商业性的,通常取位于CBD边缘地带。

虽然每个城市的具体情况各不相同,但这一概念化模式在很大程度上反映了CBD的基本构成状况。例如,50万人口的城市,商业区也不会很大,娱乐、旅馆业也不至于形成一个很独立的区域。而200万人口的城市,其CBD的六区齐全,大于200万人口的城市则会出现功能区分化的趋势,即多中心结构。

综上所述,早期CBD的主要职能是商业零售业。

2) 现代CBD

1971年英特尔公司发明了微处理机,计算机的小型化和国际互联网的建立标志着世界发达国家由工业化社会步入了信息化社会,全球经济一体化的进程加快,国际经济中心城市发挥着越来越重要的作用,在这些城市,商务办公的职能已经超出了城市自身的需求,变成了区域性的、全国性的甚至全球性经济发展的控制或管理中心,并且相互联结构成网络。

世界级的公司机构通常取位于全球性经济中心城市,结果导致世界级、区域级中心城市商务区的大规模扩展,显然,与全球经济发展相关的商务机构的集聚和潜在增长是促进现代CBD增长的真正动力。由此可见,只有当一个地区、一个城市进入了"全球性城市"体系,参与全球经济一体化的发展与竞争,并显露出越来越大的影响时,商务机构——跨国公司的总部、世界级金融业以及由二者发展衍生出来的专业化的生产服务业机构才会出现,城市才会产生建构现代CBD的需要。虽然CBD通常需要区位优越的大规模用地,但现代CBD的选位已发生了微妙的变化,高投入、便捷高效的交通,高度集中和完善的通信设施,是创建区位优势的首要条件。

现代CBD如何界定其地域范围呢?

我国的研究认为CBHI>2.5,CBII>70%可以作为我国CBD地域范围的测定指标(高文杰,1995),但我国目前CBD建设甚至可以达到CBHI>16,CBII≈100%(李沛,1997),显然,由于建筑密度、容积率变化幅度太大,所以,对现代CBD而言,CBHI和CBII两项指标失去了量化的意义,不能作为界定现代CBD地域范围的唯一依据。李沛认为,现代CBD的地域界定方法应该从CBD的功能运转规律中寻找,现代CBD具有高度专业化、信息化、智能化特征,在交通模式上呈现出日益显著的特征,常常由一个闭合的环状交通系统(骨干道路、公交站场等)所环绕,概念化为"输配环"(图4.2)。虽然,这一模式源于交通职能,但在规划层面上已经倾向于以此控制用地的性质,使交通输配环具有了"界定"的意义,因此,测定现代CBD地域最简捷有效的方法已经从测定其量化指标转化为识别或规划交通输配环系统[4]。

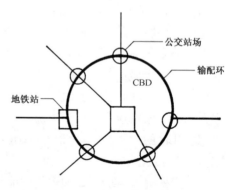

图4.2 现代CBD的交通模型

现代CBD的概念已经升级为特指国际性中心城市的特定地区,它与全球经济的发展密切相关,无论是在功能构成、空间形象,还是在交通运转方式、设施配备等方面都已经演化为一个相当独立的地域,它的职能已经超出了城市本身的意义,变成了全球或区域经济一体化系统中的一个单元。

3) 国外CBD演变分析

从美国城市地理学家伯吉斯提出CBD概念到1990年代西方国家发展城市CBD大约经历了七十余年,社会、经济和技术的发展直接影响着CBD的内涵和特征,今天,我们所说的现代CBD与早期CBD相比较,已经发生了根本性的改变,为了更好地理解这一概念的演变,我们可以把早期CBD称为传统CBD,以示与现代CBD具有不同的含义。

(1) 职能与结构的比较

现代CBD和传统CBD比较,具有根本性的差异,确切地说,虽然拥有同一个"CBD"的概念,但是,其构成、运转都存在着本质性的区别(表4.1)。

表 4.1 传统 CBD 与现代 CBD 的比较分析

	传统 CBD	现代 CBD
功能结构	以零售商业、娱乐业为主,辅有部分办公、管理职能	以商务办公(信息产业)为主体,辅有相应的服务设施
职　能	以商业零售、城市居民公众活动为特征	参与全球性、区域性经济的发展与竞争
形象特征	以城市中心区为中心,传统建筑为标志,商业活动为空间特征	以高层、超高层写字楼为特征和标志
交通特征	城市交通的一部分,城市交通网的核心,强调人的尺度	相对独立的交通单元,强调交通效率
活动方式	以商业行为为导向的公共活动	以"人—机"对话方式进行的信息交换
参　与　者	普通"城市人"	CBD职员
活动特征	强调人与人的交往	强调运转效率
建设方式	逐步扩大、积累	一次性建设或大规模更新改造

从上面的比较分析,我们可以看出,传统CBD与现代CBD是两种完全不同的城市功能。传统CBD是参与性广、活动内容丰富的公共性活动空间,是城市整体不可分割的一个部分,与城市市民的日常生活联系在一起,它的建设、生长是一个渐进的过程;现代CBD具有较强的专业性,是一种目的极其明确的城市功能,相对独立于城市,并且与城市市民的日常生活没有必然联系,但它的存在对城市或周边地区的经济发展有着至关重要的影响,二者为不同的目的服务。

(2) 区位的演变

传统CBD概念与城市中心区有着密切的联系。按伯吉斯同心圆理论,传统CBD的区位一般选择在城市中心区,虽然传统CBD中含有一定比例的办公设施,但是,商业零售、社会活动、文化娱乐等设施的聚集产生了最活跃的城市公共性活动,城市中心区的古老建筑成为传统 CBD 的空间形象特征,并随着城市的发展,传统 CBD 呈现出异质同化的组合扩展倾向,二战之后的经济复苏和产业结构的变化派生出大量的事务性办公机构,"汽车化"使中产阶级向城市外围迁移,同时把更多的交通引向城市中心区,即传统 CBD,因此,西方国家针对这一趋势对传统 CBD 的交通进行研究,以机动车与步行交通分离的办法保证传统 CBD 的运转不受日益增长的机动车交通的冲击。

现代 CBD 已经远离了传统的 CBD 的概念与特征。1970 年代初,全球信息网的建立加快了信息产业的发展,在这一背景下,现代 CBD 以商务办公为主要功能,高级职位就业人数为现代 CBD 的主要参与者,通过生产、加工和交换信息引导工业、贸易和经营的运作,参与全球或区域性经济的发展,信息交换取代了其他活动,成为现代 CBD 最主要的特征,效率成为现代 CBD 的第一生命,与传统 CBD 相比较,现代 CBD 已经由于功能的改变,逐步演化为一个独立于城市的"高效率"交换单元。进入 1980 年代,现代 CBD 表现出一种强烈的脱离城市中心区的趋势。

4.2.2 我国 CBD 研究及发展趋势

我国 CBD 研究开始于 1980 年代末,其背景形势是我国实行经济体制改革和对外开放的基本国策,逐步建立社会主义市场经济的模式,我国国民经济出现了持续增长的良好势头,并由此带来了产业结构的变化与调整,城市的商业贸易功能不断恢复和加强。从我国的总体发展状况来看,我国仍然是一个发展中国家,社会主义市场经济仍处于发育、发展阶段,正确定位我国在世界经济体系中的地位有利于我们正确评价我国 CBD 发展的状况与意义,寻找符合我国经济发展特点的 CBD 建设的方法和策略。

1) 我国城市 CBD 状况

1949 年新中国成立以来,我国城市建设一直以发展城市工业"变消费城市为生产城市"为中心任务,在计划经济体制中,商业、贸易、金融等第三产业的职能是"计划保障",即保障生产资料和生活资料按计划流通渠道进行分配,因此,第三产业的服务功能被压缩到最小范围和规模。在经历了"公私合营"、"大跃进"和"十年动乱"等一系列政治运动之后,全国的商业网点从 101 万个下降到 22 万个,许多应该由第三产业承担的流通、服务等职能简单地被行政管理部门取而代之,城市的流通功能萎缩。

1978年底,我国政府把实行对外开放、进行经济体制改革确定为基本国策,使我国市场经济模式逐步确立,据《1997中国区域发展报告》分析,自改革开放以来,我国城市第三产业加速发展,商贸餐饮业、运输邮电业等传统行业在各省市均占有较重要的地位。商品流通的市场化水平提高,综合性批发市场、专业市场、集贸市场发展迅速,并出现了仓储式商店、平价超市、连锁经营店等新的商业组织形式。虽然第三产业在各省GDP的比重无明显的分布规律,但经济相对发达的省市,第三产业发展水平较高,与其经济发展总体水平基本一致。

我国经济体制改革的总体趋势促进了城市第三产业的发展,在城市内部,由于城市中心区拥有最佳的交通可达性和社会、经济聚集效益,第三产业首先在这一地区集聚并逐步形成优势。按照国内外CBD研究的经验,对上海市中心区15条街道、7 334座沿街建筑进行调查,由西藏中路—外滩、北京东路—金陵东路所划定的连续街区符合城市CBD的界定指标,参照CBD职能分类,可以把CBD的用地类型分为三类:属于中心商业职能的商业用地,属于中央事务职能的金融、信息、服务、管理用地,居住、工厂等非CBD职能用地,三大用地的比例约为3.5∶2.5∶4.0,由此可见,在上海CBD用地构成中,商务性用地比重偏低,而非CBD用地偏高,零售商业和商住职能居各职能之首,两者合计占59.7%,表明上海传统商业中心区处于零售业集聚的阶段。

综上所述,我国城市商业中心区仍然处于传统CBD初级发展阶段。

2) 我国城市CBD的构成特点

我国城市CBD的总体发展状况、构成与我国经济发展水平相一致,与我国城市产业结构的调整同步,由于我国市场经济体制仍然处于发育、发展阶段,所以,我国城市CBD结构处于CBD的早期阶段,具有极大的发展和上升潜力。

在大部分城市,按照墨菲的CBD界定指标(CBHI>1,CBII>50%)我们所划定的CBD连续街区基本上都是城市传统的商业中心区,在三十多年的发展中,我国商业、零售业得到了充分的发展,并逐步建立了相对完善的竞争、调节机制。由于城市中心区具有可达性好、交通指向集中、聚集效益高的区位优势,所以,城市中心区逐步演变为以商业、零售业为主的传统CBD。

当我们把传统CBD与现代CBD相比较时,其职能组合存在着根本的差异,CBD是以中心商业职能还是以中央商务职能为主体是一项极具特征性的指标,在我国城市CBD的职能组合中,大多以中心商业职能为主,中央商务职能并没有上升到主导地位,究其原因,我国产业结构状况尚未形成发展大规模商务的基础。因此,在我国,商务职能在城市CBD发展中常常会以分散的形式、按照CBD的状况以及地价等功利因素选择用地。

我国城市CBD交通特点是由我国城市CBD物态构成、城市交通的特殊性共同决定的。在我国,商业设施,无论是小型零售店还是大型商业设施,大多习惯沿街道两侧布置,并且在道路交叉口形成聚集特征,这常常使交通流最密集的地段成为人流活动最复杂的地段,魏文斌、徐吉谦先生把我国大城市CBD的交通特点同西方国家进行比较,认为存在非常明显的差异:①美国、加拿大CBD范围比我国大得多;②美国、加拿大居民到CBD的出行方式几乎被小汽车和公交车平分,而我国则是由自行车、步行、公交车三分;③美国、加拿大CBD内工作岗位数比我国多;④美国大城市CBD内工作出行的比例最大,而我国却以购物和公务比例大[5]。因此,交通流量大、交通方式复杂、交通用地不足和缺少停车设施等交通问题则是我国CBD运转的一个制约因素。

通过规模、职能和交通三个方面的分析,再结合城市基础设施的建设、CBD的外围支撑条件和我国的产业结构关系,可以得出这样的结论:我国城市CBD的整体发展状况处于传统CBD的初级阶段。随着我国市场经济体制的发展与完善,产业结构的调整,特别是第三产业的发展,金融保险、信息等产业的生长使城市中心区功能得到进一步强化,城市CBD具有极大的上升空间和发展潜力。

3) 我国CBD的发展策略

21世纪,我国将进入城市快速发展、产业结构大调整的时期,在这一发展过程中,我们应该清醒地看到,我国城市建设在取得巨大成就的同时仍然存在着一些不足,必须冷静而理智地研究我国CBD的发展策略,使城市CBD建设成为城市发展、城市产业结构调整的积极动力。

早在1950年代,墨菲和万斯曾做过一项迄今为止仍然是最有影响的CBD综合研究。他们认为,从城市发展和城市规划的角度来看,只有中等规模(人口大致为10万)以上的城市才能出现CBD,因为10万人口以下的城市中心形不成一个"区",其实,墨菲和万斯确定的是传统CBD标准,即以商业、零售业为主体,商业与办公混杂的CBD形式。而1980年代起,随着全球经济一体化的进程,CBD的职能由商务办公占据了绝对主导地位(一般在60%以上),参与全球经济的发展与竞争,即现代CBD。我们已经做过比较,传统CBD与现代CBD之间存在着本质的差异,显然,城市CBD的建设与城市的规模、经济发展水平、产业结构有关,而城市的辐射力和影响力,即城市的地位对CBD的功能组合具有直接影响。陈联先生认为,我国城市CBD的发展应该认真研究我国社会、经济、工业化、城市化的发展状况和我国城市进步过程中自身的独特性要素,以此来分析、确定我国CBD发展的总体特征与规律。

改革开放以来,我国经济正走向世界,越来越多的跨国公司进入我国,在经济增长热点区域,珠江三角洲、长江三角洲和京津冀地区,部分中心城市正担负起协调区域经济发展和参与全球市场竞争的作用。李沛先生推测,现代CBD可望在北京(天津)、上海、广州(深圳)和重庆等城市率先发展[6]。由此推论,在我国大多数城市中,CBD建设并非现代CBD,而是传统CBD,即以零售商业为主体,兼顾商务办公职能的CBD形式。

考察西方国家CBD的演化进程,我们可以看到,CBD是一种以第三产业为主体、与市场经济模式相适应的城市功能,在市场经济体系中,城市CBD与经济发展之间存在着相互促进、相辅相成的关系。CBD的实质,无论是传统CBD还是现代CBD都是强调其"交换"能力,传统CBD是货物流通的场所,其"交换能力"与城市的规模、便捷程度和环境质量相关;现代CBD是信息交换的场所,它的交换范围超出了所在城市本身,以信息生产、交换的方式参与区域性经济的合作、竞争与发展。显然,在任何一个城市中,都存在着货物流通、信息交换两种功能,只不过是存在着"交换能力"的大小差异而已。因此,对一个城市来说,CBD的建设首先应该正确定位城市在全球经济发展或区域经济发展中的地位和作用,以此来确定发展CBD的目标。陈联先生认为,城市CBD的规划应分三个步骤,首先应针对城市的发展背景、现代结构进行分析、评估;第二步是在评估的基础上确定CBD建设的目标、区位和阶段规模;第三步是对于CBD的主要功能规划、功能培育与引导,基础支撑系统、城市景观环境以及政策、实施组织、动态的反馈机制进行设计[7]。

我国将通过进一步完善市场经济体制,积极参与全球性或区域性经济发展的合作与竞争,培养城市CBD的发展动力,参照城市经济在全球或区域经济体系中的地位、影响力和发展前景决定CBD的发展策略。区域经济中心城市,在进一步完善传统CBD的基础上,研究现代CBD建设的进程;经济活跃的地区中心城市加强传统 CBD 的建设,研究现代 CBD 建设的可能性和可行性;一般性城市以建设传统 CBD 为主,考虑现代 CBD 职能的介入;小城市应该以 CBD 模式研究城市中心区的发展问题。从总体趋势看,在相当长一段时间内,我国城市将通过城市内部结构的调整,进一步完善城市传统 CBD 的功能与结构,培育 CBD 的发展动力,探索现代 CBD 进程,区域经济中心城市率先建设现代 CBD。

CBD 建设是一个过程,虽然不同国家、不同城市有其不同的特点,但大多数城市都经历着"小商业点(零售业聚集)—传统商业中心(服务业、办公聚集)—现代 CBD(商务办公聚集)"这样一个由初级向高级过渡的过程,这一过程的演进与科学技术水平相呼应。在我国,产业的结构调整和全面现代化是现阶段 CBD 发展的背景,在零售业聚集向传统商业中心演化时,商务办公的聚集速度将随产业调整而加快,因此,我国 CBD 的进程将会超出 CBD 逐步升级的一般规律,呈现出由商业零售业聚集向商业中心(传统 CBD)、商务办公(现代 CBD)双重职能组合的方向演化的倾向,CBD 的主导职能将由所在城市的经济水平、影响力及产业结构的特点决定。

把这一演化趋势与我国城市发展状况结合起来,我们可以看到我国 CBD 建设的特点。

从我国城市化进程来看,城市规模扩大、城市逐步升级是我国城市化进程中城市扩容的主要方式,目前,我国城市大约有 62% 为团状单核中心结构[8],当单核中心圈层式结构形态的容量达到高限时必然会制约城市的发展,因此,在城市形态扩展过程中,应该从调整公共空间结构入手,培养 CBD 的生长机制,以适应城市形态变化的需要。

CBD 的核心是"交换",因此,CBD 的一个极其重要的指标是效率。目前,我国大多数城市都存在着严重的交通拥挤堵塞,交通问题主要集中在过度密集的城市中心区,更有恶性循环的趋向。如果第三产业作为城市经济的增长点,第三产业的"白领阶层"有较高的收入,家用小汽车将率先在这一阶层普及,当我们把 CBD 职能、特别是现代 CBD 的商务办公职能高度集中在城市中心区或传统 CBD 中,这对大城市不堪负重的城市中心区交通系统,无疑是"雪上加霜"。南京市 1992 年路网密度为 1.67 km/km^2,道路占城市建设用地不足 5%,而南京中心区鼓楼—新街口一带已存商业公共建筑 80 万 m^2,在建商贸办公面积 160 万 m^2,已落实计划的商贸发展项目有 340 万 m^2,若全面实施,这一地区公共建筑面积达到近

600万 m²,如此重负的商务、服务、文化娱乐、商业零售聚集在这一地区,薄弱和脆弱的道路状况势必无法运转,吴明伟先生认为,CBD 功能即使规划得再好,也会陷入瘫痪境地而无法运行。

从城市化进程、城市交通状况两个方面的分析,我们可以得出这样一个结论:我国城市化进程、经济活跃增长和产业结构的调整导致城市第三产业加快发展,以 CBD 的发展来带动和协调区域产业的发展;我国城市交通现状使我们无法按照一般 CBD 的发展规律在城市中心区通过更新的办法进行 CBD 的职能替换与演化,因此,CBD 职能的适度分离是我国CBD 建设的方向。

由于我国 CBD 演化具有"由零售商业的聚集向商业中心、商务办公双重职能组合演化"的倾向,所以,我国 CBD 建设应该结合我国城市化进程、根据城市的具体情况,对原有城市中心区进一步改造,完善传统 CBD 的职能,在微观交通及基础设施可能的地段引入商务办公职能,丰富和扩展 CBD 功能的复合性;在城市交通设施完善、交通效率高的地区(城市次级中心、城市快速干道邻近地带)进行用地贮备,作为以商务办公职能为主体的 CBD 建设用地,依照城市发展的进程进行实施,使 CBD 建设与城市的经济发展、产业结构的调整和城市形态的扩展同步进行。

世界上不存在固定的 CBD 空间模式,传统 CBD 建设通常以内部更新和周边扩展的"渐进"方式进行,现代 CBD 则以集中开发建设为主要方式,我国 CBD 演化的独特性决定了我国 CBD 建设必须选择符合我国国情的建设方式。

(1) CBD 必须拥有极为便捷的对内对外交通　CBD 的选址、建设应充分考虑与城市快速交通系统,城市交通枢纽的关系,CBD 的规划应对与交通效率相关的区内外交通组织,停车场、库的建设,公共交通系统与CBD 的关系、步行区划等进行专题研究,使 CBD 的交通规划与 CBD 的职能、城市交通系统相一致,确保 CBD 的运行效率。

(2) 充分考虑与城市中心区的关系　在城市中心区发展 CBD 应综合考虑其发展余地和设施更新的可能性,应通过更新设施、调整用地促使CBD 功能的合理扩展;此外,应根据城市经济发展的趋势,在城市交通发达、基础设施完善的地段,结合城市结构的调整发展以商务为主、商业为辅的 CBD,引导城市的发展。在空间形象方面,应该认真研究 CBD 与城市中心区的空间关系,追求 CBD 的地方特征,体现城市传统的延续,创造城市的时代特征。

(3) 统一规划，逐步实施 我国市场经济体系的建构刚刚起步，我国大多数城市尚不具备一次"全面建成 CBD"的经济实力，因此，我国 CBD 建设应该按"统一规划、滚动发展、逐步实施、留有余地"的思路，集中力量综合开发，以保证 CBD 的有序建设和综合利用，提高投资效率。

(4) 适度规模 CBD 既是一种城市用地形态，也是一个经济概念。CBD 的规模与城市及区域经济、产业发展水平以及城市第三产业的体系结构相关，北京市规划设计院王绪伟先生在《现代城市中心 CBD 及其规划》一文中提出了一个参考规模：一般中等城市以 2~3 km², 500 万 m² 左右的建筑面积为宜；大城市则需要 5 km², 1 000 万 m² 左右的建筑面积。南京市规划设计研究院的周岚先生认为，可以用第三产业总量及其在 CBD 的聚集度来推算 CBD 的规模[9]。总之，CBD 适度规模的观点符合城市协调发展的基本原则。

在 CBD 表现出强劲的聚集倾向时，我们应该清醒地认识到，当现代信息技术、通信工程和交通手段的发展消除了城市差异、城乡差异时，以商务活动为特征的现代 CBD 职能必然会因为传统 CBD 地区的高地价、拥挤、环境质量低劣等城市问题从城市中分离出来，表现出分散的趋势。

4.3 城市中心区的更新与改造

城市中心区具有良好的区位、交通优势，在市民心目中存在着"城市中心"心理定势，随着我国城市化进程的发展，城市逐步升级，城市形态的不断扩大，城市商业行为和商务活动必然会在城市中心聚集，成为刺激城市中心区更新发展的最活跃因素，结合经济发展、产业结构及城市发展现状，我国城市中心区极有可能演化为一种介于传统 CBD 和现代 CBD 之间、双重职能兼而有之的 CBD 形式。

城市中心区发展是一个连续演变的过程，我国大多数城市的中心区已经暴露出诸多问题，商业及商务职能既是城市中最活跃的因素，也是一柄双刃剑，可以进一步刺激和活跃第三产业的发展，也可以使之崩溃或瘫痪。

从发展战略的角度考虑，为了顺应城市形态的扩展，必须培育和发展次级中心，促进城市向多中心网络结构演化，但是，对城市市民而言，城市传统中心区具有一种特殊的心理情结，城市中心区的更新改造也是保持强大吸引力、构建城市多中心结构的重要措施。

4.3.1 城市中心区更新改造的基本原则

城市中心区更新与改造是一个"渐进"的过程,是通过局部更新逐步实现整体更新,因此,城市中心区的更新最能反映"一次规划,逐步实施"规划过程的特征。正因为城市中心区的更新是部分地更新,其更新过程漫长,所以,城市中心区的更新常常会出现局部更新与整体目标的不一致,并由此引起更新行为与规划目标的矛盾,使更新工作变为一种"破坏性"建设行为,即更新完成了城市中心区物态环境的更替,同时,更新行为也肢解了中心区的结构,使规划总体目标的实现受到干扰。更新行为与规划目标的不一致是加剧城市中心区矛盾的一个重要原因。

城市中心区的更新是一个不间断的过程,更新速度与经济发展、产业结构的调整相关联。在这一过程中,我们应该把城市中心区规划的指导思想和基本原则贯穿到每一项具体的更新工作中,保证城市中心区的更新行为与规划目标的一致。

城市中心区更新的总目标是:提高城市中心区的环境质量和运行效率,建设富有特色的空间形象。

1) "以人为本"的原则

城市中心区是公共性活动强度最高的地区,具有较强的公共性和流动性,因此,城市中心区更新改造必须满足活动参与者的需要,尊重人、尊重人的行为、尊重人的活动。

关于人类行为的研究,美国人类学家爱德华·霍尔(Edward. T. Hall)认为,在人体周围存在着一个"气泡"——个体领域,个体领域是一个看不见、以身体为中心并随身体移动的空间,在人的活动中具有防卫和交往的双重功能。在任何场合,人的行为与活动都需要保持"个体领域"的完整,并通过调整"个体领域"表白是否参与公共活动的意愿。当然,人对环境的要求因个体差异和行为目的的不同产生多种需求,心理学家亚伯拉罕·马斯洛把人的愿望分为五个"需要层次":生理、安全、交往、尊重和自我实现。虽然民族、地域、职业和受教育程度对此有一定的影响,但五个需要层次之间存在着前后递进的关系。马斯洛认为,只有当某一层次的需要得到满足之后,才能使追求另一个层次的需要成为现实[10]。当一系列需要的满足受到干扰而无法实现时,低层次的需要就会变成优先考虑的对象。

在城市中心区,可以把人对环境的要求分为三个等级:第一是基本要求,即人们对生理、安全的需要,在活动中人们会由此派生出种种行为;第二是一般要求,即人们对相互交往的要求;第三是高级要求,即人们存在一种潜在的创造与表现的愿望。因此,城市中心区的更新与改造应该首先满足活动参与者的基本要求,创造相互交往的机会与可能,引导人们积极参与公共性活动。虽然关于拥挤,特别是短暂性拥挤,社会心理学的研究认为对人类一般没有消极影响,但拥挤会加剧对情境的一般反应——使积极的反应更积极,消极的反应更消极;直观的体验则表明,极度拥挤对人的生理和心理都会产生过度的压力,在城市中心区保持适度拥挤,保持参与者个人选择的自由度是一个非常重要的考虑。

2)"有机整体"的原则

城市中心区的更新与改造必须树立城市中心区是一个有机整体的观念。城市中心区是城市大系统的一个重要组成部分,同时,城市中心区本身又是一个相对独立的有机整体。把城市中心区作为一个整体来理解,我们可以认为城市中心区是由若干系统组成的:由商业、娱乐、餐饮等职能构成城市中心区的综合性功能;由建筑实体和公共空间的相互配合形成变化丰富的空间体系与序列;由城市交通、中心区步行交通及各类停车设施组成的交通网络系统;……总而言之,由各类有形的物质因素和无形的文化、理念的有机组合构成了城市中心区的整体结构与整体印象,其中,有机组合与有序衔接是城市中心区整体结构的关键。由于我国城市中心区大多由传统商业街演化而来,现代机动车交通改变了传统商业街以街道空间为中心、商业设施围合街道的结构,越来越多的公共设施向同一条街道聚集,在不断扩展过程中,城市中心区的整体性受到了冲击。城市中心区的更新与改造将是在现状基础上重新建立城市中心区的整体性和系统性,使城市中心区逐步演化为一个多系统协调的整体。

城市中心区是一个有机的整体,包含了它与城市整体结构的协调关系,包含了它自身相对的完整性,包含了城市中心区公共性活动与物态环境的一致性。此外,在城市中心区更新过程中,我们应该认识到"城市中心区是一个动态的整体",即:城市中心区将始终处于不断变化、不断运动的进程中,城市中心区的每一项更新都可能会导致两种倾向,强化或者削弱整体性的倾向,这种量的积累将会形成质的变化。因此,城市中心区是一个有机整体的观念必须落实到城市中心区更新与改造的每一项具体工作中去,否则,更新活动存在着削弱城市中心区整体性的可能。

4 城市中心区的更新与发展

3)"连续性"的原则

"连续性"是城市发展的公认原则,城市中心区的更新改造必须遵循这一原则。城市是一个连续发展的过程,一个城市在经历各个历史时期后,一般都会留下一些具有典型意义的建筑、街道、园林和广场,这些遗存是构成一个城市历史文脉的主要内容。城市中心区是城市建设最活跃的地段,各个历史阶段的重要建筑、典型风格必然会首先在城市中心区出现,不同时期的、不同风格的建筑成为城市中心区物质构成的基本因素,是城市中心区演化的"印记",已经成为人们心目中特定的城市形象。

我国城市发展不同于欧美发达国家,没有出现和经历"内城中心区衰落"的过程,大多数城市的中心区一直是城市的经济、文化中心,即使开发和建设新区,传统的城市中心区仍然是商业繁华、人口集中的地方。持续性的使用和发展使城市中心区形成了两个主要的特点:①不间断的建设与改造使城市中心区显现出明确的历史逻辑性;②持续性的利用带来了物质性的老化;人口密度大、设施水平低、建筑物年久失修。因此,城市中心区的更新与改造是不可避免的。

"连续性"的原则要求更新与改造必须建立在严谨的、科学的、尊重历史的基础之上,慎重地对待历史文明,对各个时期有代表性的、有价值的历史遗存(包括古代的、近代的和当代的)不仅应重视其物质属性的质量,还应该重视其人文、历史的意义和价值,在保持城市中心区固有形态特色的前提下进行有机更新,使之适应城市中心区公共活动的需要,更好地延续和发展城市的历史文化。

"连续性"原则并不是把城市中心区作为文物或古董原封不动地保存起来,城市中心区只有通过更新与改造才能得到发展,"连续性"原则同样也要求在城市中心区以积极的创新意识留下"当代的印记",维护文化发展的连续性。

4)"高效率"原则

高效率原则是城市中心区更新改造时不容回避且必须遵守的原则。

我国大多数城市中心区运转效率不断下降,主要源于城市中心区的先天不足和对城市中心区更新改造不正确的认识。我国城市中心区大多由城市主干道演变而来,公共设施的聚集和持续不间断的运转使城市中心区长期处于超负荷状态,明显地表现出物质性老化和结构性失衡的倾向,功能的整体性受到破坏。对更新效率的片面理解所产生的负面影响加剧了城市中心区的混乱,城市中心区的更新或开发过于看重开发过程中建筑面积的回报率等显现利益,由于开发利益的驱动,普遍存在着追求高建筑容积率的倾向,其结果是城市中心区的容量大大突破了城市中心区基础设施的支撑能力,无法保证城市中心区的运转效率。

城市中心区是一个以"交换"为特征的场所,保持城市中心区高效率运转是城市更新改造的主要目标,而这一目标的实现取决于中心区的整体协调性和各构成因素之间的有机组合。假如城市中心区拥有无数多的巨型综合性"商城"、"广场",而没有相应的停车场、库,没有运送人流、物流和信息流的设施,"效率就是生命",城市中心区必然会效率低下,甚至走向瘫痪。

国外 CBD 由传统 CBD 向现代 CBD 的演化表明了效率的价值与意义,我国城市中心区的更新与改造必须注重城市中心区运转效率的研究,通过更新改造,使城市中心区逐步演变成高效、开放的有机整体,适应 21 世纪城市生活的要求。

至此,我们讨论了城市中心区更新与改造的基本原则:"以人为本"、"有机整体"、"连续性"和"高效率",其目的在于说明,城市中心区的更新与改造是一个伴随城市发展的动态过程,这一过程充满了种种诱惑和干扰,只有把城市中心区作为一个有机整体来处理,始终把人的需要放在第一位,保持高效率的运转和文化发展的连续性,才能使城市中心区的物质环境与城市中心区的公共性活动走向协调与和谐。

4.3.2 交通组织——平衡的交通系统

建立平衡的城市中心区交通组织是保证城市中心区运转效率的十分重要的措施,我国城市道路建设水平普遍不高,道路面积、人均道路面积、路网密度与发达国家水平(25%、30 m^2,20 km/km^2)相比,有很大差距,城市中心区的情况差距更大,主要是因为城市扩展过程中道路的投入大多分布在新开发区和城市的外围地带,城市中心区的道路面积增加不多,而城市公共活动烈度的增强,房地产的开发又集中于城区,各种摊贩、集贸市场和大量停车面积对道路空间的侵占,使严重短缺的道路空间更加紧张。21 世纪,我国城市化进程加快,城市活动烈度将进一步加强,预示着城市中心区将面临更为严峻的交通压力。

在未来相当长时间内,我国大多数城市将通过更新与发展使城市中心区环境与城市经济发展、城市形态扩展保持一致。城市中心区作为一个整体单元,任何一个构成要素的更新都必然带来整体系统的变化,因此,为了保持城市中心区的运转效率,必须在城市中心区把环境要素更新、交通运行模式、停车设施布置和交通日常管理结合起来,建立一个平衡的交通系统,使之与城市大系统相协调,并保持良好的运行效率。

1) 城市中心区的交通特点

由于城市中心区在城市中具有特殊的地位,它是城市的核心,城市交通对中心区有明确的指向性,当把城市中心区作为一个整体来看待时,城市中心区交通具有以下特点:城市交通在城市中心区分为两个部分——一部分交通作为"过境交通"从城市中心区通过,与城市中心区并不发生联系;另一部分交通则在进入城市中心区之后,转化为城市中心区的活动,与城市中心区的某项设施或某几项设施形成直接的联系,即存在着以城市中心区为目的地的城市交通和与城市中心区毫无关系的"过境交通"。

我国城市道路建设不力使城市中心区交通具有"交通层面单一、交通方式复杂"的特点,目前我国多个城市开建了地铁工程,除北京、上海等城市外尚未建成以轨道交通为骨干的大运量客运体系,地面层交通是城市交通的唯一方式。自1980年代中期始,我国城市交通出现了微妙的变化,城市交通由公交、自行车、步行向自行车、公交车、出租车与私家车和步行交通四个类型转变,这一变化意味着城市交通复杂程度的加剧,城市交通流量加大。当城市交通进入城市中心区时,人们通过公交、出租车站点、机动车停车场和自行车停车场转化为步行交通参与城市中心区的活动,这个转化环节十分重要,合理设置可以确保城市交通向城市中心区活动转化的连续性。

以城市中心区为目的地的城市交通有多种出行目的,其构成极为复杂,随着第三产业的发展和产业结构的调整,城市中心区的出行交通仍然以购物、娱乐和工作为主,即以商业零售和商务办公为主要交通出行构成。这两种出行交通具有明显的时间规律,商务办公类出行交通高峰出现在早晚城市交通高峰时,商业零售交通则是持续稳定的交通流,在节假日常常会出现高峰。

从以上的分析我们知道,城市交通进入城市中心区之后,交通的方式发生了变化,各类交通都转换为步行交通参与城市中心区的公共活动,城市中心区的交通组织必须尊重这一特点,促成这一转化合理、高效率地进行。

2) 交通组织的宏观策略

虽然城市中心区交通问题是城市局部地区的问题,但城市中心区的地位、意义决定了它必然会对城市大系统产生重大影响,因此,城市中心区的交通问题是城市交通问题,首先必须从城市整体结构、交通系统等宏观角度研究城市中心区与城市各个部分的交通联系以及城市中心区交通行为"角色转换"的问题。

(1) 建设多层面交通体系

城市中心区是城市中最活跃的地区,城市规模越大,城市中心区的辐射力越强,交通流量越大,建立以城市中心区为核心的城市高效交通网络是保证城市中心区高效运转的关键,我国城市应通过建设多层面交通体系解决城市中心区与城市各部分的交通联系。

多层面交通包括地铁和轻轨交通。地铁是一种大运量、快速轨道交通方式,由于快速轨道交通具有安全、舒适、快速、准时和节省能源、降低公害等优点,所以当地铁、地面交通、空中轨道交通组成多层面交通体系时,可以增加城市居民出行的选择性,减少对地面交通的依赖性,提高交通效率,缓和城市中心区地面层交通的矛盾与压力。

(2) 在中心区外围地带寻求交通平衡

我国城市道路密度较低,属于慢速道路系统,城市中心区大多以线型街道为原型,公共设施在街道两侧聚集发展,其空间形态表现为沿街两侧建筑物聚集度和容积率很高,建筑质量相对较好,街区内部或中心区外围地带建筑密度大,建筑层数低,质量较差,具有改造的可能性。而我国城市中心区普遍存在的交通阻塞、运行效率低下主要是由于以常规的道路条件实行超常规聚集,把众多活动聚集在有限的区域范围内。因此,解决城市中心区的交通问题必须突破中心区地界的范围,在中心区外围地带寻找机会,把高密度的交通因素疏解到中心区外围去,通过拓宽、开辟新的道路建设市中心区的外围疏解道路,改善城市中心区的交通环境。

城市交通转化为步行活动是城市中心区交通行为中的一个重要环节,但我国大多数城市中心区选择道路边缘地带、人行道、绿带作为汽车和自行车停车场,这一做法难以满足市中心区的停车需要,并且不符合交通行为转化的顺行规律,加剧了城市中心区的混乱。而我国大多数城市近二十年的更新与发展已经使中心区失去了近期继续更新的弹性。因此,选择城市中心区外围地带建设辅助疏解道路,增加汽车和自行车停车场,增设公交、出租车站点,可以使城市交通行为的转化过程有一个合理的序列。

（3）制定切合实际的交通政策

城市中心区交通是城市交通的一部分，解决城市中心区的交通问题必须从城市交通的高度考虑，注重城市交通政策的研究，从战略角度调整城市交通结构体系。

我国城市交通的发展趋势表明，城市将面临小汽车快速增长的巨大压力，近年来我国城市机动车保有量逐年扩大，而道路面积的增长明显滞后于机动车的增长，这种差距的积累使城市交通出现了更为严峻的拥堵局面；同时，我国城市自行车交通量不会骤减，其保有规模和交通格局暂时不会有大的改变。因此，我国城市交通一方面要满足城市机动车大幅度增加的要求，另一方面必须解决以自行车交通为代表的慢速交通的运行问题。应该通过政策调控和引导，大力发展公共汽车、轻轨交通和地铁等大运量、快速公共交通系统，减少居民对自备车辆的依赖。必须注重对不同年龄、不同收入层次，特别是低收入、老弱人群出行交通的研究，使城市居民出行具有选择的自主权。

城市中心区的交通管理是城市中心区交通组织必不可少的技术手段，应该开发新技术、新方法，逐步实现以交通信息与路线引导为主体的现代化交通管理，提高城市中心区交通运行效率。

3）交通组织方案

城市中心区的交通问题起因于交通混杂。因此，在城市中心区更新改造过程中实行"交通分离"有利于建立城市中心区的运行秩序，提高运转效率。

"交通分离"方案在不同规模城市、不同规模的城市中心区可以有多种分离方式。即：机动车交通、非机动车交通、步行活动三者分离；机动车与非机动车交通组合，与步行活动实行分离；非机动车交通与步行活动组合，与机动车交通实行分离。在城市中心区更新过程中采用何种分离方式，取决于城市中心区的现状条件、城市规模、主要交通方式等相关因素，并受到社会、经济发展水平，产业结构调整，城市发展水平等宏观条件的影响。

城市中心区"交通分离"方案根据不同的交通组织方式可以分为水平分离、垂直分离和综合分离方案。

（1）水平分离方案

城市中心区交通水平分离方案的基本思路是，利用现状道路进行改造或新辟道路在城市中心区的外围组成交通环路，环路既划定了城市中心区的边界,又是城市中心区的外围交通干道。当城市交通到达城市中心区时,限定在外围环路上行驶,不得进入城市中心区。沿环路根据城市中心区的内部空间结构和环路具体条件布置公交站点,并在环路内侧修建停车场,确保城市交通在到达城市中心区后按顺行序列转化为步行交通(图4.3)。

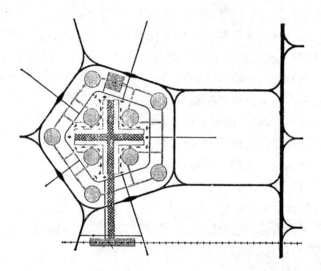

图4.3 交通水平分离示例:考文垂市中心区交通结构

伦敦近郊新城斯蒂文内奇人口规模为60 000人,中心区是一个平面分离的范例,城镇中心区布置在由几条干道划定的矩形地段内,中心区由步行街和广场组成,中心区北部为行政中心广场,南北轴线为15 m宽的步行街,中心区的核心是城镇中心广场,广场三面是商店,另一侧是公共汽车站,广场中配以喷泉水池和一些树木,增加了广场的生活气息,一个24 m高的钟塔成为广场的中心,整个中心区为整体设计,具有较强的协调性。1966年预计城镇人口规模将达到105 000人,小汽车数量将明显增长。因此,对原中心区进行了调整:将西部和北部干道设计为双层道路,中心区北部、西部增加了步行道路,将原有的停车场改为多层停车场,适应了城镇的发展[11]。

由于步行交通受到体力等生理因素的影响,所以,步行区的边缘至城市中心区"标志中心"的最大距离不宜超过500 m,避免市民进入城市中心区,因步行距离及心理期待时间过长而产生逆反心理。

根据我国一般城市中心区演化规律和城市旧区干道路网间距较大的

特点,可以考虑在市中心的外围改造现状道路或新辟道路作为市中心区的外围道路用于交通疏解,使沿城市干道发展起来的中心区回复到以街道空间为核心的空间模式上来,呈带状结构,实现步行化。当城市中心区继续扩展时,可以考虑把城市中心区划分为相对独立的"团块",进行组合,满足城市中心区生长和发展的需要(图4.4)。

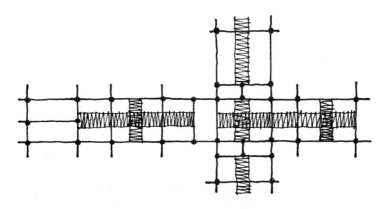

图4.4 带状结构的交通水平分离

(2) 垂直分离方案

垂直分离方案是通过各种设施把机动车交通流、步行活动按不同标高的层面进行组织,实行分离,保证机动车的运行效率和步行活动的舒适度。

垂直分离交通的一般做法是把步行活动布置在上层,机动车交通流及相关的服务、辅助设施布置在下层,其指导思想是使步行活动空间获得更多的阳光和空气,保持开阔的视野,减少城市中心区高密度对步行活动的心理压力。为了保证机动车交通与步行交通有高效、便捷的联系,应根据步行空间结构特点和机动车道路交通的技术要求,以自动扶梯、电梯、楼梯等设施组织好垂直交通,使城市交通与中心区的活动形成良好的衔接和高效率的转换。

最典型的垂直分离结构方案是"大平台方案"和"空中步行系统方案"。

"大平台方案"以建构公共活动大平台,在平台下安排城市交通及各种辅助服务设施的方式实现交通分离,最有代表性的实例是巴黎拉·德方斯副中心和英国霍克新城。

① 拉·德方斯大平台 巴黎拉·德方斯副中心规划了长900 m,面

积约 40 hm² 的大平台作为公共活动的步行空间,大平台由 70 m×25 m 的人工湖分为两个部分。向东为长达 400 m 的林荫带,直抵东端广场,向东远眺,凯旋门、香榭丽舍大街尽收眼底;大平台的重心在人工湖音乐喷泉以西,音乐喷泉与德方斯巨门之间布置了一个巨大的广场(约 400 m×120 m),雕塑、小品、铺地和草坪对广场进行了有序而适度的划分,满足了各种活动的需要,德方斯巨门和大台阶既是广场的背景,同时又是俯瞰广场的最佳看台;在广场平台的下面是城市公交换乘枢纽,公路交通和高速地铁分两层布置,互不干扰(图 4.5)。

图 4.5　巴黎拉·德方斯大平台

平台上为公共广场,平台下为交通枢纽

② 霍克新城　霍克新城人口规模为 10 万,为了做到人车分离,新城中心区设计了一个带状的"步行甲板",各类公共设施布置在甲板上,服务于中心区的道路、停车场布置在甲板之下,甲板上下由自动扶梯、电梯、楼梯进行连接。步行甲板的设计为步行交通提供了极大的方便,由于没有汽车交通的干扰,甲板上层空间可以根据步行的尺度和人群的活动规律布置公共设施,中心区的公共设施按区布置,分为娱乐区、市场、教学区、行政部门和教会区,以连续的零售商店将各功能区连成一个整体。步行甲板下面为规则的机动车道路系统,该系统由双向行驶的脊椎道路、单向行驶的供应道路和构成连接的服务道路组成并规则布置,道路划分的地块为停车场、仓库及设备用房。霍克新城中心区采用带型结构,与点状结构相比,可以使居民更便捷地进入中心区,当新城达到规划规模时,中心区保持了向两端延伸适应发展的可能性(图 4.6)。

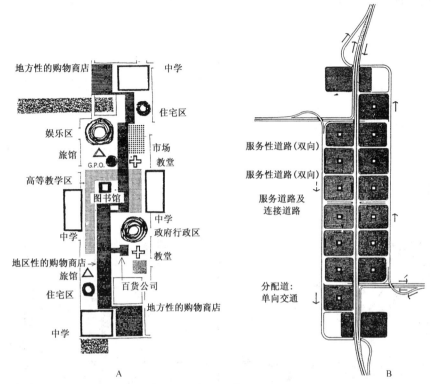

图 4.6 英国霍克新城中心区图解
A 为上层公共步行区功能组织图解
B 为下层道路及服务设施系统

"空中步行系统方案"是在大量公共设施之间建设空中连接通道,在二层、三层或其他楼面上把它们连成一个整体,使大量人流及活动离开地面层,实行人车分离。由于这一分离方式是以大量建筑物作为分离系统的主体,可以通过不断增加建筑物之间的连接来实现,因此,这一分离方式特别适合在以商业设施为主的商业区实施。

空中步行系统通过不间断的建设与扩展逐步把公共性强的商业、娱乐、餐饮等公共设施连成一个公共活动网络,形成规模,这样做增加了空间的多样性,使城市居民进入中心区后可以根据自己的"计划"选择行走路线,提高活动效率。同时,人们在室内外空间不断变换过程中,在不同高度跨越充满汽车的街道时会产生新奇和愉悦的心理感受。当然,作为一个系统,必须有明确的识别性、网络结构和网络核心,建立起与城市交通最便捷、最有效的转换,才能保证城市中心区的整体运转效率,否则,使用者的迷失方向、无所适从都会使其在心理上产生厌恶、反感的消极情绪。

垂直分离除了在空中建设"大平台"或"空中步行系统"外,还可以通过开发地下空间实行交通分离。在地面层以下,通过建设地下公共设施、地下步行系统与地下交通设施(地下停车场、地铁车站等)共同组成地下网络,同样可以到达分离的目的。

(3) 综合分离方案

城市中心区的交通分离综合方案是根据城市中心区现状条件,正确地运用各种技术措施,合理地组织交通,在保证城市中心区运转效率的前提下,实行人车的合理分离。美国费城中心区改建是一个极为成功的例子(图4.7)。

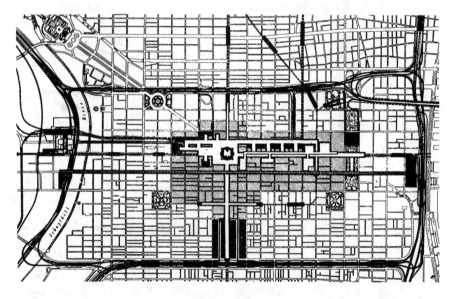

图 4.7 美国费城中心区

美国费城是一个典型的方格网道路系统城市,3.5 km×1.7 km 的旧城市中心区位于斯古尔基河和特拉华河之间。由爱蒙德.N.培根主持的费城中心区改建规划从交通组织入手,首先在中心区外围建设了高速公路环线,并通过开辟的高速公路为中心区服务,使中心区的地面汽车交通变成慢速的地方性交通,沿外环线修建了可容纳1.1万辆汽车的停车场,在中心区修建了4个停车楼,可容纳5 350辆汽车,停车场可以通过步行林荫道直接进入市中心;把地铁延伸至市中心区,12个设备先进的地下、半地下车站确保疏散商业街、市政广场以及中心车站、码头的大量人流;在中心区沿主要街道为步行者修建了宽阔的人行道,此外,还开辟了长达 3.5 km 专供散步的林荫道,使整个中心区成为一个高速运转的系统(图 4.8)。

图 4.8 美国费城中心区剖面分析

常言道"棋无定式",如何解决城市中心区的交通问题没有规定的模式,实行"人车分离"应该根据城市中心区的具体情况,采取相应措施进行尝试。在我国大多数城市,自行车交通占有相当大的比重。因此,我国城市中心区的交通组织应该根据我国国情、城市的具体条件进行实践,使城市中心区的交通状况逐步好转。

4.3.3 步行化——宜人的活动网络

在城市中心区,步行是人们主要的移动行为,城市中心区的更新改造应该使城市中心区的步行环境得到改善。

步行是人类最基本的空间易地方式,在移动过程中人们以人体器官体验周围环境,作出种种判断和选择。步行活动主要受三个方面的影响:与步行行为直接相关的因素——路面的强度、坡度,路面的平坦程度及表面光滑程度等;与人体相关的环境因素——温度、空气、声响以及风、阳光、雨雪等气候变化因素;与人体相关的生理及心理因素——体力及健康状况,行走的安全性、拥挤程度以及视觉景观等。参照马斯洛"需要层次"的原理可以推断,在城市中心区,只有当人们的基本需要得到满足之后,人们才会积极地参与到公共活动中去。

显然,在城市中心区,改善步行条件、提供公共活动展开的场所是提高城市中心区公共活动质量的前提条件。

1) 步行活动的分类

城市中心区是城市的精华所在,拥有全市最完善的设施和最好的建筑物,具有最佳的交通可达性。在城市中心区,人们比较容易达到出行的目的,完成出行的任务和计划。虽然,去城市中心区的目的各不相同,但在城市中心区的活动可以大致分为购物、游逛、饮食、娱乐、交往、观赏等,当然,这些活动常常以某一活动为主线并交织或发展其他活动。

(1) 购物

购物是一种目的性明确的活动,以钱物交换为活动的高潮,这一活动包含有多种前期行为:选择品种、研究款式、分析质量、比较价格……购物前期行为存在明显的个体差异,购物者可能会对购物过程的某一方面特别认真,因此,城市中心区常常会出现往返于各大商场之间的购物人流。值得注意的是购物活动中有一点是共同的,物品的价值越大,购物者的心理压力越大,如果你想让一个购买音响设备或钻戒的人在市中心广场上欣赏觅食的白鸽,那几乎是不可能的事情。

(2) 游逛

游逛是一种散漫的、无明确方向的步行活动,活动的目的主要出于个人不同的原因——休息、思考或调节情绪,游逛活动不具有时间限定,大多表现为"走走停停"的间断行进方式,这是游逛者心理活动的外在表现,由于游逛带有较多闲散成分,所以,游逛者极容易被城市中心区的公共性活动所吸引,成为城市中心区活动——表演、争执等活动的"积极"参与者或观众。

(3) 饮食

饮食是人的一种基本需要,除了正式的、计划的餐饮,在城市中心区饮食行为常常带有很大的随意性,没有明确的计划或目的,是其他活动或行为的补充。尽管如此,但饮食活动可能会直接影响人们在市中心区逗留的时间,餐饮过程也是一个酝酿下一步活动的"临时会议"。就餐环境的组织应该满足饮食和休息两种基本行为的要求,同时应形成与城市中心区相一致的环境氛围。

(4) 娱乐

娱乐活动可以分为有计划或无计划活动,无计划的娱乐活动往往取决于活动参与者在市中心区的心理状态。娱乐的形式主要分为被动式和参与式,被动式娱乐主要是观赏"节目"——戏剧、表演、影像、展览等;参与式娱乐主要是游戏、游乐、运动等。由于娱乐活动易引起兴奋,所以,娱乐活动在城市中心区具有极大的吸引力。

(5) 观赏

观赏活动在城市中心区是一种相伴于其他活动的无计划、无目的行为,即极少有人专门到市中心区观赏。正由于观赏行为是一种相伴活动,所以,观赏的对象、观赏方式极为广泛和灵活,一个人可以边走边看、边吃边看或停留观看,同样,观赏的对象既可以是橱窗、绿化、雕塑、喷泉,天上的行云、广场上的鸽子,也可以是过往的行人或表演的节目。当然,观赏的趣味是:活动的胜过静止的。景观建筑师约翰·莱尔的研究发现:人看人,其乐无穷[12]。

(6) 交往

交往行为在城市中心区是一种非正式的、具有极大偶然性的活动,城市中心区的相互交往是一种"短暂性、有限介入"的交往活动,其原因在于城市中心区存在着极大的流动性和紧张感,由此引起的心理压力使人们无法消除对陌生人的戒备心理。城市中心区和谐的气氛、完善的物态环境和适度拥挤状态可以促进相互交往活动的发展,否则,相互交往的可能性将会消失。

在纷繁的城市中心区公共活动的表象中,我们可以很容易地得出这样的结论:任何一个人在城市中心区的活动过程可以分为两个部分,一个部分是目的性活动,即,在出发去市中心之前已"计划"好所做的事情,换句话说,是因为有了"要做的事情"才有去市中心的出行计划,这一部分活动很少受到外界环境的影响,活动者的"计划"超过了一切。另一个部分是非目的性活动,这部分活动内容不在"出行计划"之内,往往在城市中心区随环境、心境的变化而发展起来,城市中心区的环境、天气、活动或活动者心情的变化都会导致这类活动的发生、发展。

丹麦扬·盖尔教授(Jan Gehl)认为,户外空间质量与户外活动发生率直接相关[13],城市中心区环境质量的优劣直接影响城市中心区公共活动的烈度。虽然,城市中心区的环境对目的性活动的发生率影响不大,但对非目的性行为有直接影响。环境质量低劣,人们必然远离市中心区,只有当城市中心区环境质量得到改善时,各种可能的活动倾向才会变成真正的活动,并产生连锁效应,连续发展或派生出一系列公共活动。

步行是公共活动、社会接触的基础,城市中心区的公共活动是以步行为基础的目的性活动和非目的性活动的总和。显然,目的性活动是城市公共活动的最基本的需要,对于一个市中心活动参与者而言,只有当他完成了有目的、有计划的活动或行为之后,才会产生"非目的性活动"的需要。

2) 步行活动的效率

既然城市中心区存在"目的性活动",那么,我们就必须研究活动的效率问题。

当人们的活动带有明确的目的时,人们除了关心活动的结果之外,对事情的发展过程同样十分关注,并且活动进展的"意外"延长会给人们带来心理压力,如果外界环境一再"影响"、"干扰"活动的进程,人们自然会对这些影响因素持以消极的态度,甚至反感、厌恶。当"计划"的完成比他预计的时间还短,人们必然会产生愉悦的心情,对周围的一切都持积极的态度。

在我国城市中心区,特别是商业零售集中的商业区普遍存在效率低下的问题,这主要是由于各自为政的设计和各自为政的管理造成的。在早期,城市中心区的建筑密度、层数以及外部空间、道路划分基本处于平衡状态,道路既作为城市交通空间又是公共设施之间的连接空间,基本能满足运转的要求。随着城市更新速度的加快以及城市中心区地价的变化,公共设施的容量扩大,对外部空间挤压式的开发使建筑越来越密集,外部空间越来越小。公共设施的更新使更多的人进入城市中心区,而有限的外部空间和过分依赖地面层的交通模式使外部连接空间成为城市中心区的交通瓶颈,由此引起的过度拥挤、无意义的上下往返导致了城市中心区的效率下降。

1970年代末,石油危机和随之而来的价值观的变化,城市郊区化引起的城市中心区衰退迫使西方国家把购物中心的发展从郊区转向市区,以购物中心的建设更新旧城市中心,一批大型的城市区域购物中心在旧城中心区出现:英国埃林百老汇中心(30 000 m², 1984)、卡莱尔购物中心

(23 000 m², 1984),加拿大多伦多伊顿中心(100 000 m², 1977),美国的圣·路易斯中心(132 000 m², 1985)、霍顿广场(80 000 m², 1985),其特点是把商业步行街的特点与购物中心的优点结合起来,建设高效、舒适的整体环境。与国外相比,我国城市中心区也经历了一系列更新改造,但各自为政的建设方式使城市中心区公共设施之间的联系变得更为复杂,单一的地面层交通加剧了城市中心的拥挤与混乱。提高城市中心区的步行效率和步行舒适度是改善城市中心区公共环境质量的一个重要措施。

提高城市中心区步行交通效率可以从四个方面进行。

(1) 开辟大型设施之间的空中连接通道,减少不必要的上下往返交通,降低地面层交通密度。我国城市大多公共设施采用"裙楼＋主楼"的形式,可以在二层、三层或裙楼屋顶上建设公共建筑之间的连接通道,提高公共设施之间的连接效率,提高公共设施的利用率,扩大容量。

(2) 在人流密度大的地带建立空中自动步行系统,提高流动效率和步行的舒适度。合理设置空中自动步行系统有利于把人流快速输送到预定的地点,提高城市中心区的整体效率。当然,空中自动步行系统应该使大型公共设施、城市中心区的标志性场所与中心区外围停车场、公共汽车站点连接,确保系统的运行效率。

(3) 充分利用地下空间,建设地下连接网络。城市中心区的建设必须向地下发展,建设地下连接网络有利于分散人流,这一网络应该与城市地铁站点、停车场、大型设施的核心部位、城市中心区的标志性场所有直接、明确的连接,成为城市中心区进入城市大流量运输网络的直接通道。

(4) 认真研究地面交通的规律和各大公共设施的相互关系,建立各大设施之间的直接联系,为地面交通提供最便捷的交通通道。

在城市中心区通过空中连接通道、空中自动步行系统、地下连接网络和重新建立地面层交通秩序的方法把单一层面作为连接方式的交通转化为多层面立体交通系统时,城市中心区有目的活动的效率将会大大提高,为城市中心区公共活动的扩展提供了一个坚实的基础。

3) 步行与公共交往

城市中心区是一个特定的环境,公共性强,人流量大,拥有大量信息。在城市中心区除了上述的"目的性活动"之外,存在着大量的"非目的性活动",尽管城市中心巨大的信息量给人们带来心理压力,中心区的交往活动具有短暂性、有限介入的特征,但这类交往活动因面对面的真实性使之产生了巨大的吸引力,是城市中心区不可缺少也是城市其他地段无法替代的一种特殊功能。

城市中心区的公共交往是一种自主型参与活动,是否参与公共活动取决于中心区人群的心理状态和物质环境状况。因此,城市中心区公共活动的烈度与参与者、活动环境构成有直接关系,当一个人开始做某件事时,其他人会表示出一种明显的参与倾向,每个人、每项活动都能影响、激发别的人和事,一旦这一过程开始,整个活动几乎总是比最初进行的单项活动更广泛、更丰富,活动的范围和持续时间都会增加。值得引起注意的是,一切交往活动都以步行活动为基础,城市中心区的环境改造应该认真研究步行的行为特点、相互交往的主观因素和环境因素,使每一个人都能轻松自在地去体验、停留直至参与。

(1) 公共交往的基础

公共交往活动可以发生在任何场合,但人与人交往的前提是人和人相遇,相遇是交往的基础,虽然说,相遇是日常生活中极为平常的事情,但绝不能低估它的价值,应该知道,相遇可以被认为是一种最简单或初级形式的交往,但它可以演化为更为复杂的交往形式。所以,鼓励和引导人们参与公共活动首先必须促成人们的相遇,速度、距离和行走路线是不可忽视的因素。

① 速度 速度决定了每个人在一定区域范围内逗留的时间,一个以 5 km/h 速度步行的人与一辆以 50 km/h 速度行驶的汽车相比,他就把逗留时间延长了 10 倍,在慢速运动状态下,人们有足够的时间去感知事物和分析处理视觉印象,人们会更多地去关心身边的事情和环境,会关注橱窗、小品和过往的行人,并对所"碰到"的人和事做出种种评价或反应。把机动车交通从城市中心区分离出去,有利于步行者以轻松的状态进行活动,显然,慢速移动有利于活动的发生,是实现公共交往的有利因素。

② 距离 人类学家爱德华.T.霍尔认为人类的知觉器官有两种类型:距离型感受器官(耳、眼、鼻)和直接型感受器官(皮肤和肌肉)。这些感受器官有不同的分工。对于公共交往,距离型感受器官有特殊的重要性,距离与交流强度存在着对应关系,霍尔在《隐匿的尺度》一书中定义了一系列社会距离,几乎在所有的接触中,人们都会有意识地利用距离因素调节着交往的强度,如果共同的兴趣在加深,参与者之间的距离会缩短,相反,如果兴致淡薄了,人们之间的距离也就会拉大。

③ 行走路线 步行者对步行环境有一系列不同要求:步行者对路面铺装材料相当敏感,卵石、沙子、碎石以及凹凸不平或过于光滑的地面在

大多数情况下都是不理想的;此外,步行需要空间,使人们不受阻碍和推搡,不太费神地自由行走是基本的要求;对行走路线,通常人们首选"走捷径"。由于步行是一个消耗体力的过程,大多数人能够或者乐意行走的距离是有限的,在日常情况下步行的距离是400~500 m,对儿童、老人和残疾人来说,适宜的步行距离还会更短一些,因此,在步行地带应配置大量的坐椅支持步行行为的延续。

总而言之,慢速移动、近距离和一致的行走路线是出现公共交往活动的基础。

(2) 公共交往的环境因素

城市中心区的公共交往活动与活动参与者的心理状态相关,但环境因素对公共活动的发生、发展起着重大作用。假如城市中心区的所有人群一直处于运动状态,无论是快速还是慢速,都无法进行正常的交往,参与共同的活动,因此,城市中心区仅仅提供宜于步行的空间仍然难以满足公共活动展开的需要,必须创造适合人们相聚的空间,为公共活动提供相宜的场所。

公共活动场所必须具有宜人的气候条件,配置有利于活动展开的设施,保持与公共活动相一致的氛围。

① 宜人的气候条件。城市中心区的公共活动与气候相关,宜人的气候条件指人们适宜在户外活动的自然气候条件。显然,气候条件与城市所处的地理位置有直接关系,在不同经纬度的城市有不同的气候条件,所要解决的问题也不一样:南方城市要求避免高温和阳光的直接照射,夏季高温时应采取种种人工的或自然的因素进行遮阳处理;北方城市则应该认真研究人们在低温、强风状况下的活动规律,为人们的户外活动提供条件。当然,城市中心区的公共活动是自主型活动,在特别不利的气候条件下,人们必然会减少在户外逗留、活动的时间,因此,城市中心区的公共环境设计是在大气候背景下解决微环境的小气候问题,"在大多数时间,户外活动的人都要有直接阳光并避开风吹才感到舒适,除了最热的暑天,在所有其他的日子里,风大或阴处的公园和广场实际上无人光顾,而那些阳光充沛又能避风的地方则大受欢迎,可见,适宜的气温、充沛的阳光、避开强风是日常户外活动理想环境的标准"[14]。

在城市中心区高层建筑较多,高层塔楼特别是板式高层常常会产生局部气涡流形成强风,并投下大片阴影,产生不利的气候条件,城市中心区的环境设计应该使休息、活动避开这些地段,安排在具有良好日照的地段,在小尺度环境构成上下工夫,采用树木、树篱等设施来改善环境景观,增加城市中心区外部空间的吸引力。

当然,宜人的气候并不是指恒温、恒湿的标准舒适气候。创造一种适宜于户外活动的小气候环境,消除不利人工因素的影响,抵御坏天气对活动的干扰,有利于促进城市中心区公共活动的发生和发展。

② 公共设施的布置。城市中心区的外部环境是由众多因素构成的,灯具、护栏、标志、指示牌、雕塑、喷泉、水池、花台、台阶、草坪、树木、垃圾筒……这些因素都有明确的功能与意义。从支持城市中心区公共活动的角度来分析,座位是一个重要的因素。坐椅可以提供休息的机会,更重要的是延长了人们在某一区域或某一地段逗留的时间,创造了公共交往的机会。

关于座位的布置有多种方式,但许多设计把座位布置在广场的中间区域填充广场的空白而忽略了最基本的心理学考虑。一方面,在选择座位时人们首选靠墙或靠柱的座位,使背部得到"保护"以获得安全感;另一方面,人们还常常选择凹形角落的座位,便于在保持个体空间完整的前提下方便交流。因此,座位的布置应该精心规划,通盘考虑场地的空间与功能分布,对于适合小组人群交往的座位应充分研究坐椅指向的关系,满足相互交往的需要;对于适合于一般交往活动的坐椅布置,应该使坐椅有共同的指向性以便在某一共同事件或共同活动的过程中形成交往的机会。显然,从交往、安全的角度来看,座位沿公共空间的周边布置比在中间布置更具有使用价值。

除了满足心理学的要求之外,座位的布置必须考虑座位的朝向、视野和气候的要求。座位的数量影响公共活动的展开,太少的座位会出现拥挤,但太多的座位又因无人使用产生空荡荡的萧条印象,都不利于公共活动的发生、发展,应该按照空间的位置、规模和可能发生的活动合理确定座位的数量,以相对较少的基本坐椅和大量具有座位功能的台阶、基座、矮墙、水池边沿、花台等作为辅助座位来适应公共活动中人数变化的要求。

③ 公共活动的氛围。城市中心区公共活动的氛围与空间尺度相关,关于广场规模,最著名的比例是由卡米诺·西特在研究了大量欧洲城市广场之后提出的,一般古老城市大广场的平均尺寸是 465 英尺×190 英尺,即 142 m×58 m[15]。心理学方面的研究对距离也提出了一系列数据,认为 100 m 是一个非常重要的尺寸,在 100 m 距离内人们能够有把握

确认一个人的性别、大概年龄和举止,并根据其服饰、走路的姿态判断是否是熟人;在 30 m 处,可以看清人的面部特征、发型和年龄;在 20～25 m,大多数人能看清别人的表情,在这种情况下,见面才开始变得真正令人感兴趣,并具有一定的社会意义。从上面的分析与比较可以假设,城市公共活动的场地对角线不宜大于 100 m,真正具有交往意义的距离应该在 25 m 以内,在城市中,巨大的外部空间也常常会因活动的规模自然地划分为小尺度的环境被使用。

外部空间的尺寸限定了空间的绝对规模,但最吸引人的因素是发生在其中的公共活动,关于这一点,有两个研究成果值得引起注意。

① 阿尔伯特.J.拉特利奇在《大众行为与公园设计》一书中认为,"人看人"是人的一种天性,建筑师 C.M.迪西认为"在公园吸引人的诸多因素中,压倒一切的王牌正是其他的人"。人们喜欢观看别人的"表演",同样,又存在以被别人观看为乐趣的倾向,所以,每一个活动场地都是一个自我表演的潜在舞台,人们随时可以变换"演员"与"观众"的角色。城市中心区作为公共场合具有与公园相似的地方,同样会强化人们的这一天性。

② 扬·盖尔在《交往与空间》一书中认为,在户外空间中,人及其活动是最能引起人们关注和感兴趣的因素,并表现一种自我强化的过程,即:有活动发生是由于有活动发生,没有活动发生是由于没有活动发生,通常在一个单项活动之后,可以存在一系列活动发展的可能性。扬·盖尔认为,要使公共活动展开和延续下去,就必须吸引更多的人使用公共空间,并鼓励每一个人在其间逗留更长的时间。

因此,城市中心区的环境设计应该注意到"人的活动"这一最有吸引力的要素,围绕着培育、鼓励和引导公共活动发生、发展这一连续过程,对物质环境进行更新,为人们提供舒适、宜人的空间环境,引导人们积极地参与到城市中心区公共交往活动中来。

4.3.4 空间环境的整合与更新

城市中心区担负着城市公共生活中心的功能,它的区位优势和人流的大量聚集形成了城市功能的高度集中,成为城市的核心,是城市生活的"晴雨表",正是城市中心区的这种特别意义迫使城市中心区以不停顿、不间断的更新与改造来适应、表达城市生活的各种需要,城市中心区的空间形态、物质环境处于一个不断变化、更新的进程之中,成为社会、经济、文化发展的标志。虽然,城市中心区存在着诸多问题与矛盾,但它的区位优势、聚集的价值和意义远远大于它所存在的问题与矛盾,在我国城市化进程加快的总趋势下,城市产业结构调整和第三产业兴起所引发的城市功能的变化必将继续向城市中心区聚集,以现代 CBD 职能为特征的商务办公也会选择具有众多优势的城市中心区,因此,城市中心区的继续发展和更新是一种不以人的意志为转移的必然趋势。

当然,城市中心区的发展对城市中心区的运转将会带来两种相反的可能性:一种可能性是城市中心区更新向积极的方向发展,即通过更新与改造,城市中心区的问题与矛盾逐步得到解决,整体环境与运转效率逐步改善,走向协调;另一种可能性是城市中心走向消极的方向,即城市中心区的更新加剧了现状的问题与矛盾,运转效率继续下降,环境质量进一步恶化,这是一种不能接受的结果。为了确保城市中心区更新向积极的方向发展,必须保持和建立城市中心区的完整性,对城市中心区应实行"有序"更新,通过对最不利因素、最薄弱环节的更新改造使城市中心区的整体环境得到改善,逐步演化为一个协调、平衡的有机整体。

1) 空间结构的重建

改革开放以后,我国城市发展速度加快,城市中心区作为城市最活跃的地区更新速度更快,但计划经济模式的思维习惯、市场经济下城市管理经验的缺乏使城市中心区的整体结构在更新过程中受到了肢解,从一般情况来看,更新速度越快,所暴露出的矛盾与问题越多。城市中心区整体结构的丧失是引发城市中心区矛盾与问题的根本原因。

21 世纪,城市中心区将面临来自三个方面的巨大冲击:①城市化进程的加快和产业结构的调整使第三产业成为新的经济增长因素,具有现代 CBD 职能的商务办公会优先选择城市中心区,这对已经很密集的城市中心区来说,是一个巨大的挑战;②经济增长使家用小汽车普及成为可能,这一倾向意味着即使城市出行总量不变,城市交通流密度也会大幅增加,因此,城市中心区将面临着更为严峻的交通压力;③社会进步使城市居民的生活质量提高,日常闲暇时间增多,即使城市居民出行中心区的目的性活动保持现状水平,但"以出行城市中心区作为娱乐活动"的非目的性活动将会增加,城市中心区作为公共场所必须接纳更多的城市居民参与活动。

城市中心区所面临的挑战是巨大的,显然,以单一因素的更新——建设一幢或数幢大型建筑,开辟一个或两个广场,修建一座或两座人行天桥,布置几个花池……无法满足城市发展的需要。从宏观的角度看,压力和矛盾虽然发生在城市中心区,但必须从城市这个整体出发进行协调,减轻城市中心区的压力,对于城市中心区这一具体的物质环境,应该把它作为一个系统、一个整体来分析、规划、更新和发展。重新构建中心区的结构,提高运转效率和环境质量,使城市中心区的物质环境与城市中心区的公共生活达到新的平衡。

(1) 根据建筑物的性质、功能,外部空间的状况和人流活动规律建设公共活动网络。来自部分城市的消息表明,1998年北京市有109家大中型百货商场,开张营业面积在1万 m^2 以上的商场有60多家,另有100余家正在加紧建造[16],一些大城市出现了大型高级商场过剩、写字楼租赁不出的现象,综合这些表面现象可以看到,城市中心区缺少的并不是大型设施和超高层建筑,而是实实在在的接纳大量人流在市中心活动的场地,城市中心区的更新与改造应该加强公共活动场所的建设,在市中心开辟步行区,开发高层建筑的裙楼屋面,增加可供步行、活动使用的设施,改善城市中心区外部空间的环境质量。

(2) 合理组织城市中心区的交通系统。城市中心区的交通系统应分为两个部分,一方面,加强城市中心区与城市交通系统的高效连接,要特别研究大客运量交通方式——地铁、空中轨道、公交车与城市中心区的关系,减少对地面层的过多依赖;研究城市交通进入城市中心区后"角色变换"的特点,合理选择汽车、自行车停车场的位置,确保"角色变换"的顺行要求,减少因此产生的交叉混乱,提高交通效率;另一方面,根据城市中心区人流密集的特点,以空中、地下自动步行道和电梯、自动扶梯等设施组成多层面的自动交通系统,减少城市中心区活动的体力消耗,提高公共活动的质量。

(3) 创造城市中心区和谐的空间特征。城市中心区是由多种因素组成的,杂乱无章的高层建筑必然会导致城市中心区的环境恶化和视觉混乱,增加人们的心理压力,城市中心区的更新应该合理控制建筑密度和容积率,通过对建筑实体与外部空间关系的研究,充分利用各种自然的、历史的景观因素,按照美学原则重建城市中心区和谐的空间关系,使城市中心区具有良好的空间尺度和基本的物理环境质量,促进公共活动的展开和发展。

城市中心区是由多系统组合而成,城市中心区的更新必须在整体、系统的思想指导下进行,重建城市中心区的整体结构,使城市居民出行城市中心区变成一次次愉快的"旅程"。

2) 适度疏解与功能重组

我国城市中心区（CBD方式）实态调查的数据表明，我国城市中心区CBHI指标普遍较高，并且表现出公共活动强度越高的地段CBHI值越高，这一特殊现象表明，我国城市中心区商业、商务建筑密度很高，继续扩容的可能性很小。但从城市发展的趋势来看，城市规模的扩大和产业结构的调整要求城市中心区必须通过更新改造来适应城市的发展，从前面的分析可以知道，城市中心区迫切需要建设适当规模的停车场、楼来解决城市中心区交通"角色变换"的问题，因此，城市中心区的更新必须突破城市中心高密区物质形态的限定，实行适度疏解和功能重组，在高密度区的外围地带寻求扩容的可能性。

适度疏解可以在城市中心高密区周边地带通过更新和改造建设城市中心区迫切需要的停车场所和交通换乘枢纽，开辟城市中心区外围的疏解道路，提高城市中心区的道路密度，从而解决城市中心区公共活动与城市交通交叉混杂的矛盾，缓和中心区交通压力，提高交通运转效率。

适度疏解与功能整合包括了对城市中心区功能区划的重组，国外CBD发展的一般规律是：CBD发展过程中，现代CBD与传统CBD实行职能分离后将在适当位置重新聚集。虽然，我国CBD建设仍然处于萌芽状态，城市中心区对建设CBD存在种种制约因素，但城市中心区的功能分化并重新组合是一种必然的趋势：现代CBD职能将分离出来向城市中心区交通条件优越的地带聚集，传统CBD职能向原有中心聚集，呈现出集中化、多功能、综合性的发展态势。

上海城市中心区的城市设计表达了"适度疏解、功能重组"的强烈倾向。

上海市城市中心区的规划[17]，以上海人民广场为核心，重建城市中心区的空间结构，充分利用人民公园和人民广场的开敞空间，在保留周边优秀建筑的基础上，在其外围安排了三组现代CBD职能的建筑群，空间上进一步完善了市政府大厦和市博物馆构成的城市中轴线，功能上实现了与东侧传统CBD的分离，交通组织上形成了与城市快速系统的直接连接，适应了上海向国际经济中心城市发展的需要（图4.9）。

城市中心区的交通组织以多系统、平衡发展为原则，所有主、次干道实施机动车、非机动车分道行驶，开设公交专用车道，禁止占道停车，社会停车泊位的设置采取短缺供应政策，限制中心区的停车，减少中心区地面

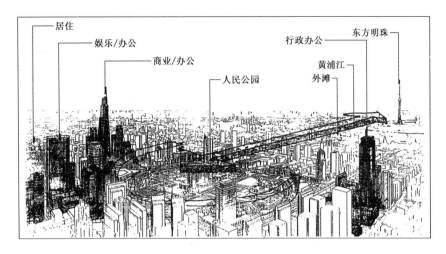

图 4.9 上海中心区空间分析示意图

交通流量,主要步行道设在道路之上的二层平面上,并与人民公园、人民广场相连,共同组成城市的开放空间系统。城市的地铁系统和公共交通是中心区的主要对外交通方式,并以轻轨交通、单轨交通、水上巴士等多种辅助交通形式综合解决区域内的交通。

3) 文脉的延续

城市中心区是城市长期发展的见证,具有特殊的历史意义,它真实地记录了城市的发展进程,其中包含了大量不同时代、不同时期的文物建筑,城市中心区的更新改造必须正确地认识、评价这一历史连续发展的特征,十分慎重地处理好城市历史文脉的延续。对此,我们缺乏清醒的认识,一方面,现代城市的更新不断冲击着传统的城市空间形态,另一方面,我们又斥巨资重建历史文物景观,恢复历史地域格局,兴建系列性的仿古一条街,制造各种现代"古迹",为现代建筑加戴各种"古帽",力争夺回城市的历史风貌,这一"时尚"制造了大量假古董,真不知道数百年之后的考古学家把这类建筑应该鉴定为 20 世纪的"文物",还是清代、明代或宋代的建筑?

在我国古代,城市中心区的街道为公共活动空间,传统的街市生活赋予了城市中心区独特的空间形态,而现代文明的发展要求城市中心区成为现代城市生活的代表和城市社会生活、经济活动的载体。显然,城市中心区的更新改造必须努力探索传统空间形态与现代城市功能之间的协调关系,认真研究和恰当评价城市中心区构成要素的历史、文化价值,运用各种规划技术手段,建立城市中心区历史文化保护与现代化建设之间的平衡,保护城市中心区的历史发展文脉,完善中心区的整体形象,发挥它的历史价值和文化价值。

保护城市中心区历史文脉的延续,并不排斥市中心区更新过程中的创新精神,曾经就任巴黎市长的法国总统雅克·希拉克就巴黎的发展说,"城市不应当永远凝固不变,对巴黎来说,凝固就是灾难,每一个时代都应该在城市中留下自己的标志"[18]。城市中心区更新与发展必须在保护城市历史文脉的同时创造当代的形象与特征,让城市中心区在真实地记载并展现历史过程的同时书写和创造新的历史。

注释与参考文献

[1] 李允鉌著. 华夏意匠. 香港:广角镜出版社,1984:402
[2] 周干峙等著. 发展我国大城市交通的研究. 北京:中国建筑工业出版社,1997:4
[3] 李芳. 国外 CBD 研究及规划实例简介. 现代城市研究,1993(5)
[4] 李沛. 当代 CBD 及其在我国的发展. 城市规划,1997(4)
[5] 魏文斌,徐吉谦. 大城市 CBD 交通特性的探讨. 现代城市研究,1994(3)
[6] 李沛. 当代 CBD 及其在我国的发展. 城市规划,1997(4)
[7] 陈联. CBD 规划研究的前提及方法. 城市规划,1995(3)
[8] 高中岗. 90 年代的中国城市发展. 城市规划,1996(增刊)
[9] 周岚. 论 CBD 的合理规模. 现代城市研究,1994(5)
[10] 阿尔伯特.J.拉特利奇著;王求是,高峰译. 大众行为与公园设计. 北京:中国建筑工业出版社,1990:60
[11] 夏祖华,黄伟康编著. 城市空间设计. 南京:东南大学出版社,1992:206
[12] 阿尔伯特.J.拉特利奇著;王求是,高峰译. 大众行为与公园设计. 北京:中国建筑工业出版社,1990:6
[13] 扬·盖尔著;何人可译. 交往与空间. 北京:中国建筑工业出版社,1992:4
[14] 彼得·波塞尔曼语//扬·盖尔著;何人可译. 交往与空间. 北京:中国建筑工业出版社,1992:165
[15] 卡米诺·西特著;仲德崑译. 城市建设艺术. 南京:东南大学出版社,1990:29
[16] 东方文化周刊. 1999(8).
[17] 周澍临. 上海市中心区城市设计. 城市规划,1997(1)
[18] 史章. 巴黎市长谈巴黎. 世界建筑,1981(3)

5 城市交通与道路系统的更新

城市交通是城市最重要的功能之一,城市各类用地的功能联系,城市中人和物的空间移动主要是通过城市交通实现的,所以,城市交通的意义、价值和影响力远远超过了城市中任何一个功能地块所表现出来的意义,城市的运转效率很大程度上取决于城市的交通效率。

城市交通强度是城市活力的表现,社会文明程度越高,城市经济活力越强,城市交通强度越大。改革开放以来,我国社会进步、经济发展使城市的数量、规模都发生了巨大变化,城市间的社会交往和经济贸易日益频繁,城市活力增强。由于交通设施建设受资金、资源、建设周期等条件的制约,城市交通设施的供应能力总是低于城市交通需求的增长,供不应求的矛盾已经成为几乎所有大、中城市的首要问题。

无论是国内还是国外,现代城市交通都经历了曲折发展的过程,虽然世界各国采取种种对策谋求城市交通的发展,提高运输效率,但城市交通问题依然是一个世界性的难题。我国城市交通具有其特殊性:城市交通设施基础薄弱,虽然城市道路建设的投资巨大,但赶不上车辆增长的速度,两者之间的差距呈现出继续扩大的倾向;其次,在城市交通中自行车交通占有较大比重,如何安排或消化自行车交通是一个不容忽视的课题;我国城市化进程的加快、城市逐步升级、城市规模的进一步扩大必然引起城市交通需求的高速增长,因此,未来城市交通的发展必须综合考虑我国国情的特殊性和城市的地方性特征,寻找符合我国国情和社会进步、经济发展需要的发展模式,引导城市交通向大众化、高效率、低能耗、可持续发展的方向转化。

5.1 城市交通与基本状况分析

我国城市规划长期按照计划经济模式进行运作,1950年代受到前苏联城市规划理论的影响,城市道路系统的建设具有密度低、干道间距大的特点，属于低速交通系统。自1980年代起，我国经济发展出现了持续、高速增长的良好势头，经济增长释放了被长期抑制的交通需求，城市交通设施的供应能力无法满足日益增长的交通需求，使我国城市交通出现了日趋严重的矛盾与问题。

5.1.1 城市交通的意义

城市交通的目的是实现人和物的空间移动，研究城市交通效率不仅仅是研究交通工具的移动速度，而应该全面评价城市交通所引起的城市整体运行的效率，城市交通的意义在于促进城市生活质量的全面提高。

1) 城市交通行为

随着社会文明的进步，现代城市的社会分工越来越细，城市的聚集和规模的扩大实现了城市功能的分离，人们的生活借助于现代交通和通信技术，其活动范围扩大到了整个城市，甚至超出了城市或者国家的界限。显然，城市规模越大，城市的出行总量越大，城市交通越复杂。现代城市的流动包括了人的流动、物的流动和信息的流动与交换：人和物的流动依靠城市交通及它的载体——城市交通设施，信息的流动与交换依靠城市的信息网络。

城市交通是由出行起点和吸引点构成的人或物空间位置移动的行为。城市出行交通与出行的起始点、吸引点，人和物的流向以及通过路线相关，因此，城市交通与城市的功能结构直接相关。剖析城市用地的功能及结构关系，可以把城市交通吸引点分为两种类型：一类是城市内部的交通吸引点，另一类是城市对外交通吸引点。

城市内部的交通吸引点由城市日常生活引起，其特点是交通吸引点引发了城市内部的交通流动，城市吸引点包括：城市中心区，工业企业及仓库，大型文化中心和体育中心，居住区中心，城市公园等等。人们由居住地点根据自己的需要往返于出行起点与交通吸引点之间。

城市对外交通是以城市作为单元的城市交通，这些交通是以城市内的某一点作为转换节点，通过这一节点，城市内部交通与城市对外交通相互转换，这些节点就是我们通常所说的城市对外运输点。它包括：火车客运站、货站、长途汽车站、港口与码头、机场、对外交通与城市道路的节点，借助于这些设施，人们开始了城市间的流动。

概括起来，依照个人出行行为，城市交通可以理解为由出行起点到各个交通吸引点之间的往返流动，它可以在城市内部完成，也可以在城市间进行。当把人们千差万别的出行行为综合起来，便形成了极为复杂的城市交通。

城市交通除了研究城市交通流的起止点的空间关系外，必须研究城市交通发生的时间规律。城市交通中存在着两大类不同出行目的的交通行为：通勤交通和日常交通。通勤交通指因上下班引起的交通，这一类交通受规定作息时间的制约，具有时间集中的特点。在工业化社会，第二产业为主导产业，居住与工业的关系直接影响着城市交通的流向，当产业结构发生变化，第三产业的比重加大之后，通勤交通的流向也发生了变化，由居住区向工业区或第三产业密集区流动。日常交通不同于通勤交通，它是除通勤之外的交通行为，常常以个人出行计划为时间表，出行流量与当地的生活习惯相关，具有相对平稳的特征。城市交通是由这两类交通叠加而成，特别是通勤交通使城市交通流量随时间呈波状变化，我们通常把交通最拥挤的时段称为"交通高峰时间"。

城市交通的方式多种多样，城市居民根据出行的距离选择不同的交通方式。近距离出行通常为步行交通，这是交通行为方式中最普通、最基本的交通方式；远距离出行通常借助于交通工具来完成：自行车、电动自行车、摩托车、出租车、公共汽车、轻轨交通、地铁、私人小汽车、汽船或小型直升机……由于交通工具存在不同的运行特点，所以，城市交通必须合理地组织交通工具的运行，使之达到最佳状态。

城市交通的复杂性在于影响城市交通的因素很多，既包括我们所讨论的起止点的空间关系、交通时间的变化、交通方式的多样化，还包括许多出行者的主观需要——对舒适度的选择，对出行费用的考虑，出行的心理感受，出行的习惯路线，等等。当然，应该记住一个基本原则：城市交通的目的不是车辆的移动，而是实现人和物的移动[1]。

2) 城市交通的理想标准

显然，城市交通为人们提供了往返于城市各功能地块的方便条件，评价城市交通的质量并不是去统计城市拥有多少交通设施或多少交通工具，而应该去观察人们的日常活动是否处于正常的生活状态——无论他们是拥有自己的小汽车或自行车，或者不拥有私人交通工具，他们是否都能方便地出行；城市交通是否令人满意，并不是去看城市的公共汽车是否足够，或者道路是否拥挤，而应该去看一个人的生活是否存在来自城市交通的压力。

因此，研究城市交通的效率和满意程度，应该讨论许多问题：

(1) 城市交通是否满足人们参加各种活动的需要？
(2) 城市交通是否影响人们对居住地点的选择？
(3) 与日常生活密切相关的交通是否令人满意？
(4) 城市货运交通是否真正做到方便、低费用？
(5) 交通系统是否安全以及对环境的影响如何？

对城市交通的评价不能也不应该仅仅停留在对城市交通的工程技术及运行效率分析的层面上，应该更多地去关注城市交通出行者的社会需要和心理影响。无论城市设施如何改进，交通工具的使用如何调整，只要城市居民的日常生活受到城市交通的干扰和影响都会表现出强烈的反应。J. M. 汤姆逊认为，城市居民对城市交通系统的最不满意可以归纳为七类问题，这七类问题几乎包括了与城市交通相关的所有问题，并且它们之间相互影响、相互牵制。可以把它们理解为城市交通问题的七个方面：交通速度、车祸、公共交通拥挤（高峰时间）、公共交通乘客稀少（非高峰时间）、步行困难、环境污染和停车困难[2]。城市交通系统的更新就是随着城市的发展，通过对城市交通设施的改造、建设把城市交通问题降低到最小负面影响的程度，满足城市居民出行的要求。

概括起来，城市交通的理想标准应该是安全、高效、舒适、选择性好、低费用。

安全——交通对出行者不会造成伤害、对环境的影响最小；

高效——交通具有理想的运行效率；

舒适——交通保持合理的舒适度；

选择性好——出行者对交通工具有多种选择；

低费用——交通出行费用低。

5.1.2 城市道路系统的特征

城市交通系统是由交通工具、设有交通管理设施的交通线路和服务设施等组成的一个整体，其中，城市交通线路被公认为是城市交通系统中最重要的组成部分。

城市交通系统是城市整体的一部分，它的构成、运行及发展受到城市整体发展左右。在城市交通系统中，交通工具是最活跃的因素，最易于变化的部分，随着社会、经济发展水平的进步而不断更新；城市交通线路与城市形态、规模及规划思想相关，特别是与建筑物关系密切，它是极稳定的因素，最不易发生变革，因此，城市交通问题不可避免。

1) 城市道路系统模式

城市道路系统与城市发展水平是一致的,它反映了城市的发展状况,尽管城市道路具有相对的稳定性,但人类仍然力争使之适应交通活动的需求,适应城市发展的需要,一般情况下,城市道路系统随着城市的发展而发展。

(1) 基本图形

城市道路网最古老的形式是自由式道路网,这是古老城镇的共同特点:街道狭窄而弯曲,有很多交叉点,具有蔓生的特征,任意生长和发展,仅适合步行交通。

城市道路网的基本图式是放射式和棋盘式。放射式道路网是由某一中心点发展起来的小城镇形式,这种图式保证了城市边缘部分与城市中心的方便联系,但城市边缘各区之间交通不便,实际上,在交通流量不大时,这一图式会促进中心区的繁荣,当交通流量较大时,不可避免地造成中心区交通的过量而引起堵塞和拥挤(图 5.1);棋盘式道路网是按照拟定的平面图发展起来的规划图式,这种图式的特点是没有明显的中心节点,所有干道上的交通量分配比较均匀,由于道路网由平行道路构成,整个系统的通行能力大,但沿对角线方向缺少便捷的联系(图 5.2)。

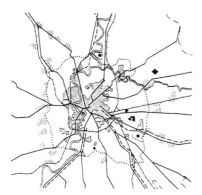

图 5.1　放射式道路网　　　图 5.2　棋盘式道路网

为了克服基本图式的弊端,城市道路系统出现了改进型图式。①"放射+环形":"放射+环形"道路系统是在放射式道路系统上通过增加环形道路建立放射道路之间的联系,并且把原来向中心点聚集的交通疏散到城市中心区的外围环路上,这样做克服了放射道路系统的缺陷,但放射道路与环形道路之间的交通流量仍然不均衡(图 5.3)。②"棋盘+对角线":"棋盘+对角线"系统是对棋盘式道路的进一步完善,是在矩形网格上增加对角线道路,保证在城市最主要的吸引点之间建立起最便捷的联系(图 5.4)。

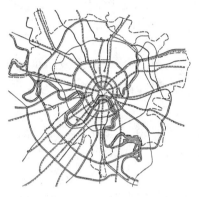
图 5.3 "放射+环形"道路网

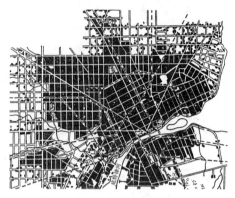
图 5.4 "棋盘+对角线"道路网

现代城市是一个不断发展的过程,每个城市都有特定的地形条件,不同时代使用不同的交通工具,所以,大多数城市旧区的道路结构与城市外围发展地区道路系统并不一致,城市道路系统表现出多种道路图式的综合。

(2) 城市道路分类

不同的城市道路在城市道路系统中担负着不同功能,因此,城市道路存在着不同的等级划分。一般情况下,城市交通按其特性可以分为两大类:一类为通过性交通,城市交通与城市道路两侧的用地不发生联系,车辆行驶速度快,道路尽可能通畅;另一类为出入性交通,道路两侧用地提供到达和离开的服务,要求进出方便,保持交通与活动的良好衔接,对交通速度的要求服从于活动的要求。根据城市的交通特性,城市道路应该分为三个基本层次:承担高速、快速交通的道路,通过性极强,严禁两侧用地直接开口;城市主干道路,以通过性交通为主,原则上禁止两侧用地直接开口;服务性道路,以地块出入交通为主,允许两侧用地直接对道路开口。

为了保证城市交通的效率,各层次道路应实行有序连接,同一层次的道路或相邻层次的道路可以相交,不同层次的道路应避免越级相交,即每一层次的道路服务于更高层次的道路,为高层次道路起聚集和疏散作用。在城市中,地块内交通应通过服务性道路进入城市干道或城市高速路,再经城市干道,通过服务性道路到达目的地,完成交通行为。

各国对城市道路的分类大多根据各国交通的特点划分,但划分层次基本相似,美国是汽车交通十分发达的国家,对城市道路的分类极具代表性。

美国把城市干道划分为五个等级:高速路和快速路;主干道路;次干道路;主要集散道路和次要集散道路;地区道路。城市的快速路、主干道路主要用于机动车长距离出行,其基本功能是通过性的,所以,特别强调禁止或限制两侧用地范围内的交通直接进入城市干道,即使在城市中心区,也应该通过低一级道路建立与城市干道的连接,以保证整个干道系统的畅通。集散道路具有通过性交通和出入性交通的双重职能:一方面,它服务于高一级道路,作为高级道路的支撑,起着聚集和疏散交通的职能;另一方面,它又作为用地内主要交通道路,深入到居住区、商业区、工业区的内部,满足各区域内各种活动展开的需要。地区道路是地块内部道路,主要解决建筑物中的交通行为,是对集散道路交通的进一步疏解。

(3) 轨道交通

除了以汽车作为交通工具的交通方式外,城市交通还存在着一种适合大流量运输的交通方式——轨道交通。轨道交通的主要形式有地下铁道、地面有轨电车和空中轨道交通。

地铁由地下铁道隧洞线路、车站、出入口、通风亭、运行控制系统和服务设施组成,由于整个系统在城市地下,所以,地铁运行不受城市地面交通影响,具有客运量大、速度快、能耗低等优点。地面有轨电车是一种传统的地面轨道交通方式,行驶在专用的地面轨道上,通过对车辆及运行设备的技术改造,现代轻型有轨电车具有交通安全性好、客运效率高、营运成本低、噪音干扰小、工程量较小等优点。空中单轨、轨道交通以支柱安装承重单轨,采用悬挂式或悬托式进行运输,轻轨交通的形式较多,除钢轮钢轨系列外,还包括跨座式单轨交通、新交通系统空中客车以及线性电机车等,由于不占用城市道路,所以空中单轨、轨道交通不受地面交通的影响。

城市轨道交通采用电力作为牵引动力,节省能源,无废气排放,对环境影响小。由于在专用轨道上行驶,相互干扰少,具有客运量大、速度快等优点,特别适合于长距离和稳定客流量的交通出行。

2) 我国城市交通现状

城市交通必须适应社会、经济的发展,必须适应城市发展的需要,与城市相协调的城市交通系统是城市高效率运转的保证。当前,现代城市交通正进入以信息化为目标的时期,一个以道路建设、客货运体系和交通控制管理共同组成的快速、便捷、舒适、高效的城市交通系统是衡量城市现代化水平的重要标志。我国城市交通状况,与这一水平相比,存在着较大差距,我国城市交通现代化必须根据我国城市交通特有的问题与矛盾,制定适合我国国情的发展目标和对策,使我国城市交通逐步实现现代化。

(1) 问题与矛盾

我国城市普遍存在不同程度的交通问题,主要表现为:"车—路"矛盾激化,管理技术水平低下。其结果是,城市交通效率下降,城市越大,城市交通问题越复杂,城市交通效率越低。

我国城市车辆的快速增长和城市道路的相对缓慢增长使城市交通供需矛盾扩大。据统计,1983年全国城市机动车保有量约200万辆,比1977年翻了一番;1994年城市机动车保有量已接近1 000万辆,2009年底,我国汽车保有量已达7619.31万辆。根据我国小汽车增长分析,1980年代以来,我国曾经出现了两次小汽车拥有量大幅度增长的现象:第一次是1985年(33.3%)、1986年(42.3%)、1987年(27.0%)连续三年大幅度增加,第二次是1992年(31.9%)、1993年(55.6%)连续两年大幅度增长,2010年全国小汽车保有量约为2 200万辆。小汽车的大幅度增长远远超过了城市道路建设的供给能力,引起当年及随后几年城市交通恶化。

尽管我国投入大量资金用于城市交通设施建设,但"车—路"矛盾并没有得到缓和。1990年代以来,虽然城市道路面积持续以10%~13%的速度增长,但机动车的增长速度更快,车辆对城市道路的拥有面积以每年10%~15%的速度迅速下降。东南大学徐吉谦先生把我国12座大城市的城市、道路用地资料与发达国家10座城市进行比较,认为按现代城市交通的标准,我国的用地指标明显偏低。北美、西欧与日本的特大城市人均用地为836.5 m^2,我国特大城市实际人均用地为61.55 m^2,相差达12.6倍;发达国家道路面积的用地率为17.05%,我国为6.95%,相差1.4倍;发达国家人均道路用地面积为21.4 m^2/人,我国为4.22 m^2/人,相差4.1倍;发达国家城市道路网密度为16.21 km/km^2,我国为4.85 km/km^2,相差2.3倍[3]。

我国城市道路系统除了道路面积严重不足之外,城市道路网密度低、干道间距过大、路网级配不合理、交通生成点与干道系统缺乏过渡性连接,再加上大量的自行车交通和摊商、机动车停车侵占道路,使城市道路短缺的问题更加严重,与车辆的快速增长形成了强烈反差。城市交通效率低下,平均车速急剧下降,一般城市干道机动车运行速度只有10～20 km/h,上海市中心区约有50%的车道高峰时饱和度达到95%,全天饱和度超过70%,这些路段终日繁忙,十分拥挤,中心区平均车速为10 km/h左右[4]。

与公共交通相比较,城市出租车行业和自行车交通出现了大幅度增长。1994年,全国城市拥有出租车393 315辆,2010年为903 734辆;全国城市自行车拥有量约为1.8亿,骑车适龄人口的拥有水平为每人一辆,大多数城市自行车的拥有量已接近饱和,居民出行方式中自行车交通占有绝对优势。并且,城市越小,自行车交通量越大,特大城市中自行车出行与公共交通的比例为69∶31,大城市为78∶22,中等城市为94∶6。虽然,自行车交通方便灵活,出租车提高了交通的行车速度,但大量的自行车、出租车并不能提高城市交通系统的运行效率(表5.1)。

表5.1 城市三种主要交通工具通过交叉口的乘客能力(人/h)

车种	通行能力 (辆/车道时)	每车乘数 (人)	车道宽度 (m)	3.5 m入口车道 (通过乘客人数/h)	以小汽车 通过能力为1
自行车	1 100	1.0	1	3 850	1.8
小汽车	1 400	1.5	3.5	2 160	1.0
公共汽车	900	32	3.5	28 800	13.3

注:公共汽车载客40人,乘以0.8的饱和系数。

由于历史和认识方面的原因,我国城市交通控制管理和交通安全管理的现代化设施较少。采用信号控制的平交路口不但数量少,而且还停留在单点定周期阶段,线控及区域控制只在少数城市的部分道路采用。交通安全设施落后,各种交通标志、标线不仅量少,而且不明显,应用有效性差。以北京与东京进行比较,两座城市都有交通管制中心,但北京交通管制中心控制的交叉口数只是东京的3%,交通标志数是东京的7%,人行横道数是东京的4.8%,人行天桥数是东京的3.6%,地下人行过街数是东京的5%。北京是全国城市中交通管理设施最好的城市,其他城市的交通管理状况可见一斑。

交通管理设施的不足和管理水平的低下使我国交通事故率居高不下,据世界道路联盟(IRF)1994年的统计,1993年全世界机动车拥有量为70 925万辆,交通事故死亡为489 066人,平均每万辆车死亡人数为6.7人。1994年我国因交通事故死亡66 352人,平均每万辆车死亡人数为22.1人,比全世界万车交通事故死亡率高2.3倍,我国城市交通事故死亡人数较少的北京万车交通事故死亡率为6人,而东京仅为1.9人,美国和澳大利亚为2.6人,英国为2.7人。

总而言之,我国城市交通的问题与矛盾主要表现为车多路少,自行车交通趋于饱和,城市交通管理手段落后,交通拥挤堵塞,效率下降。城市交通问题表现为:大城市比中小城市严重,城市中心区比城市边缘地带严重,并存在着恶性循环的倾向。

(2) 成因分析

我国城市交通问题与矛盾是由多方面因素引起的,其主要因素是投入不足、运转不当、体系不全和规划决策的失误。

① 城市道路建设资金投入严重不足

我国城市交通的突出矛盾是城市交通设施与城市交通行为之间的供需失衡,根本原因在于城市交通设施、城市道路的建设资金投入不足。按世界各国的一般做法,政府把对道路的投资控制在国民经济生产总值的2%左右,美国1988年对道路的投资总额为690亿美元,约占同年国民经济生产总值的1.9%,日本自1962年始对道路的投资一直控制在国民经济生产总值的2%以上。联合国社会发展部在总结许多国家经验的基础上,建议经济发展中国家对城市基础设施的投入应控制在国民经济生产总值的3%～5%。若按我国以往几年投资比重折算,城市道路交通资金应占1%～2%。

由于我国城市道路交通是市政建设,属于城市基础设施,应由城市财政解决。多年来,在城市基础设施投资短缺的情况下,城市道路建设投资常年不足:我国"一五"和"六五"期间,道路交通投资在城市基础设施投资中的比重分别达到44%和40.3%,其他时期的投资比例较低,一般为35%左右,按占国民经济生产总值的比重折算,最高年1993年为0.6%,1994年为0.46%,均低于城市道路交通应占国民生产总值1%的年均数。从实际投资看,1993年城市人均道路交通投资仅为63.31元,1994年降到56.72元。

城市道路交通投资的严重短缺使城市交通效率下降,虽然城市交通不直接创造财富,但城市活动直接受到城市交通的制约与影响。据上海市一份资料分析,由于道路建设滞后,交通阻塞所造成的经济损失每年高达48亿元,约占上海市当年国民生产总值的6%[5]。

② 道路混杂与交通混行

由于我国的文化传统和对街道空间价值与意义的不同理解,所以在现代交通与传统街道的对应关系上已经形成了我国特有的使用习惯,这一习惯导致了对城市道路功能、性质等界定的模糊不清,由此引起了规划、设计和使用方式的混乱。

我国对城市道路的界定以道路断面宽度为依据而忽略了道路的功能、性质,道路的分级办法和任意连接使城市道路系统缺少层次。1950年代,按照前苏联的经验,采用大间距干道路网(间距为 600~1 000 m),使城市交通过度集中于贯通性强的交通干道上,不利于机动车、非机动车分流,不利于不同出行距离交通的分离。另外,我国街市生活习惯加剧了交通矛盾,虽然,规划原则对道路性质分为交通性道路和生活性道路,但是,城市道路建设的现实表明,城市道路性质与道路两侧用地的建设和交通管理措施并不一致:大型公共设施大多集中于城市交通干道的两侧,交通性越强,交通流量越大,公共设施越多,公共性活动越剧烈。为了保证城市干道的通畅,采用大量的隔离栅栏进行分离,其交通性、生活性都无法得到满足;在我国城市道路并不宽裕的状态下还存在着严重的非交通侵占现象,一般大城市干道的人行道大多为自行车停车、公共交通站点或其他临时设施所占用,次干道及支路用于农贸与小商品交易,摆摊设点,使本来就严重短缺的道路面积更加紧张。

在这种道路状态下,城市交通还存在着长短距离交通、快慢速度交通混行的现象。通常所说的步行、非机动车、机动车交通其实已经分化为多种交通工具的组合,在南京,城市交通已经分化为自备交通工具、运营交通工具两大类约 14 种交通工具的混行[6]。道路等级、功能的模糊不清和多种交通的混行必然诱发大量的城市交通问题与矛盾。

③ 单一的交通运输体系

以轨道交通为骨干的城市交通客运体系是一个现代化大城市不可缺少的必要条件,巴黎的城市公共交通是由地铁、郊区火车、公共汽车、郊区公共汽车和私人大客车组成,日客运量可达 830 万人次[7],在一定程度上缓解了巴黎通勤交通的压力。由于我国是发展中国家,经济发展水平相对较低,用于城市基础设施的投资长期不足,自 1967 年北京地铁建成以来,全国先后有数十个城市提出了建设地铁和轻轨交通的计划,但由于建设资金的不足,城市轨道交通的发展十分缓慢,地面层汽车交通成为唯一的交通方式,城市交通特别是通勤、通学交通只能依靠地面交通实现,其中,自行车交通占有相当大的比重。据南京、郑州、徐州等城市的统计,自行车交通占通勤交通量的 76.65%,显然,自行车交通在城市交通结构中比重过大,部分自行车交通是"不得已而为之"。长期以来未能建设以轨道交通为骨干的综合运输体系,是引起我国大城市交通问题与矛盾的结构体系方面的原因。

④ 规划决策的失误

城市交通建设是一项系统工程,既要研究城市整体发展与城市交通发展的协调性,又要研究城市交通需求与城市设施供应的平衡,还要考虑建设资金投入与效益的关系。但是,我们对现代交通的特点认识不足,对建立综合的、层次分明的交通系统缺乏理解,对日益增长的交通需求准备不足,缺少科学的、系统的交通战略规划,使城市交通设施供应与城市交通需求的矛盾日趋严重。

长期以来,我国城市始终没有处理好城市发展与道路建设的关系。近几年来,为了适应城市形态的扩展,我国城市道路建设主要集中在城市外围和新区,对城市旧区的道路改造投入相对较少,城市中心区的道路面积率一直维持在低水平状态,而大量的房地产开发项目又过分集中在城市的旧区,特别是城市的中心区,建筑密度、建筑容积率比原先翻了几番。大规模的房地产开发与城市道路建设的错位使城市交通的供需矛盾更加突出。面对日益严重的城市交通问题,有限的城市建设资金又常常用于拓宽干道、建设立交桥、开辟外环路,忽视了城市次干道和支路的建设,造成了城市道路系统的结构性失衡,城市干道系统缺少低等级道路的配套与支撑,城市交通过度集中在有限的城市干道上,导致车辆运行不畅。此外,城市交通建设没有认识到静态交通设施在城市交通体系中的重要作用,忽视了交通管理标志、信号设施、公共交通站点、停车场的建设,机动车、非机动车分流难以实现,直接影响了道路的通行能力。建设重点和建设次序的决策偏差和城市交通的多头管理无法避免城市交通规划建设中的随意性、盲目性和短期性建设行为。

综上所述,城市交通的问题与矛盾的日趋严重并不是由某一因素或某一方面影响造成的,是长期积累的结果,而城市交通需求与城市交通设施供应这一对矛盾的不断扩大是引起城市交通问题的直接原因。

5.1.3 影响我国城市交通发展的三大因素

在 21 世纪,我国城市交通发展战略受到城市化进程、私人小汽车普及和自行车交通转移三大不确定因素的影响,这三大不确定因素将直接影响城市交通需求的变化,进而影响我国城市交通设施的建设。

1) 城市化进程

21世纪,我国城市化进程加快,人口将进一步向城市集聚,这一趋势将对我国经济发展产生强大的推动力,使城市交通需求总量出现大幅度增长。据专家推测,在2030年代前后,我国人口将稳定在16亿左右,城市化水平为55%,大约有4亿人口从农村转移出来,4亿人口如何转移对我国未来城市发展和城市交通发展存在着巨大影响。在1980年代,我国通过扶持农民就地转产,兴办乡镇企业,建设小城镇,以"离土不离乡"的方式成功地实现了农村富余劳动力的就地转移。长期以来,我国一直主张"严格控制大城市的规模,合理发展中等城市和小城市",期望把城市化过程中的人口转移消化在中小城市和建制镇,缓解大城市人口增长的压力。但是,从城市用地的效率和国民经济发展的角度来看,似乎这并不是最优方案。据统计,我国城市人均用地平均水平大城市为68.7 m^2/人,小城市为88.6 m^2/人。假如适度调整城市用地指标,改善大城市的环境问题,大城市的用地仍然较为紧凑,这符合我国可耕地偏少的国情。此外,大城市具有强大的聚集效益,1993年全国32个百万人口以上的大城市以7.6%的城市人口占有1/4的国民收入,全国工业生产产值的1/4集中在大城市,社会商品零售总额的1/4通过大城市实现,这表明大城市在市场经济格局中存在着巨大的发展潜力。

无论我们如何消化农村转移的4亿人口,在未来城市体系中,城市交通需求的大幅度、快速上升是不可避免的。城市化进程的实质是社会经济结构的调整,城市的发展包含了产业结构的重组与城市用地的置换,高层次产业比低层次产业带来更多的交通量,这迫使城市必须面对大幅度增长的城市交通需求,即使我们把人口分散在建制镇及中、小城市中,但在以经济中心城市为核心的城市群体系中,大、中城市作为信息交换、物资集散的中心具有不可替代的作用,中心城市逐步成为地区的交通集聚和扩散枢纽,产生强烈的吸引力和辐射力。

未来城市化进程使我国人口进一步向城市集聚,巨大的城市交通需求对我国城市交通产生难以估计的影响,随着我国城市化进程的加快,城市交通形势将更加严峻和尖锐化,如果不及时给予重视,必然会导致多方面的社会矛盾,成为制约我国经济持续增长的一个关键因素。

2) 私人小汽车的普及速度

私人小汽车的普及是时代发展的趋势,但私人小汽车的普及速度对我国城市交通来说却是一个十分敏感的问题,其道理非常简单,我国目前城市交通状况及城市交通设施的供应能力无法接纳私人小汽车的普及。

我国汽车产量1996年为154.3万辆,我国汽车产业政策的出台确定了汽车工业作为国民经济支柱产业的发展目标。根据《中国家用轿车发展战略研究》报告,我国未来汽车工业发展的目标是实现战略重点的转移,在2000年或稍长一点时间,从生产载重汽车为主转向生产小汽车为主[8]。在2000年、2005年、2010年我国小汽车的产量分别为120万、220万、350万辆,到2010年,我国小汽车保有量为2 200万辆,全国小汽车的保有率为15.8辆/千人(1994年为1辆)。全国大城市将拥有1 500万辆以上的小汽车,再加上货运交通,大城市进入了完全汽车化的进程。

在我国,私人小汽车使用的分布状态受到我国城市规模与结构形态的影响,我国城市化仍然处于初期阶段,小城镇及中、小城市一般采用紧凑的单核同心圆模式,除居民远距离行程,一般日常生活、生产均不需要以小汽车代步。但对10个大城市实态调查表明:城市现状平均人口为341.1万,市、郊总面积平均值为1 983 km^2,当量半径为24 km,其中建成区面积平均为164.4 km^2,当量半径为7.1 km,也就是说,郊区范围一般在建成区以外20 km的城市圈内,这一范围比较适合小汽车出行。这决定了我国小汽车将首先在大城市普及。

私人小汽车普及的最大障碍是城市交通设施,特别是城市道路的供应能力不足。工厂生产流水线可以用5 min制造一辆小汽车,而城市根本无法以同样的速度拆出并铺出一辆汽车行驶与停放所需的道路面积。虽然私人小汽车具有门对门、个人出行交通时间短、舒适方便等优点,但是,就城市交通而言,小汽车交通并不是高效、经济的交通方式,就单位乘客所占用的道路面积进行比较,在常速交通中,公共汽车、自行车、小汽车的占用道路面积比为1:4:40,小汽车属于高消费、高污染、低效率的交通工具。由此可见,发展私人小汽车不是解决城市交通拥挤的根本出路,在现状条件下普及私人小汽车无疑将进一步加剧城市交通供需失衡的尖锐矛盾。

普及私人小汽车的时机与速度将成为影响我国城市交通发展的一个敏感因素。显然,普及私人小汽车不仅是一个交通问题,更主要的是一个经济问题、社会问题,应该在社会、经济大背景下进行思考,根据城市的规模、性质及经济水平等因素对私人小汽车的普及实行宏观调控。城市交通作为社会公益性事业,应该从积极的方面做好思想和物质准备,把城市交通设施的供应能力与普及私人小汽车的时机协调起来,以适应其增长的需要。

3）自行车交通的转移

自行车交通在我国城市交通中占有十分重要的地位,多年以来,自行车已是城市居民首选的日常代步交通工具,在未来城市交通体系中,自行车交通方式是继续维持现状,还是转化为公共交通,或是升级为家用摩托车、小汽车,都将直接导致整个城市交通结构和城市道路体系的改变。

自行车在我国大量普及,成为城市居民出行的主要方式是由我们社会、经济发展水平和使用习惯所决定的。自行车作为个体交通工具有许多优点:灵活方便、自主性好、适应性强、出行成本低、经济耐用、便于维修、静态占地小、功能多,适合于日常购物、通勤等日常短距离出行交通。但是,自行车交通存在着一些不利因素,易受碰撞,安全性差,舒适性受气候及环境影响较大,易受干扰,行驶速度慢,不适合远距离交通。在城市交通中,自行车交通的持续增长似乎在很大程度上缓解了公共交通紧张的局面,其实,对城市整体交通环境带来了冲击。大流量的自行车交通使道路负荷过重,不少城市干道或路口高峰时间自行车流量高达2万～3万辆,呈饱和或超饱和状态,形成阻塞。机非混行又是诱发交通事故的主要原因,在许多城市,自行车交通事故约占总事故量的1/3。

对于自行车交通的发展前景,我国学者大多持"适度发展自行车交通"的观点(苗拴明、赵英,1995;曹继林,1996)。东南大学徐吉谦先生等认为,我国城市交通应该注意自行车交通的特征,发挥自行车近距离交通的优势,提出了自行车出行的合理适用范围:自行车出行适应时域、空域的合理范围应为0～30 min或6 km以内,其主导时域、空域范围应为0～20 min或4 km以内[9]。建议我国城市交通应调整交通结构比例,逐渐降低自行车交通的比重,缓解城市交通的矛盾。

值得注意的是,由城市自行车交通方式不断转移出来的交通流量应该由何种交通方式接纳,是发展大运量的公共交通,还是由私人小汽车替代,这对城市交通的发展将产生重大影响。

面对现状的矛盾与困难,我国城市交通的发展必须尽快缩小城市交通设施与城市交通需求增长的供需矛盾,同时,不能忽视城市化进程、私人小汽车普及和自行车交通转移等三大不确定因素对城市交通发展方向的影响,我国城市必须在不断发展中解决城市交通的矛盾与问题,促进我国城市的合理协调发展。

5.2 城市交通更新的基本对策

21世纪,我国将迎来社会和经济持续、稳定发展的大好时期,城市化进程的加快和三次产业全面现代化必将引起城市交通需求的大幅度增长,城市交通规划必须采取发展与调控相结合的方针,满足社会发展、城市发展的需要,加大投资力度,加强城市交通设施的建设与发展,使之与城市交通需求的增长相适应,同时,通过法规、政策和经济措施对出行交通方式的结构关系进行引导与调整,使城市交通设施的供应与城市交通需求趋于协调。

当然,我国城市、城市交通的发展有我国的特殊性,城市交通设施基础薄弱,建设不力,城市交通设施供应存在较大缺口,而现代交通工具对城市交通的冲击迅猛,两者之间的供需矛盾日趋尖锐,因此,我国城市交通的发展必须面对城市现状,城市交通现代化必须建立在城市交通现状的基础上。

5.2.1 对策——建立多系统综合交通体系

城市交通是一个综合的系统工程,涉及城市生活的各个方面,城市交通的发展必然受到社会、经济、文化以及生活习惯等多种因素的影响,解决城市交通问题是世界性课题,世界各国根据本国的实际情况发展城市交通,理所当然,我国城市交通的发展必须符合我国的基本国情,采取渐进的发展方式逐步实现城市交通的现代化。

1) 交通行为预测

在城市化进程加快的大背景下,城市规模的扩大,产业结构的调整,特别是市场经济体系的日趋完善,将进一步增强经济发展的活力,促进物资的交换和人员的流动,可以预见,城市交通需求将会出现前所未有的大幅度增长。

周干峙、徐巨洲、马林先生在《发展我国大城市交通的研究》中曾对我国城市居民出行交通进行总量预测:到2010年,全国城市人口约有3.6亿人(不包括集镇人口),按照我国目前大城市中心区居民平均每天出行2.7次的标准,城市居民出行的交通总量将达到2 500亿人次,考虑到我国的实际情况,在城市未来的客运交通结构中,公共汽车交通占25%～35%,轨道交通占5%～10%,公用和私人小汽车占10%～15%,其余

40%～60%为自行车和其他交通[10]。这是一个宏观的总量预测,在特大城市中,小汽车与轨道交通的比重将超出上述指标,而中、小城市,自行车交通仍然占有较大比重。

可以预见,在未来,我国城市交通需求将出现新的变化。

(1) 城市交通需求总量将明显上升

根据专家预测,2010年前后我国城市化水平将达到45%左右,50万人口以上的大城市的人口绝对数接近3.3亿,庞大的人口基数将意味着城市客运流量和货物运量的成倍增长。

(2) 长距离出行交通增加

城市化使城市发展出现了两个显著变化,城市地域、空间规模的扩大和城市产业结构的调整与重组。城市将在地域规模扩大时,以"同质结块"的方式实现城市结构的调整,第三产业在城市中心区集聚,第二产业用地被置换至城市外围地带并扩大其规模,城市居住用地将得到较大发展,城市结构的调整和重组意味着长距离出行交通,特别是长距离通勤交通的明显增加。

(3) 城市交通辐射力增强

我国市场经济模式的建立打破了原有的城市行政隶属关系,出现了以经济中心城市为核心、多城市组合的区域网络结构,经济中心城市成为区域经济发展的调控中心,对其周围地域产生了强有力的吸引力和辐射力,成为区域交通集聚和扩散的交通枢纽。

2) 国外城市交通发展

尽管城市交通的发展过程都是由步行、兽力车、人力车向机动车演化,但各国把现代交通引入城市的方法并不相同,他们根据社会、经济发展水平,历史文化传统和城市结构方式等具体情况选择符合本国国情的方法,实现了城市交通现代化,保持了城市的高效率运转。

(1) 美国

美国是随美洲新大陆开发而兴起的国家,地广人稀,城市布局方式以棋盘式道路为主要特征,路网密度大,早期以有轨电车作为主要交通方式,运量大,票价低,交通方便,随后逐步被快速灵活、初期投资小的公共汽车所替代。第二次世界大战之后,在美国特定的历史条件下,小汽车得到高速发展并开始普及,其背景因素是中东石油供应充足廉价,商品推销实行分期付款,城市居住行为出现了远离城市中心区的倾向,车辆制造技术和驾驶技术日趋简单。

小汽车普及带来了严重的道路容量不足的矛盾,道路拥挤、阻塞,缺少停车场,交通事故频频发生。自 1950 年代起,美国开始在全国范围内建设州际及各州的高速公路,小汽车与高速公路作为相互促进的动力,促进了小汽车交通的大规模发展,到 1976 年,美国修建了 61 000 km 高速公路,联系着各州 42 个首府及 95% 人口在 5 万以上的城镇,1993 年,高速公路总长达到 85 000 km,小汽车的普及率达到了人均 0.63 辆。

小汽车交通作为主要交通方式彻底改变了人们的生活方式,交通出行出现了典型的个体化特征,使公共交通趋于萎缩;城市出行以小汽车为主要方式改变了人们的时空观念;城市的选址、发展与高速公路密切相关,城市的结构也因为小汽车交通以分散的形式不断向外围地带扩散,并出现了大量适合小汽车交通的公共设施。

尽管美国小汽车交通方式消耗全球近 1/3 的能源,伴有严重的交通公害,但美国也无法改变以小汽车为主体的城市交通方式。美国小汽车交通模式直接影响了美国的产业结构,汽车的开发与道路的建设涉及美国 1/6 的企业和 1/7 的职工,汽车工业的兴衰成为影响经济的重要因素,改变小汽车交通模式意味着小汽车生产下降,大批工人失业,因此,除了美国北部人口密集、交通拥挤的大城市中心区公共交通仍占有一定比重外,其他地区均以小汽车作为主要交通方式。

(2) 西欧各国

西欧各国早年以有轨电车和自行车较为普及,在小汽车问世之后,同样面临着市区交通骤增的问题,由于西欧城市拥有众多历史悠久的建筑遗产,所以,西欧各国采取了建设与管理并重的办法,并通过发展公共交通解决城市的交通问题,走出了一条不同于美国交通发展模式的道路。

1950 年代初,西欧各国也经历着一个自行车、摩托车向大众化小汽车迅速转化的阶段,法国就曾经提出"要使每个职工拥有一辆汽车"的口号,但汽车交通的大幅度上升导致了严重的阻塞,随后西欧各国大力发展公共交通——新型快速轨道交通系统来解决城市交通问题。

前联邦德国在 1963 年,当人均国民收入达到 1 300 美元时,对 20 多个城市的有轨电车进行全面改造与扩建;1970 年代后,人均收入达到 2 500 美元时,国家便着手大规模修建地铁;到 1980 年,前联邦德国已有地铁和快速轨道交通 412 km,有轨电车 2 684 km,无轨电车 70 km,共计 3 166 km,以此构成了城市客运交通骨架。城市间高速公路的大规模建设开始于第二次世界大战之后,高速公路像长藤结瓜似的联系着周围城镇,最高时速可达240 km,承担了全部货运行程的25%,加快了物资周转与流通,加强了各大工业区、厂矿之间的协作,扩大了大城市的辐射能力,缩小了城乡差别。

为了控制城市小汽车流量,西欧各国通常在城市中心区开辟步行区,市际客运交通都伸入城市内,在中心区边缘设站,地铁和郊区快速轨道交通在市中心区综合换乘,城市郊区车站都设有免费停车场以便存车换乘。城市道路网等级分明,公共汽车线路与轨道交通站点紧密衔接,并且把各种车辆的运行纳入统一的行车时刻表,使乘客出行拥有交通自主权。

(3) 原苏联

原苏联十月革命胜利之后实行计划经济,城市交通以大力发展公共交通来满足客运需求,货运以铁路运输为主;到1960年代,原苏联经济体制有所调整,大量引进西方科学技术和成套设备,经济得到较大发展,人民生活水平普遍提高,小汽车也得到了相应发展;1970年汽车拥有量为35人/辆,汽车交通的迅猛发展对城市交通设施带来了巨大的冲击,因此,对道路系统进行了合理改造:重新划分道路功能、渠化交通性干道,建设立交桥和汽车停车场,建设市际高速公路,加强现代化信号管理,提高道路的通行能力和车速,并且重新确立了大力发展公共交通的方针,根据大城市客流规模,制定了发展地铁或轻轨交通的政策,利用铁路伸入线与地铁线路合站,或利用由地下穿过城市的市区铁路组织城市客运交通,使外迁的城市人口可以便捷地到达市区。

1980年代以后,城市公共交通发展更快,全国有2 400多个城市有公共交通,公共交通年客运量占全国客运量的80%,市内出租小汽车和私人小汽车的客运量占客运量的6%,兴建地铁的城市由7个增加到13个,1985年地铁线路总长达到460 km。显而易见,原苏联的城市交通发展经历了大力发展公共交通—发展私人交通—大力发展公共交通的历程,最终仍然以大力发展公共交通来适应城市规模不断扩大的需要。

(4) 日本

日本是亚洲东部太平洋上的一个岛屿国家,地形复杂,山地占全国面积的76%,人口分布极不平衡,多数密集于各岛沿海平原和沿河地带,日本的城市布局与道路系统受到我国古代城市规划思想的影响,道路狭窄,适合步行交通。二战之后,在恢复和重建城市的过程中,日本限于财力,把工业集中在东京湾、伊势湾和濑户内海三大片区的城市,即京滨、名古屋和阪神一带,三大片区的城市面积占全国的7.5%,集中了全国人口的

1/2，人口、工业、商业的高度集中使城市不断膨胀，客货流、车流、人流迅速增长，大大超出了铁路、公路和城市道路的承受能力，交通拥挤、道路堵塞、交通事故频繁发生，一切"城市病"都暴露出来了。

面对严峻的城市问题和城市交通问题，日本从1952年起陆续颁布了道路法等一系列法规，随后开始执行道路建设计划，大力扩建交通网和通信网，逐步将三大片区用高速公路和新干线高速铁路联系起来。进入1970年代，人均国民收入达到1 600美元时，日本提出了《第三次全国综合开发计划》，通过建设以大城市为中心向外放射的铁路、公路干线，连接各地区中心之间的高速公路、交通干线，连接各地区中心及其影响范围的公路交通网，全面进行国土开发与管理，使城市结构逐步走向多中心和城市群结构，城市内部开发地下和高架的电气化轨道交通，使之承担了城市60％以上的客运量，大大减轻了城市道路交通量和城市交通公害。1970年代中期，人均收入超过3 000美元，在私人小汽车迅速发展时，地铁系统的建设也进入了高潮，建设大型综合换乘枢纽，把地面交通、自行车停车、商店、地铁、轻轨交通系统组合在一起，大大缩短了乘客的换乘时间，公共交通系统与私人小汽车交通相比，具有方便、快捷的优点，城市交通减少了对私人小汽车的依赖。

面对汽车交通的冲击，日本首先从政策上稳定和强化交通运输业的经济基础、经济效益和投资能力，在人口、工业、商业高度集聚的状况下，通过发展大运量交通为主的高效率交通系统来疏散大城市交通，提高交通运输的效率和质量，发展多样化的交通方式，减少对某一交通方式的依赖，从而缓解了交通带来的过大压力。

如何实现城市交通现代化，美国采取了积极发展和普及小汽车的策略，其他各国大多采用了较为谨慎的策略，在大力发展快速、大运量公共交通的同时适度发展小汽车交通，形成具有多样化特征的交通体系，增加了城市居民交通出行的选择性，相比较，建立多样化的交通体系，大力发展公共交通有利于把城市交通向低成本、大众化、高效率、低能耗、可持续发展的方向转化。

3）多系统综合交通体系

实践证明，讨论我国城市交通现代化离不开我国经济发展的整体水平、城市空间布局的结构特点和城市交通现状这一大背景，仅仅靠某一项交通工程、某一种交通方式或某一项交通政策是无法也不可能实现中国城市的交通现代化的，必须在宏观交通政策、城市总体规划的指导下，采取渐进的、改良的方法把我国城市交通的发展导入现代化的进程。

(1) 城市交通的供需特点

城市交通现代化的过程是一个渐进的过程,其起点正是我国城市交通的现状,为了便于说明问题,我们对我国城市交通的供需做一个简单的概括。

① 支持城市交通的各种交通方式

我国城市交通缺少大运量快速交通类型,城市交通的实现过分依赖地面层交通,城市交通出行方式混杂混行,长短距离不分,快慢速度不分,机非交通不分,是典型的慢速交通方式。

轨道交通:我国大陆655个城市开通地铁交通的城市共9个:北京、上海、广州、深圳、南京、天津、沈阳、成都、佛山,地铁总里程480 km。目前,有33个城市正规划建设地铁,已有28个城市获得批复,按照现有规划,2020年总里程将达6 100 km。

地面交通:我国城市交通的主要类型是地面交通,城市交通在高峰时间趋于饱和,其中:常规公共交通运营速度下降至5~10 km/h,公共交通的客运比重呈逐渐下降的趋势;出租车交通日益增长,全国拥有出租车90.37万辆;私人小汽车呈迅速上升趋势;全国城市自行车超过1.8亿辆,占有城市客运交通的最大比重——自行车交通具有经济、灵活、无环境污染等优点,适合短距离出行,但大多数城市居民用于长距离通勤,暴露出速度慢、交通效率低、安全性差的缺陷;步行交通的流量及密集程度随时间和地域而变化,缺少安全、宜人的步行条件。

② 作为交通载体的城市交通设施

在缺少轨道交通等大运量快速运输系统的状况下,城市道路等交通设施严重短缺,加剧了城市交通的矛盾。

道路系统:我国城市道路为111 058 km,道路面积为118 181万 m^2,人均道路面积为6.60 m^2,城市道路面积率为6.588%,路网密度为6.19 km/km^2,与国际平均水平(30 m^2/人、25%、20 km/km^2)相距甚远,城市道路面积严重不足。此外,城市道路系统存在结构性缺陷:缺少具有交通性特征的快速道路,城市干道间距过大,道路等级不明,支路严重不足,道路衔接无序。

停车场:城市社会停车场严重不足,城市道路与停车场面积之比为100∶1,与发达国家8∶1~9∶1相比,相差10余倍,特别是自行车停车缺少足够的场地,机动车、非机动车路边停车侵占道路空间十分严重,影响了道路的使用效率和秩序。

换乘中心：我国城市仅设有多路公共汽车共用终点站、场和途中换乘站点，缺少具有各类交通换乘、机动车、自行车停车场、购物等综合设施组合的换乘中心。

③ 用于调控运行的管理系统

我国城市交通管理仍然处于初级发展阶段，采用信号控制的平面交叉路口数量少，大多采用单点、定周期控制技术，线控及区域系统控制方式仅在少数城市使用，信息化、智能化管理系统在我国基本上还是空白。交通管理手段的落后影响了城市交通的效率，加之人们缺乏现代交通安全意识，交通事故高居不下，直接和间接的经济损失严重。

总而言之，我国城市交通的供需特点主要表现为：城市出行交通总量大，缺少大运量快速客运系统，交通方式比重不当，宜于短距离出行的自行车交通大量用于长距离通勤交通；城市道路供应严重短缺，道路系统结构不合理，缺少停车场等交通设施和先进的交通管理调控系统，导致城市交通混杂、混行，交通效率低下。

(2) 多系统综合交通体系

城市交通问题是由城市交通的供需失衡引起的，而城市交通需求扩大是一个必然的趋势，如何解决城市交通的供需矛盾，各国都进行了广泛的探索，实践证明，交通需求总是趋于超出交通供应。美国曾以拥有量占世界第一位的汽车和高速公路而自豪，是一个建立在汽车轮子上的国家，以为汽车越多越好，道路修得越多越好，然而，汽车和道路的快速发展大大刺激了交通需求的增长，交通堵塞和环境污染更加严重，显然，通过大力发展城市交通的供应能力，或者根据城市交通的供应水平控制交通需求的增长，都无法解决城市交通问题，应该对城市交通的需求、供应进行双向调节，通过调节与发展使城市交通的供需趋向平衡，城市交通以最优化方式进行运转。

1995年11月，中国城市交通发展战略国际研讨会通过的《北京宣言：中国城市交通发展战略》认为，我国城市交通发展的政策和规划应当符合四项标准：经济的可行性、财政的可承受性、社会的可接受性和环境的可持续性[11]，这表明我国城市交通发展应该走大众化、高效率、低能耗和可持续的发展道路。

21世纪的城市交通发展应该在强调城市交通的协调性、注重城市交通整体效率的前提下，重点加强以下几个方面的建设。

① 建设大运量快速系统，解决大城市通勤交通问题

我国城市化进程加快使城市规模扩大，城市用地和产业结构的双重调整是当今城市总体规划的主导思想，城市功能结构将在较大地域范围内进行重组，城市通勤交通与现状相比，流量更大，距离更长，我国目前的自行车交通、常规公交方式不适合大城市通勤的需要，继续用于长距离通勤将会增加车流密度、降低交通效率、加剧交通的复杂性。因此，我国大城市应加快大运量快速客运系统的建设，解决城市通勤交通的问题，以快速、舒适、正点的客运系统引导长距离自行车交通向公共客运交通转化，减少地面层交通流量，缓解城市交通的压力。

大运量快速运输系统包括地铁、轻轨交通，不同规模城市应该选择不同类型的大运量快速交通系统，《发展我国大城市交通的研究》建议优先在100万人口以上的城市发展地铁、轻轨交通等大运量快速交通系统，建立以快速交通为骨架的公共交通网络，摆脱日益困扰城市的交通问题。在一般规模城市应该认真研究城市通勤交通规律，根据城市的具体情况，选择合适的方式，提高公共交通的效率，满足城市通勤交通的需求。

② 调整与更新路网结构，实行长短距离、快慢速度的分离。

我国道路结构不合理导致了长短距离交通、快慢速度交通的混行和城市公共活动与城市交通的混杂，直接影响了城市地面交通的效率，城市道路系统的更新与改造不能停留在对道路的拓宽或修建立交桥上，必须着眼于城市道路系统的整体改造，重新界定道路系统的道路等级，把城市道路按照快速路、主干道、次干道、支路的等级进行划分和组合，实行交通分离，即：快速路、主干道用于长距离快速交通，次干道用于机动车低速交通或城市地区性交通，支路为慢速交通道路。通过道路系统的有序连接，实行长距离交通与短距离交通的分离，提高长距离交通的速度与效率，把慢速、短距离交通稳定在不同等级的道路上，减轻城市主干道的交通压力。

③ 建设换乘中心，把自行车交通稳定在最佳骑乘范围内

从城市交通效率来看，只有把自行车交通稳定在合理的出行范围内，才能发挥自行车交通的优势，所以，必须通过建设换乘中心使自行车长距离出行交通向公共交通转化，沿城市大运量快速交通系统或公共交通干线设置换乘中心，通过快速交通换乘点、公共汽车站，适度规模的购物中心和服务设施、自行车停车场的组合，实行自行车交通与快、慢速公共客运交通的相互转换，建立起城市综合交通体系，发挥自行车短距离交通、机动车长距离快速交通的优势和效率。

④ 划定步行区，改善步行交通条件

我国对城市交通一直存在着认识上的偏差，忽视了对最基本的步行交通的关怀，城市交通规划常常以机动车行驶的技术要求作为道路设计的标准，因此，城市步行条件越来越差。城市交通发展应该从城市人交通出行的要求出发，划定步行区或准步行区支持人的活动，在城市的中心区或特定地区、居住邻里单元，通过限制机动车的进入或限制行驶速度，建立以步行为主体的活动空间；城市道路建设应加强步行道及其相关设施的建设，改善步行环境，提高步行交通的舒适性。

通过城市交通设施的建设和交通结构的调整，在城市中逐步建立起与城市发展相一致的多系统综合交通体系。城市多系统综合交通体系包括：建立以地铁、轻轨交通等大运量快速系统为骨架的大、中、低运量俱全的公共交通网络满足城市交通日益增长的需求；建设城市快速交通走廊，实行长短距离、快慢速度交通的分离，发挥机动车长距离交通的效率；建设交通换乘枢纽实行常规公交、自行车交通与快速交通的便捷换乘，减少自行车交通在长距离出行交通中的比重，把自行车交通导向最佳出行范围；全面改造城市道路结构，加强次干道及支路的建设，确定不同等级道路上的主体交通方式，实行各类交通的有效分离；从交通的角度出发划定步行区，改善步行条件和环境质量；建设现代化的交通管理系统，对城市交通运行进行全面调控，提高城市交通的效率和应急能力。

5.2.2 城市交通更新的相关因素

城市交通作为一项公共性事业，城市政府、各部门及城市市民必须共同关心和参与，通过增加投入、调节供需，加强管理，使城市交通得到合理发展，走向协调。

1）法律与管理体制的完善

城市交通的发展必须做到有法可依、有章可循，把建设、运行、管理纳入法制化的轨道，才能保证城市交通的有序发展和良性循环。

(1) 法律的完善

西方国家对于城市交通的发展与管理都制定了严格的法律，日本从1952年就陆续颁布了道路法等一系列法规，用于规范城市道路的建设与使用。美国在1962年颁布了《公共交通法》，1991年又颁布了包括路面管理系统等6个子系统的《地表运输联运效率法案》，这对美国的交通建设与管理起了极其重要的作用。

目前,我国城市交通建设与管理所遵循的法律有《中华人民共和国城市规划法》和《中华人民共和国道路交通安全法》。《中华人民共和国城市规划法》是指导城市规划的基本法律文件,对城市交通规划与建设只能进行宏观控制,对于指导具体的城市交通规划与发展缺乏深度和广度,而《中华人民共和国道路交通安全法》主要偏重于交通的运行管理。长期以来,城市交通规划在经济建设中没有明确的地位,构不成法律的认可,交通规划成了可有可无的咨询文件,建设部门或主管部门可以根据自己的需要任意删取,失掉了指导实施的意义。由于城市交通规划与发展缺少系列化的法律为后盾,所以城市交通规划与建设中的随意性、盲目性和短期行为就难以避免。

21世纪,我国城市化进程的加快必然会引起新一轮交通需求的大幅度增长和城市交通设施建设的高潮,因此,我国必须加快城市交通发展的立法工作,建立稳定而透明的法律和法规体系,加快制定市政管理、客运市场管理、道路设施的建设与管理、各种车辆和行人交通的管理等法规及条例,制定交通设施规划、设计的规范及技术标准,用于规范城市交通设施的建设、运行和管理。

(2) 管理体制的改革

城市交通涉及的范围广,与城市交通相关的建设、运行、维护等管理工作由相关部门进行管理,分工不明,职能交叉。此外,还有一些工作没有明确的管理部门,例如:城市交通的发展战略,综合交通政策的制定与实施,交通设施建设的集资、融资,自行车交通问题,步行交通问题,交通宣传教育问题等,管理工作缺乏连续性和一致性,特别是政出多门,政令相互矛盾,使具体管理工作受到了极大的牵制,效率低下。

城市交通几乎涉及城市的所有部门,特别是随着城市的发展,土地转让制的出现给城市交通建设增加了许多外部制约条件,城市交通管理工作变得更为复杂,必须扭转管理分散、体系内部不衔接、工作效率低下的局面,由地方政府建立以城市交通委员会为核心的城市交通行业管理体系,提高工作效率,由城市交通委员会统一制定城市交通发展战略,集中管理和指导城市交通建设,统筹集资、融资和体制改革工作,把现有的城市交通管理机构与城市财政、计划、物价、土地、税务等部门的职能与职责协调好,保证城市重大交通决策的实施。

(3) 交通管理的实施

面对城市交通需求的增长和交通设施供应短缺的矛盾,我国应加大对城市交通设施的建设投资,加快城市交通设施的建设,同时,应强化对城市交通的管理,使现有的城市交通设施发挥出最大的使用效能,通过高效率的管理,使与城市交通相关的人、车、路以最佳或较佳的方式运行,提高城市交通效率。

① 强化对道路空间的管理

我国城市道路面积率大约为城市用地的 6.588%,与西方国家的 20%～30% 相比,城市道路严重不足使城市交通供需矛盾突出。考察我国城市现状可以发现,并不宽裕的城市道路空间并没有完全用于城市交通,非交通功能对城市道路空间的侵占十分严重。对城市道路空间的侵占在城市的不同区域有不同的表现:城市中心区缺少停车场,自行车、机动车停车对道路空间的侵占引起了不同交通方式的混乱,降低了道路的通行能力,造成了再生性交通阻塞;在城市的次级道路和支路上,破墙开店、摆摊设点、随意随地的农贸交易蚕食道路空间,日常的商业行为,特别是在交通高峰时间,干扰了正常的交通行为,影响了城市道路的使用效率。

交通管理首先必须加强对城市道路空间的立法和执法管理,对城市更新改造项目应根据项目类型配备足够的机动车、非机动车停车面积,在城市公共活动活跃地区建设社会停车场,规范停车行为;对于沿街小型服务设施(零售商店、小吃摊点、维修商店、汽配商店)的活动与行为必须限定在道路空间以外,对于缺少场地、侵占道路空间的设施应关闭和取消,使城市道路空间真正用于城市交通。

② 提高交通运行管理的现代化水平

关于城市交通运行的管理,与发达国家相比,我国城市交通运行管理手段较为落后,多数城市处于单点、定周期信号管理阶段,城市道路系统的适应性、应急能力较差,因此,我国城市交通管理应加快现代化建设的步伐。

城市交通管理现代化必须加强城市交通理论的研究和管理设备、技术的更新。根据我国城市交通的特殊性,城市交通管理职能部门应加强与相关科研院、校、所的技术合作,开展对交通工程学理论的研究,借鉴、吸收国外先进的技术和经验,加快理论研究向应用技术的转化;加快城市交通管理的设备和设施的改造与更新,运用计算机、现代通信及控制技术开发适合我国国情的交通信号控制系统和线路引导系统,对城市交通的运行进行调控和调度,提高城市道路系统的通行能力和应变能力。

③ 交通安全的宣传与教育

人们对于现代交通认识不足,交通安全意识薄弱,所以,城市交通违章现象十分严重:车辆撞红灯,乱停乱放,超载超速行驶;非机动车走机动车道,骑车逆行,行人随意穿越车行道或与机动车争道……使交通事故率高居不下,交通违章带来了巨大的经济损失,影响了交通效率。因此,我国对于现代交通安全的宣传教育工作刻不容缓,应该广泛宣传现代交通安全的意义,把交通安全宣传与交通法制教育结合起来,提高全民现代交通安全意识,规范交通行为,遵守交通规则,共同管理好城市交通。

2) 城市结构的调整

城市交通与城市用地具有共生关系,城市用地的开发是产生城市交通的"源头",当然,城市交通又支持或制约着城市土地的利用及其相关活动。我国城市空间结构的调整和城市规模的扩大必然引起城市交通总量和交通方式的变化,我们应该利用城市结构的调整来引导、促进城市交通的发展。

(1) 城市规模扩大的影响

在 21 世纪,我国社会、经济的进步使城市化进程加快,在市场经济体制的引导下,城市功能将根据土地级差的经济规律进行结构调整;城市中心地带的工厂、仓库等用地将进行功能转换,被城市第三产业的发展所更替;城市第二产业在城市外围根据城市产业优势进行发展,生产方式出现了更新换代式的变化,科技含量增大,生产规模趋于扩大,城市居住用地的发展适应了城市规模的扩大,在城市旧区以街坊地块的规模进行更新改造,在城市外围则以居住小区(新村、花园)的方式进行整体开发。因此,随着城市的发展,城市功能在较大地域范围内进行结构重组,城市公共空间结构向多中心结构演化,城市功能趋向于结块重组以适应城市规模的扩大和升级。

城市结构重组和规模扩大给城市交通带来了新变化,城市交通的发展应借助于城市结构调整的契机对城市交通结构进行调整,加强城市交通发展战略的研究,通过对城市道路系统的建设与改造,建立以城市中心、次中心、大型居住区、工业区为吸引点的交通结构关系,促进城市的发展;确立大运量快速交通在城市客运交通中的地位,优先发展公共客运交通,建设轨道交通不成熟时(运量不足或投资不足),首先建设大客运量公共汽车,开辟公共汽车专用线和快速区间车,提高公共交通的效率与舒适度,减少人们对私人交通工具的依赖,引导城市居民以城市交通效率最佳的方式出行。

(2) 城市旧区的改造

从城市交通现状来看,我国城市交通矛盾突出的地区主要在城市旧区,特别是城市中心区,其主要原因是城市旧区道路供应严重短缺,路网密度低,次级道路支撑不力。值得注意的是,近年来城市旧区无节制的高强度开发使城市旧区与城市道路供应失衡,过度追求经济利益、不顾城市整体发展的旧区改造加剧了城市交通的矛盾。

城市旧区改造必须坚持城市交通建设与城市旧区改造同步进行,借助于城市旧区的改造与更新,利用经济杠杆的调控与引导,疏解城市旧区的人口,控制建筑密度和建筑容积率,增加城市旧区的道路总量,增加路网密度,并对道路的合理使用进行整体调整,改善城市旧区的交通条件。城市旧区道路的更新改造必须以提高城市交通效率,提高道路的通行能力,改善城市旧区的交通状况为最高原则,必须处理好道路与两侧用地的关系,制定相应的管理条例对开发项目进行严格管理,避免开发项目引发的公共活动对道路空间的侵占。

(3) 城市辐射力的影响

我国经济体制改革打破了以行政隶属为基础的条块分散的城市体系,改变了城市与周围地区的二元化结构关系,即使把大量的人口安置在中、小城市或城镇,但区域经济的结构形式把城市推向了地域经济核心的地位,城市与周围地区的经济、市场关系强化了其流通性,经济活动使区域交通向城市集聚,在区域中,城市作为一个整体具有区域交通枢纽的职能。

城市对周围地区的辐射力和影响力形成了以城市为中心的区域交通的集聚,因此,城市交通发展不仅要解决城市内部交通供需失衡的矛盾,还必须处理好城市与周围地区的交通问题。城市作为区域交通的枢纽,要解决好两个问题:①周围地区以城市作为"中转站"的长远距离交通行为;②以城市作为目的地的交通行为。现代 CBD "输配环"交通组织模式对解决城市区域交通具有借鉴意义,城市交通体系的建立必须包含一个解决区域交通的运输系统,这一运输系统由快速道路把城市的主要对外设施(车站、码头、航空港等)和大型停车场、货场、城市交通换乘中心连成一个整体,真正做到物流合理化,客运快速化,使铁路、公路、水运、空运和城市内部交通通过这一系统形成紧密结合,在区域范围内成为一个开放的结构,促进城市与周围地区共同发展。

3) 交通政策引导

城市交通发展需要一个长远的发展战略规划,同时,我们还必须脚踏实地的解决目前城市交通运行中的实际问题与矛盾,通过对城市交通的建设与发展,通过对城市交通需求的调控,逐步解决我国城市交通的供需矛盾。因此,我们应该加强城市交通政策的研究,利用城市交通政策的调控与引导,使城市交通需求的增长、城市交通方式的变化,与我国城市交通设施的建设、供应能力趋于协调,充分发挥我国城市交通设施的最大效率,使城市交通以最合理的方式运行。

(1) 优先发展公共交通的政策

城市公共汽车与自行车、小汽车等私人交通工具相比,在土地占用、客运能力、运输效率等方面都具有较好的可比性。在现阶段,城市常规公共交通是我国城市交通中社会成本低、综合效益好的交通工具,它为城市中、低收入居民提供了低价格的出行机会。因此,我国城市客运交通必须确立"优先发展公共交通"的战略地位,在体制和票价政策方面,严格按照政企分开的原则,让企业享有充分的经营自主权,同时,引入竞争机制,在统一规划、统一管理的原则下,动员社会力量积极参与和兴办公共交通企业,建立完善的市场经营机制,在确保最大限度服务乘客的前提下,逐步完善促进城市公共交通良性发展的价格与价值补贴政策。在交通运行方面,对于公共汽车给予全面优先:规划设计与管理应明确规定优先公共交通的原则、内容和实施细则;对于有条件的城市道路应设置公共交通专用线或专门行驶公共交通的道路;即使在没有条件的情况下,也应该实施相应的交通优惠政策,如单行道可双向行驶公共汽车、禁止左转交叉口可不受限制,公交车可在禁停区停车,使公共交通在城市中拥有私人交通所没有的优先权,增加公共交通的吸引力,真正做到"优先发展"公共交通,提高公共交通的效率和舒适度,降低成本,使公共交通回复到城市客运交通的主导地位,并在此基础上发展大、中运量的客运交通类型,逐步形成多种类型综合的公共客运交通体系。

(2) 扶持发展大城市轨道交通的政策

城市交通问题在我国大城市更为严重,低运能的客运交通根本无法解决大城市的客运交通问题。大城市公共交通的发展方向应该是发展大运量快速客运交通,以地铁、轻轨交通等为骨干客运手段,配合以低运能的公共汽车方式,形成结构合理、运能与需求相匹配的公共交通网络。

城市轨道交通具有安全、舒适、快速、准时、低能耗、少污染等诸多优点,但城市轨道交通的建设费用昂贵,综合单价达到平均每千米为 4~8亿元人民币,轻轨交通造价为地铁造价的 1/3~1/5,直接投资巨大,此外,建设周期长,从可行性研究开始到最后开工兴建往往要经过 5~10 年时间,而施工、试运行还要 3~4 年时间。由于城市轨道交通的建设周期特别长,所以,我国应该加快大城市发展大、中运能轨道交通的步伐。大城市轨道交通的建设可分两步走,对于 300 万人口以上、城市形态高度集中、交通密集程度高的大城市应该扶持其发展,加快建设速度,力争尽早实现通车运营;在 300 万人口以下的大城市应该根据各城市的实际需要和可能,着手城市轨道交通的规划和前期研究工作,做好轨道交通建设的技术准备工作,根据城市经济发展状况组织实施。

城市轨道交通投资巨大,一般认为,发展中国家城市基础设施的建设投资应占国民经济生产总值的 3%~5%,而我国的投资仅为 1.1%(1994),我国政府一方面应逐步加大对城市基础设施的投资力度,另一方面应该对现行的集资、融资制度进行改革,调动一切社会力量参与城市交通设施的建设,促进城市交通设施总投入的大幅度增加。

(3) 私人交通工具的调控与引导

在现阶段,我国城市私人交通工具主要包括自行车、摩托车和小汽车,与公共交通相比,私人交通工具的最大特点是出行灵活,不受时间、线路限制,此外,自行车还有运行成本低、适应性广、维修方便的优点,私人小汽车的优势是交通速度快,出行舒适。显然,出行时间自主性强,路线选择性灵活是居民使用私人交通工具的一个重要原因。

当然,我们应该看到,居民的经济收入水平对选择交通工具有直接影响,据世界银行统计,一个家庭 6 个月的结余款额相当于某种交通工具的售价时,这种交通工具将会普及,当家庭年收入的 1.4 倍相当于某种交通工具的价格,就具备了购买这一交通工具的能力。这一结论与我国目前自行车普及、小汽车热销的状态是一致的。

对于每一个出行者来说,出行之前都有一个比较"交通效率"的决策过程,他会把交通方式(自行车、公交车、出租车、私人小汽车……)所需的时间、舒适程度、所花费的体力或费用、出行目的以及心理感受进行综合比较,然后选择自认为最佳的出行方式,可以预见,自行车交通作为主要交通出行方式只是暂时、过渡现象,随着社会、经济的发展和生活质量的全面提高,城市交通以自行车、公交车、私人小汽车作为主要交通方式的可能性都存在。

从我国城市交通设施的供应情况来看,全面普及小汽车交通极不现实(每辆小汽车至少需要 30 m² 的城市道路和停车场用地),而仍然坚持以自行车交通作为城市客运交通的主要方式无法满足城市效率的要求。在相当长的时间内,我国城市客运交通只能走以公共交通为主体,自行车、私人小汽车交通为辅的道路,这一目标的实现必须依靠交通政策的调控与引导。

我国城市交通政策应该鼓励和推动城市公共客运体系的发展,建立以轨道交通为骨干的大运量、快速公共客运系统,提高公共客运交通的质量与效率,把自行车交通稳定在短距离交通的最佳范围内,发挥自行车交通的优势。我国城市交通设施供应短缺决定了我国小汽车发展应该实行"调控型"发展战略,根据城市交通设施的供应能力调控私人小汽车发展的速度与规模,在相当长段时间内,我国城市应该让私人小汽车处于交通出行相对"昂贵"的状况,只有当城市交通设施供应充足时,才能使之处于相对"廉价"的状态,促进私人小汽车的普及。

关于城市交通,我们应该对公共客运交通实行"优先"政策,而对于私人小汽车应采用"供应短缺"政策,即在城市的特别地段划定步行区或单行线、限定停车车位、实行限速行驶等措施,使城市居民减少对私人小汽车的依赖。此外,进一步改革和完善财政税收政策,根据私人小汽车的使用状况征收税费,建立"购买小汽车不只是购买了车辆这一物品,而是同时租用了城市道路系统"的概念,以燃油税、轮胎税等方式征收小汽车使用道路成本费或使用税,通过经济杠杆来调节私人小汽车的需求,使城市交通方式符合城市交通设施供应水平。

5.3 城市道路系统的改造

面对城市交通需求的日益增长,我们提出了建设"城市多系统综合交通体系"的总体思路,主张积极发展以大运量、快速轨道交通为骨架的客运系统解决城市交通问题,但是,轨道交通的建设投资、建设周期等因素决定了它在短时期内难以发挥作用,因此,我国城市交通必须在积极发展城市轨道交通的同时,加强城市道路系统和交通设施的建设与改造,使城市交通需求与交通供应趋于平衡。

城市交通设施的供应情况表明,城市道路系统对城市交通发展存在着两个致命的制约因素:一个是城市道路面积总量的严重短缺;另一个是城市道路系统结构不合理。两个因素使城市交通变得混乱而低效,造成了巨大的时间浪费和运行成本的增加。如果我们仍然按照道路增长滞后车辆增长的方式发展城市交通,可想而知,我国城市交通的前景不容乐观。

为了适应现代城市交通的需要,我国城市道路系统的建设必须走发展与改造相结合的道路,从"城市道路是一个系统"的高度去研究城市道路及相关设施的供应问题,使城市道路系统适应和符合现代城市交通的要求,迎接城市发展带来的交通增长。

5.3.1 基本思路

城市道路系统应该充分考虑不同出行方式的各种需要,树立"以人为本"的思想,为城市居民出行提供安全、方便、环保、高效率和低费用的出行条件。城市道路系统的改造必须在城市现状道路的基础上,通过调整与完善城市道路系统,合理利用道路空间组织交通,提高城市交通的运行效率,使之与城市发展相一致。

1) 城市道路系统的缺陷

引起我国城市交通问题的原因很多,城市道路供应短缺——城市道路面积严重不足和道路系统结构失衡是最直接的原因。

在相当长的时期内,我国对于现代交通工具运行的技术条件认识不足,通常是以慢速交通的思维模式解决城市机动车的运行,大多数城市都是在步行路网的基础上拓宽、改造和发展城市道路系统。在我国,城市规划原理将城市道路分为主干道、次干道和支路三个等级,一般认为,城市主干道的合理间距为 600~1 000 m,相当于干道路网密度为 2~3 km/km²,在城市交通压力不大时,这种划分基本能满足城市建设与发展的要求。近30年来,我国经济发展速度加快,城市交通需求大幅度增长,对城市道路系统产生了巨大的冲击,由于城市道路建设资金投入偏少,城市低等级道路建设不力,迫使城市各类交通大多集中在较宽阔、路面状况较好的城市主次干道上,假如城市次干道存在不利于交通连续性的节点,那么城市交通必将集中在城市主干道上,形成巨大的交通流。

城市交通的过度集中引发了各类交通工具的混行——在城市中,机动车、非机动车、步行交通交叉混行十分严重,我国城市交通管理以"各从其类,各行其道"为原则,注重了交通工具类型的区分,但对机动车交通而言,无法实行快慢速交通的分离,两者的混行降低了机动车长距离交通的运行速度,加上大量自行车通勤交通,流量大,速度慢,使现代交通工具无法发挥出快速的优势。

在我国,城市道路还定义出"生活性道路"和"交通性道路"来描述道路性质。一般而言,交通性干道大多指货车交通量较大,或城市外围分流过境交通的道路,强调了道路的交通功能;生活性干道突出为道路两侧用地服务的功能,道路两侧布置众多建筑,包括大型公共设施,建筑的出入口允许开设于生活性干道上。由此,我国城市道路建设进入了一个怪圈,越是主干道,公共设施的聚集度越高,公共性活力越强,地价上升引发了新一轮的高密度开发,高密度开发带来了高强度的交通压力。所以,城市生活性主干道的规划出现了与初衷相反的结果,最"生活性"的道路也是交通最拥挤,最"交通性"的道路。

我国一般城市的现行道路系统存在着两个严重的缺陷:城市道路体系中缺少适合于长距离机动车交通的快速道路系统,长距离机动车难以发挥其快速优势;城市道路系统缺少适合于地区性交通的次级道路,无法满足短距离、小范围出行交通的需要。城市交通大量集中在城市干道上,不同交通方式、不同距离、不同速度的交通交叉混杂,城市交通运行出现了一种极为尴尬的局面——现代化的交通工具无法行驶出现代化的速度。

2) 城市道路系统改造的基本思路

城市道路系统改造的基本思想是进一步完善城市道路的结构层次,实现不同类型交通方式的有效分离,提高城市交通效率,改善出行交通的环境质量,支持弱势出行者。因此,对城市道路系统的改造应该注意到我国城市交通需求持续增长和道路建设严重滞后的现状,进一步完善城市道路结构层次,明确各类道路的主体交通方式,通过政策调控和交通管理措施协调城市道路与两侧用地的关系,真正使城市道路系统与城市交通行为趋于一致。

(1) 建立城市交通的基本单元

我国城市聚集度高,城市人均用地为 67.5 m^2/人,在特大城市人均用地仅为 52.5 m^2/人,城市密度太大势必带来城市环境质量的恶化,因此,我国城市发展实行适度疏散的策略符合城市发展的一般规律,有利于整体改善城市的环境质量,伊利尔·沙里宁的"有机疏散"理论对我国城市发展具有积极的参考意义,通过城市结构和功能关系的调整与重组,通过"对日常活动进行功能性集中"和"对这些集中点进行有机的分散",

把大块紧密的城区逐步演变为若干松散的、相对独立的社区单元。相对独立的社区单元既是城市构成的基本单位,也是城市交通的基本"单元"。

考察个人的出行交通,可以选择至少三种方式:步行、自行车或机动车(公交车、地铁或出租车、私人小汽车)。一般情况下,步行交通的出行半径在 500 m 左右;自行车交通出行半径为 4 km,最大距离为 6 km;机动车的出行半径较大,但出行速度受到道路及交通状况的影响,常规公共汽车可达 10~20 km/h,地铁可达 20~49 km/h,私人小汽车可达 50~85 km/h。由此可见,从城市交通组织的角度来研究城市的交通分区,城市"交通单元"的理想规模应该以自行车交通出行半径来划定,把地区性慢速交通稳定在"交通单元"内。苗拴明先生认为,我国城市交通规划应该根据城市交通需求和交通强度,以城市快速道路系统实行交通分区,改变城市交通"通达一体化"的出行方式,可把城市分为核心区、中心区和外围区,其规模依次为 10 km^2、16 km^2 和 25 km^2[12]。

在"交通单元"内部,应该根据空间结构特点对城市现状道路网进行合理改造,进一步明确道路的主体交通方式,以此作为组织交通的依据,把城市长距离交通从"交通单元"中分离出去,实行快慢速交通的分离,提高城市交通效率。

(2) 建设快速道路系统

城市交通中长短距离、快慢速度交通混行无法发挥现代交通工具的快速优势,因此,城市道路系统的建设必须在对城市现状道路系统进行改造的同时,建设快速道路系统,用于长距离交通,这一概念来自于西班牙工程师马塔"带型城市"的模式,即把城市分为若干个"单元",以快速道路系统把它们连成一个整体。当然,对于团状城市,带状结构将演化为环状高速道路,对于特大城市来说,将由数道环路和连接道路组成网络结构。

建设城市快速道路系统,其实质是以建设与改造相结合的办法建设符合现代交通工具运行特点的道路系统,把长距离交通从地区性交通中分离出来,从总体上提高城市长距离交通效率,降低交通出行的时耗总量,有利于城市各级路网得到有效的利用。在城市总体规划方面,城市快速道路系统一方面为城市"交通单元"提供了高效率的交通服务,另一方面又为各"单元"起到了屏障和疏导作用。此外,快速道路系统的建立完善了市内交通与区域性交通的有序衔接,提高了城市的辐射力和吸引力,进一步强化了城市作为区域交通枢纽的意义。

(3) 建设相应的交通辅助设施

城市道路系统的改造应进一步完善道路系统的结构层次。以"交通单元"为基础、具有连续性特征的常规道路和以快速交通为特征的快速道路,同属于城市道路系统两个相对独立的部分,存在着相互分离又相互连接的关系,为了保证它们的运行效率,必须通过相应的交通辅助设施建立它们之间的相互关系。

为了保证快速道路具有高效率,必须实行与常规道路的分离。建设相应的跨线交通设施把城市常规慢速交通与快速交通分离开来。通过各类立交桥,保证常规交通与快速交通系统的相互转换。

为了保持城市交通的连续性,在"交通单元"与快速道路转换连接点上,应该建设相应的换乘中心:快速客运站场,自行车停车场,机动车停车、加油等服务设施,既保证机动车交通在常规道路和快速道路之间高效转换,又保证自行车交通能通过换乘中心换乘快速公共汽车出行到城市的其他"单元"去。

交通辅助设施使两个相互分离的系统建立了有机的联系。

综上所述,城市道路系统的更新与改造必须从城市整体的高度去理解、研究城市交通规律,根据城市交通状况研究对策,建立多层次的道路结构体系。我们的思路是,把城市依照自行车最佳出行距离、以城市快速道路划分为城市"交通单元",这一单元包含有各类慢速行驶的机动车、非机动车和步行交通,用城市的快速道路系统建立起"交通单元"间的直接联系,解决城市长距离交通。这样一个层次分明的道路系统,与城市地铁或轻轨交通共同建立起多系统综合交通体系来适应城市交通日益增长的需求。

5.3.2 城市快速道路系统的建设

我国城市道路系统缺少机动车长距离出行的快速道路,按照习惯的思维方式,我们常常以道路的宽度来确定城市道路的重要性,城市的主干道是城市中最重要的道路,所以,把城市的主要公共设施布置在主干道路两侧。按照生活性道路的模式来开发交通性道路,加剧了城市交通的复杂性。城市长距离交通与地区性慢速交通混行使现代交通工具失去了效率的优势。城市快速道路系统是由不受干扰的道路以及互不交叉的立交、过街天桥、地道等设施组成,其目的在于发挥出机动车在长距离交通时的速度优势,提高城市交通的效率。

城市快速道路系统的作用在于引导长距离交通与地区性交通的分离,采取与常规交通分离的方法疏解城市交通密集地区的交通,使城市各部分建立起快速、直接的交通联系。

1) 城市快速道路系统的组成

城市快速道路系统在城市道路体系中是一种特殊的道路形式,由于交通方式单一、无交叉干扰,所以,它具有较高的运行效率,但它强烈的连续性对城市用地具有明确的分割特征。

城市快速道路系统包括了道路、节点、连接匝道以及相关的跨线设施,它们构成了一个整体,是一种适合于机动车快速行驶的道路形式。

(1) 道路

城市快速道路通常为 4 车道,每条车行线宽 3.75 m,每侧各留 2.7～3.0 m 的停车线,停车线外为 1.5 m 的路肩。上下行车线之间一般设有 3.0～4.0 m 的分隔带,中央设置金属护栏,车行道两侧各有 0.5～1 m 的缓冲地带,一般情况下,4 车道快速道路的总宽度为 26.0～29.0 m,6 车道的高速道路大约为 37.5 m。

城市快速道路根据它与地表标高的相对关系可分为地平式、高架式和路堑式。

① 地平式

由于城市快速道路要求有严格的连续性和不允许其他形式的交通及行人与其混行、交叉或穿越,所以,城市快速道路必须具有足够的宽度和相应的隔离设施。地平式城市快速道路的最大缺点是分割城市用地,因此,地平式城市快速道路的选线必须非常慎重,适宜布置在城市功能特征区之间,和其他自然分隔因素组合在一起,使城市用地保持相对的完整性。地平式快速道路的出现切断了原有城市的许多街道、步行系统的连续性,必须调整快速道路两侧的路网结构,并通过相应的跨线设施恢复它们之间的必要联系。

② 高架式

高架式快速道路是以高架结构在地表标高之上建设快速道路,高架结构占用很少的地面空间就可以架起较宽的路面,高架道路以下的地面空间可作为其他用途:停车、仓库或一般城市道路。由于高架式可以采用预制构件进行装配施工,所以,建设过程中对地面活动的影响较少,比较适合于城市的某些特殊地段。由于高架道路高出了城市地平,所以在高架道路上驾驶具有开阔的视野和良好的城市景观。但是,高架式快速道路也存在一些缺陷,汽车行驶的噪声、废气和灰尘对沿线环境有较大的消极影响,对地面活动人群存在着心理威胁,此外,由于高架式快速道路具有连续、巨大的结构尺度,所以,对于城市特殊景观地带而言,特别容易产生视觉景观的对立与冲突。

③ 路堑式

路堑式快速道路低于城市地表标高,一般比街道低 4~5 m,道路两侧可用边坡、护坡或木板桩进行处理,也可用悬臂式护坡来减少占用地表面积。路堑式快速道路的最大优点是车辆行驶时可以减轻噪声、废气、灰尘对沿线环境的干扰和污染。由于路堑式道路低于地表标高,所有与之相遇的城市道路都从其上部跨越,或以坡道与快速道路相连,这一连接方式比较合理,当城市道路上的车辆进入快速路时在坡道路段可以获得自然加速,并且视野较开阔,有利于安全行驶;快速道路上的车辆经上坡自然减速进入城市道路,有利于驾车者对减速行驶有充分的心理准备。

④ 其他形式

城市快速道路除了上面所说的三种基本形式外,还有土堤抬高式和隧道式快速道路。土堤抬高式与高架式相比,在许多方面都相似,只是土堤抬高作为路基在视觉上分割城市的感觉更为强烈;隧道式快速道路与路堑式相似,但它与路堑式相比,不受城市地面建设状况、地面交通运行的影响,可是,隧道式快速道路的投资和运营费用都非常大、技术要求高,必须配备相应的照明、通风、排水设施和运行监控、事故救援的安全措施维持运行。金经昌先生认为,一般情况下,城市快速道路的造价地平式最低,依次是路堤式、高架式、路堑式,隧道式最高。因此,城市快速道路的建设应根据城市的地形条件、用地状况合理设计快速道路的线型与纵断面,一般情况下,大多采用地平式,与城市常规道路相交时,可以从下面通过形成路堑路段,或者从上面跨越形成抬高式路段,在城市特殊地段则从地下通过,成为隧道式路段。城市快速道路系统是由不同形式路段组成的综合形式。

(2) 节点

为了保证车辆能够连续不断地快速行驶,城市快速道路的节点——和各类道路相交时必须采用立体交叉,交叉口的核心问题是解决车辆在节点处的左行问题。在高速公路上为了避免高速行驶的车辆减速通过节点,常常把节点设计得非常庞大,由于城市用地和城市环境的限制,城市快速道路的节点不能像高速公路的节点那样采用定型设计,应根据快速道路和相交道路的性质、标准、交通量而定,充分考虑地形条件、用地规模、周围建筑关系以及地下工程设施等因素进行规划设计。城市快速道路的节点分为两种情况,一种情况是快速道路与快速道路相交,称为交通节点;另一种情况是快速道路与城市一般道路相连,称为交通连接点。快速道路节点原则上禁止冲突点以保证行车安全和通行速度,当快速道路与城市道路相交时,原则上要求快速道路无冲突点,在城市道路上可以保留有交织段或冲突点,这应根据城市道路节点的位置、交通量及用地情况、经济投入等因素综合考虑。

2) 结构关系

城市快速道路系统是为现代交通工具设计的道路系统,其目的在于通过改善城市长距离交通的运行条件,提高城市交通效率,因此,它应该是一个相对独立的系统,但它又必须与城市各大交通吸引点、城市"交通单元"建立起密切的关系,确保各"交通单元"的机动车交通能便捷地出入快速道路系统,使城市长距离交通从地区性交通中分离出来。为了保证快速道路上车辆的行驶速度,必须实行城市常规道路与快速道路系统的有序连接,在快速路、主干路、次干路和支路这四个道路等级中,与城市快速道路相连接的道路应该是城市主干道。对城市快速道路系统而言,城市主干道起着集聚和疏解交通流的作用,是城市快速道路系统与城市"交通单元"的"连接线"。

城市快速道路作为一个系统,必须是一个相对独立的整体,同时,它又必须与城市总体结构、土地开发利用保持一致,应该处理好与城市中心区及大型集散点、城市基本"交通单元"、城市对外交通等三个方面的关系。

(1) 与城市中心区及大型集散点的关系

在第 4 章探讨城市中心区更新时,我们提出了城市中心区更新的基本原则——以人为本、整体性、连续性和高效率。依照这一原则,城市中心区应该成为一个公共活动的场所,城市中心区物质环境的更新与发展都是为了支持城市中心区公共活动的发生和发展,因此,我们认为城市中心区的交通组织应该建立平衡的交通系统,在城市中心区的外围地带建设外围交通疏解道路及社会停车场,把"过境交通"分离出去,并为目的性交通提供"角色转换"的场地,保持城市中心区交通序列的合理性。显然,城市快速道路系统和城市中心区都具有各种不同的运行特点,城市快速道路直接进入城市中心区不可能带来高效率,只会增加两者之间的相互制约。由于城市中心区主干道大多是城市公共活动最剧烈的地带,所以,城市快速道路不应与中心区主干道直接相连,而应与城市中心区外围疏解道路相接,快速交通由疏解道路接纳,并转化为地区性交通到达城市中心区；城市中心区的机动车交通则通过外围疏解道路进入城市快速道路系统，以保持城市中心区、城市快速道路系统的相对完整。

在处理城市快速道路与城市中心区的关系时应注意以下几点：

① 城市快速道路不宜直接穿越城市中心区，以便保持两者的相对独立而有序运行，根据城市中心区的规模可以使城市快速道路从城市中心区的边缘通过，或环绕城市中心区建设快速环路。

② 城市快速道路与城市中心区的交通连接应该由城市中心区外围交通疏解道路来完成，城市中心区外围交通疏解道路作为二者的"连接线"。为了保证"连接线"的效率，应该规定"连接线"道路两侧用地的性质，避免由交通引起公共活动的集聚，干扰交通功能的发挥。

③ 城市中心区停车场的规划应按照"短缺供应"的思路进行控制，合理设置公共汽车及出租车站点和地铁站点，鼓励居民使用城市公共客运系统，不鼓励私人小汽车进入城市中心区，调控交通总量，减少机动车交通对城市中心区的冲击。

(2) 与一般"交通单元"的关系

虽然城市快速道路系统的建设可以通过跨线设施保持城市常规道路的结构关系，但城市快速道路分割城市用地的特征在城市居民心目中将逐步建立起"交通单元"的概念——由快速道路划分、围合的区域。在这些交通单元中，除了城市中心区具有其特殊性之外，城市的其他单元都具有相似的特征，每个交通单元都存在着单元内部交通、以本单元为起点的交通和以本单元为目的地的交通。

建设城市快速道路系统的目的是把城市单元间长距离交通导入城市快速系统，使之与城市常规交通分离开来，提高长距离交通的效率，在单元内鼓励自行车交通，实行长、短距离交通和快、慢速交通的有效分离。不言而喻，快速道路与交通单元的有序衔接至关重要。

① 为了鼓励长距离交通使用快速道路系统，城市快速道路系统应根据交通单元所处的城市位置、单元内交通的规律设置连接点，确保机动车能方便地出入快速道路系统，并且严格限制连接点附近的公共设施分布，减少人的活动对交通的干扰。

② 应根据交通的具体情况，建设包括机动车停车场、自行车停车场、购物中心等设施的综合性换乘中心，鼓励城市居民在长距离交通中实行"自行车—公交车"换乘，把自行车交通稳定在单元之内，改善长距离交通的舒适度与效率。

③加强长距离快速公共交通的建设,合理组织长距离公共交通的线路与时间表,并保持快速公交与常规公交的衔接,提高快速公共交通的换乘效率。

(3) 与城市对外交通线的连接

城市快速道路系统在城市外围与对外交通线相连,有利于增强城市在区域经济中的吸引力和辐射力,带动区域经济发展。当然,过量的区域交通向城市集中给城市交通及城市日常生活都会带来一些负面影响,因此,城市快速道路系统与对外交通的连接必须有明确的设计思路,应该把区域交通通过快速道路系统直接导向相关的地区,减少对城市其他地区的影响。

①与城市对外交通线相连接的城市快速道路的节点应该建立起明确的视觉标志,给驾乘人员以"进入城市"的心理暗示,提高交通的安全性。在节点附近建设综合客运换乘中心,鼓励乘客到达城市后利用城市公共客运系统参与城市的活动,并为机动车提供停车、加油、清洁或维修等服务。

②与城市对外交通线相连接的城市快速道路必须与火车站、码头、货场及航空港等城市对外交通设施建立起直接的联系,提高区域交通在城市交通枢纽的"中转"效率,充分发挥城市交通作为区域交通枢纽的意义。

③与城市对外交通线相连接的城市快速道路应与城市的主要工业区有便捷的联系,加强城市工业与区域工业的联合发展,充分利用城市工业的技术优势和城市周边地带丰富的劳动力资源,以城市工业技术指导区域工业的发展,促进区域工业的科技进步。

概括起来,城市快速道路系统是一个相对独立、适合于机动车交通的系统。对于团状结构的大城市,其结构形式大多采用以环线为特征的网状结构,即:以内环线解决城市中心区的交通问题,以中间环线解决城市一般地区的长距离交通的问题,以外环线解决区域交通与城市相关因素的连接问题;以放射线连接环线建立起网络结构,适应城市机动车交通日益增长的需求(图5.5),强化城市道路系统的开放性,使城市真正成为区

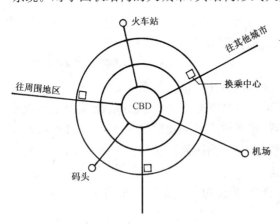

图5.5 大城市"环形+放射"快速网络结构

域交通的枢纽，在区域经济发展中发挥出积极的作用。

3) 规划与实施

城市快速道路系统作为一个相对独立的机动车交通系统应该与城市总体规划相一致，根据城市规模的扩大、城市结构的调整和城市交通需求的增长同步建设。城市快速道路系统规划的核心是交通分区和系统结构：如何划分城市用地为"交通单元"并能合理地适应城市及城市交通的发展与变化；如何规划城市快速道路系统的结构，使之与城市总体规划相一致，并顺应城市的发展而生长。

关于城市快速道路系统的规划，苗栓明先生认为，应该从划分"交通单元"入手，通过多方案比较进行规划决策。

(1) 建立"交通单元"　认真分析城市的总体布局与结构层次，制定城市交通分区的基本原则及标准，对城市进行交通分区，并根据城市交通由中心区向外围区需求强度逐步递减的规律对每个分区进行分级定位。进一步预测交通需求的生成与分布，明确主要交通出行的期望值，结合城市用地的功能特征及道路状况、自然状况，确定"交通单元"的控制性边界。

(2) 构建系统结构　分析快速道路系统结构关系与城市总体规划的协调性，并根据城市快速道路系统连续性和阻隔性特征，确定快速道路系统的布局结构，并从规划结构的角度去研究"交通单元"划分的合理性，从"单元划分"和"构建结构"的角度，形成快速道路系统方案。系统方案应解决好城市中心区的交通问题、一般交通单元的交通问题以及快速道路系统与对外交通线的关系。

(3) 验证与调整　通过计算机技术进行模拟运行，对快速道路系统进行比较和优化设计，并结合城市建设的可能性进行可行性和可操作性研究，进一步验证城市快速道路系统的合理性。

城市快速道路系统是针对城市机动车交通日益增长而建设的相对独立的道路系统，它的使用者是机动车，因此，在城市道路系统规划中应保证其应有的独立性和完整性，充分发挥长距离交通的优势。由此可见，这一系统与城市常规道路系统之间是分离的，它既不是城市道路系统中主干道的延续，也不应该与城市常规道路连接成网，它的独立性、完整性保证它的效率。为了满足城市机动车日益增长的需求，可以把城市道路系统理解为是由城市快速道路系统与城市常规系统叠合、由交通设施实行转换的结构体系。

5.3.3 城市常规交通的组织

关于城市交通的发展,我们提出了建设城市快速道路系统的方案,实行长短距离、快慢速度交通的分离,提高城市长距离机动车交通的效率。但是,仅仅靠发展建设城市快速道路系统无法解决我国城市交通的问题与矛盾,我们必须认真研究城市常规交通问题,为城市居民提供安全、方便、舒适和低费用的出行条件,使城市居民拥有交通出行的自主权,选择与城市交通效率一致,与城市居民生活水平相一致的出行方式。

虽然我们在建构城市快速道路系统时强调"交通单元"的独立性,并不意味着割断城市常规交通的连续性特征,城市常规交通仍然是城市交通的主体。它首先是一个覆盖城市的系统,然后才能考虑它具有相对的地区性特点。因此,城市常规交通的组织不应该对居民的出行方式进行限制或规定,应该通过城市道路供应、交通管理、政策引导鼓励居民选择合理的出行方式,这是城市常规交通组织的前提。

1) 常规交通组织

城市常规交通指与城市居民出行密切相关的公共汽车交通、自行车交通、步行交通和处于一般速度的其他机动车交通。我国城市常规交通运行的问题与矛盾主要表现为:长短距离、快慢速度的混行和城市日常活动与城市交通的混杂。

长期以来,我国城市道路建设状况并不令人乐观,大约每年以滞后于交通工具增长率5个百分点的速度积累,不难想象,以车辆为单位来计算城市道路面积拥有率极有可能是一个负值。尽管我国城市道路设计规范把城市道路分为快速路、主干路、次干路和支路这四个等级,但是,由于建设资金长期投入不足,城市道路系统实质上是一个间距为600~1 000 m的主干道路网,这一道路系统既缺少快速道路对长距离交通的引导,又缺少低等级道路对不同交通方式的分离。

由于城市道路系统等级层次不完善,所以,各种方式的交通都必须由城市主干道来承担,城市交通的"各从其类、各行其道"只保证了城市交通的安全,并没有保证城市交通的效率,不同速度的机动车交通、大流量的自行车交通都集中在城市主干道上,加上街道两侧大型公共设施引发的大量过街人流,使城市交通处于低速运行状态。

可见,城市常规交通的组织必是从两个方面入手,一方面抓城市道路的建设与改造,进一步完善城市道路系统的结构层次;另一方面加强城市交通运行的管理,在城市道路系统范围内实行不同交通方式的合理分离,使城市交通做到有序运行。

(1) 城市道路系统的结构性改造

在目前城市道路的建设与改造中存在着认识上的误区。一个倾向是以不断拓宽道路解决城市交通问题,大多数人把城市道路供应不足理解为道路宽度不够,在可能的状况下不断拓宽城市主干道路车行道的宽度,试图以此来解决城市交通问题,结果适得其反,道路宽度在不断增加的同时,主次干道的结构性失衡日趋严重,大量的车辆向主干道路集中,加剧了交通的复杂性。另一个倾向是热衷于在城市交叉口修建立交桥,人们普遍认为城市交通问题主要发生在交叉口,以为立交桥这一交通现代化的"标志"可以很好地解决城市交通拥挤问题,其结果是把大量交通以最便捷的方式转移至与之相邻的交叉口。显然,城市交通状况的改观和现代化仅仅通过修建一两座立交桥或拓宽一两条道路是难以完成的,必须着眼于城市道路系统的整体改造和道路等级体系的完善。

① 城市道路等级系统的完善

从国外道路构成来看,城市低等级道路的比重都大于城市高等级道路。美国地区性街道占城市道路总长度的 $60\% \sim 80\%$,而我国对于次干道以下等级的道路重视不够,道路系统的结构性失衡无法支持城市主干道路的交通运行。因此,城市道路系统的改造必须花大力气改造城市的低等级道路,使城市道路系统的层次趋于完善,建立起由快速路、主干路、次干路和支路这四个等级构成的道路体系,并实现有序连接,把长距离交通导向快速道路,把大流量的自行车交通分散到次干道、支路中去,并根据主干道的具体情况组织交通,使城市交通真正做到有序、高效运行。

② "交通单元"内的微循环

在构建城市快速道路系统时,我们提出了"交通单元"的概念,交通单元作为城市交通的基本单位具有相对的独立性。在交通单元内,自行车交通是最佳的交通出行方式,因此,交通单元内的交通组织,特别是次干道、支路等级道路应有相对的完整性,使自行车交通能够方便地到达公共活动中心或换乘中心,其目的非常明确——在交通单元内鼓励使用自行车。当然,交通单元是城市构成的基本单元,组织单元内交通时必须保持城市干道系统的通达性,提高城市干道系统的通行能力。与其他层次道路相比,我国城市干道系统相对比较完整,运行效率不高的主要原因是道路两侧公共设施引发的公共活动引起了局部地段交通不畅、拥挤阻塞。

城市道路系统的改造应减少或消除这种干扰所带来的负面影响,通过道路系统的建设,特别是平行次干道的建设,适当分担部分城市交通量,保持城市常规交通的畅通。

(2) 根据道路主体交通方式组织交通

我国城市交通组织忽视了各类交通方式的运行特色和要求,道路断面的设计大多以机动车道的多少作为基本尺寸,"附加"上自行车交通宽度和步行道宽度,城市道路实质上是典型的"汽车路",以满足机动车行驶的技术要求进行设计,一旦道路不能适应机动车的增长,便通过压缩"附加部分"来扩大机动车道的宽度,结果机动车流量进一步增加,原有的自行车交通、步行交通的空间变得更小,步行及自行车交通与机动车抢道必然加剧城市交通的混行与混杂。

对于城市道路的建设与改造,我们认为应该针对城市道路系统最薄弱的环节,优先改造低等级道路,通过提高道路网的密度来完善城市道路系统的结构层次。城市交通的组织应该根据城市道路系统的结构特点,把城市交通合理地分散、分布到整个系统中去,对每一条道路而言,应该明确道路的主体交通方式,并制定相应的交通组织方案。

确定道路的主体交通方式是研究道路的具体条件和它在城市道路系统中的地位,分析它在城市交通中所承担的职能——以机动车为主,或以自行车交通或步行交通为主。一旦确定了道路的主体交通方式,其他交通方式必须从属于主体交通方式,我们根据主体交通方式的技术特点进行交通组织与管理,简化交通类型,进行道路设施的建设,发挥主体交通方式的优势。

在以机动车交通为主体的道路中,可以通过隔离设施把非机动车、行人与机动车交通分离开来,限制道路两侧公共设施的集聚,减少步行活动在该地段滞留,规定过街横道或通过简易过街天桥实行步行与机动车交通的分离,并通过拓宽、改造相邻次等级道路引导自行车交通与机动车交通的分离,提高机动车交通的通行效率。

在公共活动比较密集的地段,以步行交通作为主体交通方式,那么道路交通组织应该以步行交通为核心,道路建设可根据步行交通的状况确定机动车交通的组织方案;禁止机动车通行或允许机动车限速通行;设计曲线型道路,允许公共交通单向或双向限速通行;增加鼓励步行交通的各种设施,促进步行及公共活动的展开。当然对于被限制的非公共性机动车交通和大量的自行车交通应该由相邻的道路来分担。

在以自行车交通为主体交通方式的道路中必须以自行车行驶的技术要求进行道路设计,对机动车的行驶应根据自行车交通的状况进行限制,规定机动车单车道、单向(或双向)、限速行驶,使机动车的行车速度与自行车速度接近相等,这一措施的实质是通过交通管理把机动车交通限制在最小流量上,减少混行时机动车对自行车交通的威胁,确保自行车交通的安全。

综上所述,按主体交通方式进行交通组织和道路建设有利于城市交通的有序运行,全面提高城市出行交通的质量与效率,真正做到城市道路系统"物尽其用"、城市各类交通"各得其所"。

2) 自行车交通问题

研究我国的城市交通问题,一个不容回避和不容忽视的问题是未来城市交通的发展如何面对目前已接近饱和的自行车交通。从我国城市交通状况和城市道路供应状况来看,自行车交通的适度发展、合理使用是一项基本策略,其出发点是:自行车交通作为城市居民的主要出行方式,在城市客运交通中占有较大比重,在短时间内实行交通方式的转移势必要冲击城市客运交通结构,当今我国城市交通状况根本不可能接纳由自行车交通所承担的出行交通总量,因此,在相当长一段时间内,城市交通必须继续保留自行车交通,城市交通组织及城市道路供应应该以发挥自行车短距离交通的优势、尽最大可能减少其对城市交通的负面影响为目标。

自行车交通作为一种城市出行方式具有利弊参半的特点。自行车作为一种私人交通工具有许多公共交通不可替代的优点:灵活方便,自主性好,出行成本低,功能多,特别适用于日常出行;从发展的眼光看,自行车交通无污染的环保特点是自行车交通的最大优势,在全球性生态环境趋于恶化的背景下,自行车交通是一种值得鼓励的城市出行交通方式。但是,自行车交通的过度发展,特别是自行车用于长距离出行,又给城市交通带来了一系列问题:巨大的自行车交通流速度慢、效率低,特别是在道路交叉口占用大量的绿灯通行时间导致了城市交通效率的整体下降;大量自行车的随意停放影响交通运行秩序,造成了不必要的混杂;自行车的灵活、低成本特点使人们放弃了公共交通,但长距离出行又受到了体力和时间的限制,人们随着收入的增加,势必放弃自行车交通,向公共客运交通或私人机动车交通方式转移。

对于自行车交通在城市交通中的地位,我国学者做了广泛的调查与比较,认为自行车交通作为个体交通出行方式,其优势是出行者对出行时间、路线拥有自主权,相对于其他交通方式,自行车交通也有其最佳的出行范围:如果公交车按 20 km/h,自行车按 12 km/h,步行按 4.5 km/h 进行比较分析,公交车与自行车出行方式的等距离、等时耗临界值分别是 5.6 km、30 min,即在 5.6 km 或 30 min 的出行范围内,自行车相对于公交车有省时的特定优势,在 5.6 km 或 30 min 以外,这种优势为公交车所代替[13]。由此可见,自行车交通的优势在短距离出行,把自行车交通纳入城市交通体系,交通组织和道路建设应该鼓励自行车交通用于短距离出行,并通过发展多样化的公共交通减少自行车的长距离出行。我国自行车交通的发展策略应该是:在城市"交通单元"内鼓励使用自行车,而在单元间长距离交通中鼓励"自行车—公交车"换乘的出行方式。

在城市"交通单元"内鼓励自行车交通就必须为自行车交通提供便捷、安全、具有选择性的道路网,由于我国城市路网密度小,划定自行车专用道将会使机动车失去合理的可达性,所以,城市交通组织应根据道路的供应状况,使自行车交通方式获取部分道路的优先权,以交通管理措施(限速、限量、限时等)减少机动车对自行车交通的威胁。在"交通单元"内应根据公共设施的分布状况、规模,根据交通顺行的要求配置相应规模的自行车停车场,支持和鼓励自行车交通。

城市长距离出行鼓励"自行车—公交车"换乘的出行方式,即人们以自行车方式到达单元内公交站或快速交通中心,停放自行车后改乘其他快速交通(轨道交通、快速大站公交或一般公共汽车)到达目的地附近站点实现长距离出行。"自行车—公交车"换乘出行方式必须满足三个基本要求:① 换乘模式必须有高效、快速的公共交通作为基础,使公共交通具有吸引力,表现出比自行车长距离出行有更多的优越性;② 换乘中心应建设适当规模的自行车停车场供自行车停车,并且要做到流线明确、便于存放;③ 公交站点的设计应留有足够的场地和方便的辅助设施,便于人们停留和换乘。

通过交通组织和道路建设合理地把自行车交通稳定在"交通单元"内,充分发挥自行车短距离交通的优势,从而使自行车交通在城市交通体系中有一个合理的定位。显然,城市短距离交通以自行车为主,长距离交通采取"自行车—公交车"换乘方式充分发挥了自行车、公交车各自的优势和特点,是自行车、公交车协调发展的理想方式,有利于两者同步发展。

3) 步行交通的组织

在解决城市交通时,我们主张以快速道路系统组织城市的长距离交通,以多层次的公共交通系统解决城市长距离的出行交通,在城市"交通单元"内鼓励以自行车解决短距离的出行交通,那么,对于以各类城市道路划分的街区内部交通应该采取何种交通方式呢?考察人们的出行行为,我们知道街区内部交通是城市出行交通开始或结束的环节,城市街区内部交通组织以步行作为主体交通方式符合人们出行时心理状态的变化。在出行过程中,随着出行者步出家门,道路的宽度在变大,交通工具的类型在增多,出行速度在加快,出行者的心情也随之而由秘密性向公共性转化。当出行者返家时,交通工具的类型逐步减少,交通速度越来越慢,熟人、朋友越来越多,出行者的心境也随之而放松,自然地实现了由公共性向秘密性的转化。

步行是街区内部道路的主体交通方式。

开辟步行区是一项恢复城市活力的交通组织措施,特别是在旧城中心区,步行区的建设使历史的公共空间回复到了原有的使用状态,恢复了原有的空间特征和宜人的尺度,使城市历史地段的保护和商业零售业的复苏取得了巨大的成功。虽然步行区的规划与建设首先出现在城市中心区或城市的特殊地段,但是,欧洲国家越来越意识到它在一般地区、特别是居住街区中的积极意义,步行区的开辟对于鼓励步行活动,使街道从机动车的控制下回复到公共、开敞的交往空间十分有益。

最具有实用意义并为许多国家广为接受的方案是荷兰的温纳尔(Woonerf)道路系统——居住庭院道路系统。1963 年,荷兰新城埃门率先运用了这一道路系统,取消直线型车行道和分隔道牙,增设"驼峰"坡障,把机动车的行驶速度限制在 10~15 km/h,适量布置室外家具和儿童游戏设施,开辟机动车停车场,创造开敞的公共空间。温纳尔道路系统不是实行交通分离,而是通过重新设计街道,限制小汽车的行车速度,使小汽车交通、步行和儿童游戏等活动在同一条街道上共存,在其间,步行与游戏成为街道空间的主体行为,使街道变成了公共交往的"庭院",增加了邻里的交往机会和社区的凝聚力,这是一种值得我们借鉴的交通组织形式。

以步行为主体交通方式的交通组织措施的核心是限制车速和增加室外设施。为了使机动车以低速行驶,道路建设与改造必须增加相应的交通工程设施,对于进入街区内部的机动车应以单车道、单向行驶的方式对交通量进行限制,按机动车低速行驶的标准设计"蛇行"道路变换车道位置,增加"驼峰"坡障和护柱,迫使机动车减速行驶,根据道路及使用状况合理设置停车车位,对道路的不同使用功能部分以不同色彩的铺装加以区分,根据交通组织的需要布置交通管理及指示标志,用来指示和规范机动车交通行为(图 5.6)。

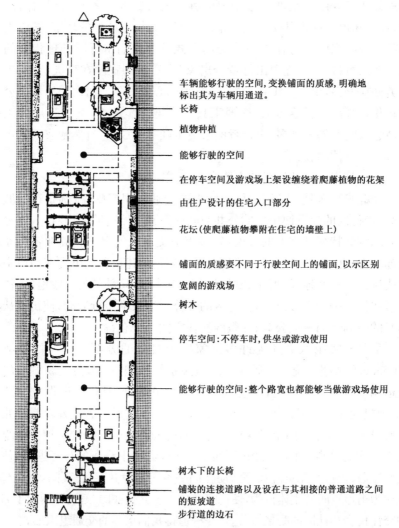

图 5.6 以步行为主体交通方式的街区内部道路设计示例

在街区内部,限制了机动车的行驶速度意味着街区内部变成了以步行为主体的活动场所,因此,可以通过对环境构成因素(铺地、垃圾箱、坐椅、标志、灯具、台阶、植物和围墙等)的精心设计强化环境质量和人的尺度。为了保持街道环境的协调性,环境设计必须把握住四个方面:功能、尺度、材料和设施。功能:强调环境及街道设施的适用性,符合人们使用时的基本需要;尺度:要求环境及街道小品符合人的尺度,同时又能保持环境构成比例的一致性;材料:充分利用各种材料的特征来表达空间意义;设施:种类和数量必须符合街道环境氛围和经常性使用的要求,设施的耐久性、可变性和可维修是保持环境具有良好品质的一个重要因素。

当然,以步行为主体交通方式的街区内部道路建设不存在标准模式,应该根据道路的具体条件和生活状况进行设计与建设,通过精心的设计与管理,多样化的植物配置和丰富的路面铺装给人们以愉悦的感受。对儿童而言,街道是一个超级豪华的游戏场,同样,它也为成年人提供了休息、与邻居和行人交往的机会,使街道变成了一个潜在的公共交往的社会环境。当我们把相邻街区的步行道路有机地连接起来,不难想象,我们在城市范围内建设了一个以步行方式为主体的道路系统,增加了城市居民出行的选择性。

注释与参考文献

[1] 王慧明.北京宣言:中国城市交通发展战略.城市规划,1996(4)
[2] J. M. 汤姆逊著;倪文彦,陶吴馨译.城市布局与交通规划.北京:中国建筑工业出版社,1982:9
[3] 徐吉谦.试论城市客运交通可持续发展的战略.现代城市研究,1998(6)
[4] 周干峙等著.发展我国大城市交通的研究.北京:中国建筑工业出版社,1997:4
[5] 周干峙等著.发展我国大城市交通的研究.北京:中国建筑工业出版社,1997:30
[6] 14种交通工具指:自行车、人力三轮车、燃油助力自行车、电力助力自行车、摩托车(轻骑)、摩托三轮车(出租)、私人小汽车、出租车、小型面包车、中型面包车(运营)、公共汽车、单位自备客车、大型公共汽车(双层、大通道)、载货卡车等。
[7] 在830万人次的日客运量中,地铁为400万人次,郊区火车为140万人次,公共汽车为100万人次,郊区公共汽车为150万人次,私人大客车为40万人次。
同济大学建筑规划学院.世界大城市规划与建设.上海:同济大学出版社,1989:17
[8] 周干峙等著.发展我国大城市交通的研究.北京:中国建筑工业出版社,1997:31
[9] 徐吉谦,张迎东,梅冰.自行车交通出行特征和合理的适用范围探讨.现代城市研究,1994(6)
[10] 周干峙等著.发展我国大城市交通的研究.北京:中国建筑工业出版社,1997:30
[11] 王慧明.北京宣言:中国城市交通发展战略.城市规划,1996(4)
[12] 苗拴明.城市快速道路系统规划理论与方法的建构.城市规划汇刊,1997(5)
[13] 苗拴明,赵英.自行车交通适度发展的思想与模式.城市规划,1995(4)

6 城市景观与空间设计

城市是一个开放的复杂系统,它包含有大量的物质构成因素和若干子系统,是人类活动的物质载体。城市景观与空间形态是人的主观意愿的物化表现,凝聚着人类的智慧、情感、想象力和理想追求。

城市景观与空间设计是在城市这一特定环境中从功能、美学、心理学的角度研究各种物质构成因素的存在方式。由于城市空间形态与人的生活密切相关,所以,两者之间存在着相互影响的关系:人的主观意愿引导着城市景观与空间形态的建设,并对已存环境施加影响力;城市景观与空间形态向人们传递着无限的信息,支持人们的活动,丰富人们的生活内容。这一关系表明城市景观与空间形态始终处于不间断的变化之中。

21世纪,我国城市进入了快速发展时期,是实现城市现代化的一个巨大的机遇。但令人担忧的是,我国城市面貌雷同、趋同的倾向越来越严重,城市个性和城市特色正在发展中逐步丧失,因此,城市景观与空间设计必须赋予城市以最强烈的地方特色和时代特征,使城市符合当代人的审美要求,并为后世子孙提供美好的生存环境和文化遗产。

和谐与协调是城市景观与空间设计的目标。

6.1 城市景观与空间构成

城市是一个连续的发展过程,城市景观与空间形态的演化受到了"空间"和"时间"两个向度的影响:在任何一个时间片断,人们都可以获得创造城市景观与空间的各种物质要素;同样,任何一个正在营造的城市环境又不得不考虑时间的意义——"过去时"的历史延续,"现在时"的应用意义和"未来时"的理想追求。城市景观与空间形态的本质是人们主观意愿的一种物质表述,反映了人类不同时期的价值观和世界观。

6.1.1 城市景观因素分析

1) 构成因素

城市景观构成因素大致可以分为三大类:自然因素、人工因素和社会因素。城市景观与空间设计是根据人们主观意愿正确地组织有形物质因素、合理地协调无形因素的创造性过程。构成因素的多样性决定了城市景观与空间形态的特色。

(1) 自然因素

城市赖以生存的地理环境和自然景观是创造城市景观的重要因素，城市景观与空间设计就是要充分认识和了解各种因素的特征和潜在的美学价值，并在城市中充分地展现出来，构成城市景观的自然因素包括地形、水体、动植物及气候等。

① 地形

任何城市都是建造在地面之上，自然地形——平川丘陵、山峰谷地不仅仅是城市的地表特征，而且还为城市提供了各具特色的景观因素，城市景观与空间设计应该把它们有机地组合到城市中去，充分展示自然地形、地貌的神奇与魅力。一马平川的平原地形常以线或面的形式展现，形成平缓、广阔的景观，而坡地、山体在地形、高差上的变化带来了视觉、景观上的趣味。对于同一地形，人们可以有多种不同的处理办法：在一块平地上建造建筑物，可以创造出垂直式的特征或者保持水平式的特征；对于轻微起伏的丘陵地带，可以在山顶部分进行建造活动，也可以把建筑物沿地形起伏灵活布置；在陡峭的山地或峡谷，可以根据地形的构造特点和建筑物的功能要求、工程要求进行合理的建设。

山体引起人们强烈兴趣的主要原因是它在视觉方面存在着巨大的体量和超乎寻常的高度，延绵起伏的山峦宛如锦屏，作为城市的背景丰富了城市的空间层次，而形象优美的山峰具有很高的定位和审美价值，可以作为城市定位和构图的重要因素，给人以明确的方向感。桂林街道大多以山峰为对景，独秀峰、伏波山、叠彩山以其清秀的姿态、精巧的轮廓，呈现出柔和的风格和雅致的神韵，创造了良好的街道景观和城市特色(图 6.1)。

② 水体

城市中的水体可以分为自然水体和人工水体两大类，大至江河湖海，小至水池喷泉，是城市景观组织中最富有生气的自然因素，水的光、影、声、色，是充满变幻和富有想象力的景观素材。在城市中，水面创造的景观效果要比一般的土地、草地更为生动，变幻无常和体态无形的特点增加了水体的生动性和神秘感，它或辽阔或蜿蜒，或宁静或热闹，大小变化，气象万千。

自然水体气势宏伟，景观广阔，是构成城市景观特征的重要因素，水

图 6.1 桂林独秀峰

独秀峰成为桂林城市定位的标志

体岸线是城市最富有魅力的场所,是欣赏水景的最佳地带,也是城市公共活动最剧烈、城市景观最具表现力的地带,充满了变化与对比,使城市空间具有更大的开放性(图 6.2)。水体作为一种联系空间的介质,其意义超过了任何一种连接因素,水的柔顺与建筑物的刚硬,水的流动与建筑物的稳固形成了强烈的对比,使景观更为生动,流动的水体成为城市动态美的重要元素。

图 6.2 上海外滩

黄浦江的水平线与外滩大楼的高低起伏构成了富有特色的城市景观

人工水体包括了水池、喷泉和瀑布,虽然,与自然水体相比,人工水体相对比较小巧,但水池、喷泉、瀑布的组合常常使人工水体成为城市环境中最生动、最活跃的景观因素。喷泉、瀑布飞溅的水花和不断的涟漪使它充满了动态美,瀑布和喷泉静止时,水池宁静的气氛和步移景异的光影使它充满了虚实相生的神奇效果。

③ 植物

植物是与城市景观关系极为密切的构成因素,它包括乔木、灌木、花卉、草地及地被植物。乔木具有高大的体形,以粗壮的树杆、变化的树冠在高度上占据了空间;而灌木呈丛生状态,邻近地表,给人以亲切感;花卉具有花色艳丽、花香馥郁、姿态优美的特点,是景观环境中的"亮点";草地及地被植物是城市外部空间中最具意义的"铺地"背景材料。植物的有机组合,特别是随季节更替的生长变化,给城市景观与空间带来了无限生机。

植物在城市中的第一功能是生态功能。植物在光合作用下能够吸收空气中的二氧化碳,释放出人类赖以生存的氧气,调节空气中的氧氮平衡。大面积的植物,尤其是拥有庞大树冠和大量树叶表面积的植物具有多种功能:调节空气的温度和湿度,改善城市的小气候环境;吸收、吸附和过滤空气中的有害气体、烟尘和粉尘,分泌大量杀菌素,促进空气的流通;在消除噪音、防震抗灾、防风防尘方面具有不可替代的作用。

植物的景观功能主要反映在空间、时间和地方性三个方面。由于植物占据一定的空间体积,具有三度造型能力,所以,植物具有围合、划分空间,丰富景观层次的功能。通过对不同种类植物的组合种植,与其他物质因素配合,形成虚实对比、大小对比、质感对比,可以产生不同的空间尺度和空间效果;植物的生长要求有相应的地理及气候条件,在不同的地理地带都有独特的乡土品种植物,如北京的白皮松、重庆的黄葛树、福州的小叶榕等,地方性优秀树种适应地方性气候和土壤条件,对强化地方性景观具有积极意义;植物是有生命的,景观设计应该考虑它的时间因素,四季变化会直接影响到植物景象的形态、色彩、尺度的变化,而植物干茎的变化又是一种时间的记录仪,古树名木具有漫长的生长期,它们的景观价值就不仅仅表现在视觉上的优美形象和苍劲古拙,还在于它作为时间的见证,能使人们产生历史和过去的追忆和回味(图 6.3)。

植物的地方性、时间性特征是创造城市个性与特色的最有价值的自然因素之一。

图 6.3　银杏——百年古木

江苏高邮师范学校校园改造空间定位的关键因素

④ 其他自然因素

自然因素除了上述的地形、水体和植物之外,还存在着许多不确定的自然变化因素,比如阳光、云、风等,对这些变化因素的意义不能低估,它们丰富了城市景观。

随时间变化的阳光:阳光具有最强烈的表现力,规划师、建筑师常常利用光影规律,与建筑的形式、形态色彩、材料等相配合,创造生动而变化的城市景观。而在黎明或黄昏这一特定时段,奇妙的光影变化使城市景观蒙上了神秘的色彩。

云和风:云和风是不停变化的景观因素,在一般情况下,天空作为城市的"背景"衬托着城市或建筑群的轮廓;变幻无常的云团也可以成为生动而新奇的景观。而风所带来的季节特征让人能感受到自然界的气息。

气候变化:气候变化带来了特殊的天气景观——雾、雨、雪。虽然雾、雨、雪给人们的日常生活带来了诸多不便,但是,异常的气候状况也带来了特殊的景观面貌和景色情趣。薄如面纱的雾气产生了朦胧而神秘的景观层次;淅淅沥沥的细雨带给人悠悠的思乡情怀;而铺天盖地的白雪使景观面貌为之一新……

虽然这些自然变化因素稍纵即逝,不像有形的自然因素那样可以进行精心组织,但是,不能忽视它们的影响力,有意识地关注和利用这些自然变化因素有利于创造出丰富、变化、生动的景观效果。

(2) 人工因素

人工因素是人们根据主观意愿进行加工、建造的景观因素,主要包括了建筑物、构造物和其他人工环境构成因素,其最大的特点是人为建造、带有强烈的主观色彩。因此,在城市中人工因素可以导致两种相反的结果:人工因素成为城市景观中积极因素,使城市景观趋于完美、和谐与丰富多彩;或者成为城市景观中的消极因素,产生丑陋、杂乱无章、大杂烩式的景观。

① 建筑物

建筑物是城市中最基本的构成因素,也是一种最活跃、最富有时间特点的景观因素。早在公元前1世纪维特鲁威就提出了"实用、坚固、美观"的建筑设计原则,随着社会和科学技术的进步,建筑物的功能变得更为丰富与复杂,建筑材料和工程技术得到了突破性的发展,人们的审美标准也随着生活方式的改变而不断变化,因而,不同的使用功能、不同的建造技术、不同的审美要求鼓励和推动了建筑的创新与发展,建筑成为记载人类进步的石头史诗。

从城市景观与空间形态的角度来看,建筑物的意义在于它的地方性和时代性特征,建筑物必须以它自身的特点和规律表达人们的功能需要、对地方环境的理解、与时代相一致的审美观点,建筑师只有赋予建筑物以地方性和时代性的特征,建筑才能成为伟大的建筑,成为城市的永久性标志:雅典卫城、北京故宫、巴黎埃菲尔铁塔、悉尼歌剧院……建筑作为人类的伟大创造在城市中展现着独特的风采(图 6.4)。

图 6.4 巴黎蓬皮杜文化中心

外露结构表达了高技术的美感

城市环境是一个高密度、多因素的综合环境,是一个不断积累的过程,任何一幢建筑物都涉及与已存景观环境的关系,具有创造和组织新的城市景观和改变原有环境景观的功能,"规划与建筑设计应努力创造一个整体的多功能的环境,把每座建筑当作一个连续统一体中的一个要素,能同其他要素对话,以完善自身的形象"。

② 构筑物

构筑物是工程结构物的总称,主要指桥梁、电视塔、水塔及其他一些环境整治设施,它们常常因为具有特别的造型或处于特别的地点而成为城市景观中不可忽视的重要因素。

桥梁是一种特殊的构筑物,它跨越河流、峡谷和道路的功能使人们对它产生了特别的情感,特殊的建造地点、简洁而优美的结构造型以及桥上桥下的不同视野使大型桥梁成为城市的重要景观因素。桥梁在造型和结构上常常通过不同物体的刚柔、曲直、长短形成对比组合,使桥梁结构更富有节奏感和韵律感,桥梁所表现出来的强烈的水平延伸感与地形、与建筑、与周围环境的巧妙结合可以创造出多维的景观效果(图 6.5)。

图 6.5 鹿特丹大桥

电视塔是现代城市的标志性构筑物,由于电磁波发射的技术要求,电视塔通常处于相对比较开阔的地带,是具有强烈"地标"作用的构筑物,它的意义在于高大而独立的造型成为城市中重要的"景观点"和"观景点",人们可以利用电视塔的高度优势,登上塔楼,全面、准确地感受朝夕生活其间的城市整体面貌;而电视塔挺拔高耸的造型表达了一种强烈的升腾趋势,给人以强烈的震撼,对丰富城市轮廓线具有积极的意义。

(3) 社会因素

城市景观与空间形态构成的社会因素是一种无形的影响因素。社会因素从两个方面对城市景观和空间形态施加影响力：一方面，人们在日常生活中的体会、经验，对环境生成、演化以主观方式直接影响，使城市环境与城市生活保持一致；另一方面，对环境的生成、演化通过法律、经济、技术因素施以间接影响，使之符合社会的需要。徐思淑和周文华两位先生认为，影响城市景观与空间形态的社会因素应该包括文化因素、民众因素、经济因素和法律因素。

文化因素——历史文化传统、审美意识与标准、科技发展水平等。

民众因素——城市及地域性生活方式、风俗习惯等。

经济因素——价值观、经济发展水平等。

法律因素——法律及相关的条例、制度等。

虽然社会因素是一种"隐形"因素，但不应该低估社会因素的影响力，因为这些因素对城市景观与空间形态发展的全过程都存在着重大影响，直接左右和影响着其演化与发展的方向。此外，城市生活涉及每个城市居民，城市居民既是城市环境的规划者、建设者，又是使用者和评判者，其影响面极广，"公众参与"的决策与管理方法表明要动员一切社会积极因素，参与城市的建设与发展。

至此，我们分析了城市景观与空间形态的构成因素，这包括了自然因素、人工因素和社会因素的诸多方面，城市景观与空间形态是由多种因素根据某些特定的规律和人们的主观意愿组合而成，并不是简单地设计某一"风景"或研究某一"构图"，它是社会、文化、经济、技术发展的综合表现。

2) 形态特征

几何学的研究认为，点、线、面是形态构成的最基本要素。点没有大小只有位置，线没有宽度只有方向，面没有厚度只有大小。点、线、面之间的关系是：点的移动轨迹为线，线的移动轨迹为面；反之，线为面的界限，点为线的界限。而在现实世界中，点、线、面作为造型要素，不同于几何学的抽象概念，都具有可感知的尺度和形态。

在上一小节，我们分析了城市景观与空间形态的构成因素，它们可以归纳为自然因素、人工因素和社会因素，当然，城市环境构成物质因素作为造型要素，不同的组合方式表现了不同的形态特征：一棵树具有点的含义，一排树具有线的定义，一片树林具有面的意义。即使是同一要素，只要分析问题的背景发生了变化，也将会表现出不同的形态特征：一个广场,从城市总体结构的角度来看,它具有点的意义;同样一个广场,就活动者而言,则具有面的意义。

一切都是相对的。

(1) 点

图 6.6　保罗·克莱关于点的图解

点具有向心力和辐射力,
存在着组织起来的趋势

点,与周围参照物相比,是相对较小的部分,带有明显区别于其他部分的特征和独立存在的倾向。在空间或平面上设置一个点就会建立起与点相关的结构关系:点导致视觉集中,周围的元素都存在着被吸引的趋势;同时,点具有向外扩张的倾向,表现为对周围空间的辐射力(图 6.6)。点的向心和辐射特性使我们感受到点的周围存在着"引力场",占据了周围一定范围的空间,保罗·克莱(Paul Klee)认为,空间中一个单一的点可以产生一股强烈的组织力,从紊乱中理出秩序[1]。

在城市中,塔式高层建筑相对于周围地区,广场相对于城市,喷泉、雕塑相对于广场,单株乔木相对于庭院,都具有点的意义,显然,点的影响力取决于自身的价值——空间位置、形体与体量、质地与色彩、潜在的文化意义、公共性,不同价值的点具有不同的影响力,任何一个点都可能成为城市的标志或某一空间区域的视觉焦点。

两点之间因视线的移动而产生"张力",有利于形成结构关系,而多点关系变得非常复杂而微妙,距离影响着各点之间的密切程度。在城市范围内,点具有控制一定区域范围的意义,协调和组织好城市中重要"点"的关系,有利于把城市组成一个整体;在小尺度空间中,点是空间的趣味中心,多点的有机组合有利于建立良好的空间秩序,而随意布置的点存在着把空间引导向混乱的倾向(图 6.7)。

图 6.7　北京北海白塔

任何独立存在的因素都具有点的意义

(2) 线

线是点移动的轨迹,线的宽度总是比长度方向要小得多,人们在"阅读"线时,视线将沿着长度方向移动,通常认为,线具有明确的指向性和强烈的运动感。如果线是点运动的结果,那么,运动方向、速度的变化赋予线以各种节奏与特性。直线适合于快速运动,不断交叉或改变方向的线适合于慢速运动,而曲线表达了流畅。

城市街道是最典型的线状结构,道路作为连接因素用于建立"场所"之间的联系,是两点之间的过渡空间。在城市中,具有线型特征的因素很多,如与道路相似的河流、沿道路的行道树、以长廊为代表的带型空间、作为区域边界的边沿等(图 6.8)。

图 6.8　桂林滨江路

水面、绿化道路和边沿构成的"线"

(3) 面

面的形式有多种方式:若干点的平面集合而成,若干线的平行密集或纵横交错而成,点的扩大,线的移动,或线的围合而成。显然,面表达了两个向度无限伸展的倾向,而内在的同一性和明确的边界是面的基本特征。

面的形状和相对位置决定了其性格。水平面可以使人得到安定、平和的感觉,当人们感受到边界的存在时将会产生明确的领域感,人们在其外部能够比较出这一平面与其他部分存在明显差别时(相对高度的变化、基本特征的变化等),那么,这一平面的整体性将得到强化。垂直面作为边界,对分割和控制空间具有实用意义,垂直面的面积越大,表面构成越密实,其分割的效果越强烈。斜面是与水平面呈角度的特殊平面形式,具有强烈的上升或下降趋势,表现为极不稳定、不安定的状态,因为斜面不太符合人们的常规思维习惯,所以,具有极强烈的表现力。而曲面则表现出了空间的可塑性和流动性,使人感到活泼、寓于动感,但曲面也因变化丰富而难以把握。

在城市中,把面的特征表现得最为充分的是 K. 林奇提出的"区域"概念。区域是城市中两度范围内中等或较大的部分,它拥有某些共同的特征,人们可以从内部或外部来观察和理解,其同一性特征可以是空间特征,某种建筑形式,某种风格或地形特点,某种典型的建筑细部处理手法,或者是色彩、纹理、材料、尺度、细部、采光、绿化或轮廓线的连续。这些特点越重复,区域的印象就越突出[2]。

综上所述,城市景观与空间形态的构成因素包括了自然因素、人工因素和社会因素,其中,社会因素是一种强烈的影响因素,而自然因素、人工因素是城市景观与空间形态构成的物质因素,其中,地域的自然特征和历史文化遗存是创造富有特色的城市景观的重要资源,而人工因素的不懈创新是赋予城市景观时代特征的根本。城市是一个有形的物质环境,从形态构成的角度出发,任何物质构成因素都具有特定的形态与特征,城市景观与空间设计就是要充分发挥物质构成因素的特点和优势,合理组织城市景观,创造和谐而富有城市特色的城市面貌。

6.1.2 城市空间构成

大家普遍认为中世纪欧洲城市具有较高的审美价值,当我们研究当今的城市景观问题时,我们应该清醒地认识到,20世纪末城市建设的背景条件与中世纪相比,已经发生了根本的变化。当我们极力主张以步行的节律去探索空间序列的行进节奏时,我们不能忽视 100 km/h 的汽车速度对城市空间的感受;当我们倡导面对面交流时,我们不能无视报纸、电视、广播、网络等大众传媒的存在;当我们期望建筑的细部、构造方案做得更为精细、丰富时,我们不应该忘记"现代建筑运动"已经走过了近百年的史实。丹下健三先生在"东京—1960"的规划中认为,必须注意速度超过100 km/h和步幅不足1 m两种不同速度对城市的体验。因此,城市景观与空间形态的设计必须以人为本,具有人的尺度,符合人的需要,支持人的行为与活动,但我们应该注意到,人的需求、人的价值观、人的审美意识正随着时代的进步发生着微妙的变化。

1) 限定——空间构成的方法

在城市中,人们通过自己的感觉器官和活动获取关于城市空间的信息,城市空间的创造是根据人的意愿、合理地运用各种物质构成因素对自然空间的一部分进行限定而完成的。在这一过程中,限定空间的各种因素与空间之间存在着不可分割的关系。老子为了阐述"有无相生"的辩证思想,在道德经中写道:"埏埴以为器,当其无,有器之用。凿户牖以为室,当其无,有室之用,故有之以为利,无之以为用。"[3]精辟地分析了有形实体与无形空间相互依存的意义,以有形的杯壁、房间的四壁使杯子有了容量、使房子能够居住,显然,空间是主角、灵魂,应该以创造空间为核心、为目的来进行实体的组织。

虽然城市空间千变万化,但夏祖华、黄伟康两位先生认为:最基本的空间构成方式只有两种,实体围合形成空间或实体占领形成空间(图6.9)。可以通过建筑、树木、地面、灯杆、坐椅等实体要素构成种种不同尺度、不同形状、不同形象、不同特征和不同氛围的城市空间[4]。

图6.9 空间构成的基本方式
实体围合与实体占领

实体围合是以各种有形的物质因素通过围合组织形成空间,使人们产生向心、聚合的心理感受。实体围合以物质手段从城市环境中划出一个"单元",在其中建立起相对独立的活动秩序,显然,对于空间而言,实体在功能、体量、色彩、风格、形象等方面应保持应有的一致性,而空间的围合效果与实体的高度、质感、开口情况相关——高度越高、质感越坚硬、开口越少,空间的封闭感越强;反之,空间的封闭感较弱。在古代城市中,围合是创造城市空间最基本的手法,普遍认为欧洲古代城市广场具有良好的尺度、和谐的景观(图6.10)。

图6.10　安特卫普教堂前小广场

相宜的尺度、明媚的阳光创造了宁静的空间氛围

图6.11　南京紫峰大厦

现代高层建筑因其高度对周围地带产生影响力

由实体占领而构成空间给人以扩散、被吸引的心理感受,人们从"占领"实体划定的隐形范围中感受到空间关系的存在。在城市中,独立的雕塑、柱状纪念物、塔式高层建筑都具有"占领物"的意义,空间影响力与"占领物"的体量、距离有直接关系,越临近占领物,空间感越强,随着距离的增大,空间感将越来越弱(图6.11)。

实体围合与实体占领具有不同的心理体验。在围合空间中,空间的形成具有一定的强制性,人们因围合而感到安定;而实体占领空间是通过人们对"占领物"影响力的感悟获得空间感,无论是围合还是占领构成空间,最重要的因素都是实体。围合要求实体具有相应的一致性,而占领则要求实体像雕塑一样追求自身的相对完美,两者之间存在着根本性的差异。当我们去剖析威尼斯圣马可广场、罗马卡比多广场和佛罗伦萨亚南泽塔广场时,不得不钦佩和赞赏后继建筑师的才华和伟大的谦逊,广场的质量来自于完美无缺的建筑表现和始终如一的连续性。一旦用于围合空间的实体过于强调独创、个性和自身的完整,将意味着肢解了空间的整体性,现代建筑过于张扬的个性、极度强烈的表现欲使得"以围合的方式建造空间"变得越来越困难。

2) 空间构成要点

城市空间虽然千变万化,但空间的三维特征不会改变。由于城市空间具有很强的公共性特征,创造空间的因素不可能由一幢建筑或一组建筑群来完成,因此,城市空间的设计应该以空间为核心,协调与之相关但功能、隶属关系完全不同的实体,通过对它们的合理组织,达到创造城市空间的目的。

城市空间的构成关键在于天际线、地廓线、界面、底面、室外设施等五个方面。

(1) 天际线

天际线即空间的天际轮廓线,是一条存在于围合空间的实体与天空之间的连续界线。由于建筑实体的真实感和天空的虚无缥缈形成了极其强烈的视觉反差,所以,给人留下了深刻的印象,天际线是城市中极具表现力的因素之一。

构成天际线的最小单位是建筑的天际轮廓线,建筑师历来对此倾注了大量的心血,因此,我们可以看到世界各地带有明显地域特征和文化特征的建筑形式(图 6.12),而现代建筑以"平屋顶"为特征,平庸建筑师的粗制滥造使城市空间失去了丰富、生动的天际线。

北京故宫午门　　　　　　　　　　巴黎卢浮宫入口

图 6.12　建筑轮廓线

(2) 地廓线

实体与地面的界线,在城市空间中具有实用意义,地廓线界定了空间的形状、规模，与空间活动有直接的对应关系。

地廓线是实体围合或占领形成空间时对空间底面的限定，直接决定了空间的大小和活动的规模，并间接影响了实体的规模。其次，地廓线决定了空间的形状，一般来说，地廓线趋向于规则会强化空间的秩序和"正式感"；地廓线的不规则变化表达了空间活泼、自由的倾向。当然，地廓线的闭合程度直接影响着活动的组织，地廓线的开口意味着与其他空间的连接，这对空间活动的组织至关重要。

R. 克莱尔（**Robert Krier**）认为，城市空间有三种基本原型：方形、圆形和三角形，通过变角度、取片段、作添加、组合、重叠和畸变，可以演变为规则或不规则的封闭式或开放式空间[5]（图6.13）。

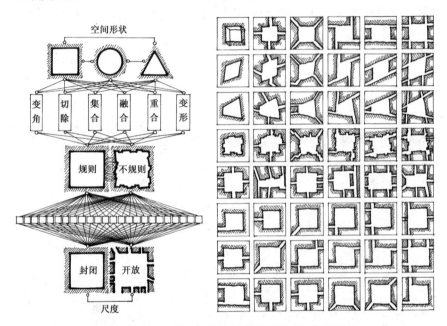

图 6.13　R. 克莱尔空间形态图解及四边形广场示例

（3）界面

界面指由围合实体立面所形成的空间立面。对于空间而言，界面是由诸多实体立面所形成的连续表面，而建筑立面既是组成连续界面的片断，又是建筑物的形象标志，这种双重特征决定了界面的矛盾性和复杂性。作为建筑立面，建筑师应努力追求其新颖，保持与建筑功能的一致性，当把它理解为空间界面的一个部分时，应该强调它与"左邻右舍"的协调性，因此，界面的连续性是城市空间设计中的一个长期研究课题。

界面对空间的影响是直接的,撇开它的内容,作为围合空间的形式因素,我们必须关注界面构成对城市空间的影响(图6.14)。

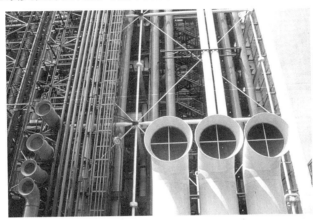

巴黎蓬皮杜文化中心沿街立面

安特卫普市政厅广场

图 6.14 不同的细部构造具有不同的界面效果

(4) 底面

空间的底面主要指地面、水面等水平界面,是人们停留、流动和活动的载体,因此,在城市空间设计中,底面的设计与组织对公共活动具有重要意义。

底面设计对空间活动影响最大的手段是改变底面的标高,改变底面标高将打破底面原有格局,造成视觉和活动的不均衡,小面积规则部分无论是抬高或者降低其标高都会因视线集中而成为空间中最活跃的部分,而大面积、不规则部分将成为空间的次要部分,两部分的关系类似于剧场中舞台与观众席的关系(图6.15)。

图 6.15　北京故宫太和殿

三层汉白玉基座强调了皇权的至高无上

图案化是底面处理的常用措施。底面图案化、铺装材料和色彩的选择可以使建筑物、树木、室外设施与公共活动建立起相关的联系,图案可以给人们以心理暗示:交通区、活动区、休息区、游戏区、停车区……规范人们的活动与行为。

(5) 室外设施

如果把城市空间比喻为没有屋盖的房间,那么,室外设施就是房间的"家具"。室外设施的种类很多,可以分为两大类:一类以功能性为主,观赏性次之;一类以观赏性为主,功能性次之。主要包括雕塑、喷泉、水池、旗杆、花台、花盆、植物、坐椅、电话亭、垃圾筒、路灯、交通标志、广告牌、栏杆、立柱、台阶等(图 6.16)。

图 6.16　巴黎拉·德方斯"红蜘蛛"

室外设施的种类繁多,因它们近距离频繁使用,与人的关系极为密切,所以,每一种设施都必须精心设计,力求做到造型新颖、尺度宜人,符合人们日常使用的习惯,尤其应该注重设施与周围环境的一致性。"室外设施是创造外部空间的重要因素,也可以说是做文章时大量使用的'词汇',无秩序地放在一起可能很丑陋又无空间感。因此,对所有这些设施及它们的布局都应进行精心设计。"[6]

3) 空间的尺度与比例

空间的尺度与比例是城市空间设计的重点之一,空间尺度涉及的范围较广,包括构成空间要素及使用者之间的各种关系:人与空间、实体的关系;实体与空间的关系;实体与实体之间的关系。处理与协调空间尺度与比例实质是以人的尺度去协调城市空间所涉及的各因素之间的相互关系。

(1) 观赏距离

人的视感觉是通过眼睛来完成的,由于感光细胞在视网膜上的分布状况以及眼眉、面颊的影响,人眼的视场受到一定限制,双眼不动的视野范围水平面可达180°(左右各90°),垂直面可达130°(向上60°,向下70°),视轴1°范围内具有最高的视觉敏锐度,能分辨最小的细部,称为"中心视场",通常从中心视场向外30°范围是视觉清楚区域,是观看事物的最有利范围。以人眼的构造特点和视看习惯,人们形成了观看实体的一般规律:当视角为45°时,即观赏距离与实体的高度相等(1:1)时,人们大多倾向于注视建筑物的细部,而不是实体的整体;只有当视角为27°时,即观赏距离与实体高度为2:1时,人们将更多地关注建筑物的整体立面构图效果;当视角为18°时,即观赏距离与实体高度为3:1时,倾向于去分析建筑物与周围环境的关系;在视觉为14°时,即观赏距离与实体高度为4:1时,人们常常会把建筑物作为整个景观环境的一部分,被观赏建筑失去了"主角"的地位。日本建筑师芦原义信认为,建筑师为展示建筑物的魅力,应该合理地利用"观赏距离"的规律,通过布置停留点、行走路线和草地、水池"安排"人们以最佳的距离、在最佳位置进行观赏。

(2) 实体与空间的关系

在围合空间时,实体之间的距离是影响空间效果的重要因素,人们将随着围合空间的实体高度(H)与实体之间距离(D)的变化产生不同的心理感受。当 $D:H$ 为1时,人们有一种既内聚、安定又不压抑的感觉,空间保持着良好的匀称感;当 $D:H$ 为2时,仍然继续保持着内聚、向心、安定的空间效果;当 $D:H$ 为3时,围合空间外围的建筑显露出来,围合空间的建筑出现了分离、排斥的倾向,空间趋向于离散;如果 $D:H$ 值继续增大,空间的空旷感将随之增加,使空间围合失去封闭感。而 $D:H<1$ 时,两建筑之间存在着极强的亲和力,从而产生了较强的压抑感。芦原义信认为,$D:H=1$ 是围合空间形成质的变化的转折点[7],这是一个值得注意的比值。C. 西特在总结欧洲广场设计经验时指出,广场的最小尺寸应等于周围主要建筑物的高度,而最大尺寸不应超过主要建筑物高度的两倍[8]。

(3) 人际关系

空间规模与人的活动息息相关,而人的交往同样也受距离的影响。在人际交往中,人们依距离划分为不同区域:0～0.46 m 为亲密区域,具有强烈的感情色彩;0.46～1.2 m 为个人区域,是亲近朋友或家庭成员之间的谈话距离;1.2～3.6 m 为社交区域,是朋友、恋人、邻居、同事的日常交往区域;大于 3.6 m 为公共区域,通常用于单向交流的集会或演讲[9]。显然,随着距离的加大,交往的强度将下降。进一步的研究表明,25 m 是人们能看清别人表情和心绪变化的最大距离,这一距离是具有交往意义的最大距离;在 100 m 时,人们能够确认一个人的性别、举止和大概年龄,这一距离可称为社会性视阈的最大距离,在 1 000 m 时,人们根据背景、光照条件只能大概分辨出人群的移动情况。

心理学的研究表明 100 m,25 m,3.6 m 是一组极为重要的数据。

(4) 建筑与外部空间

人们的活动使建筑内部与外部空间建立起了不可分割的关系,如何协调内部空间与外部空间的关系,芦原义信在《外部空间设计》一书中提出了"十分之一"的参考尺度,即以建筑内部主要房间面积的 8～10 倍作为建筑外部空间设计的参考尺寸,他以日本"四张半席"的亲密空间推算出边长为 21.6～27 m 的"舒适、亲密"的外部交往空间。按照日本传统建筑宴会大厅的尺寸推算外部空间尺寸得到了与 C. 西特关于欧洲广场规模(58 m×142 m)相似的尺寸(表 6.1)。对于城市外部空间,芦原义信参照 E. 霍尔的"25 m 最大交往距离"提出了"20～25 m 的外部空间模数",认为应该以 20～25 m 为单位或重复节奏、或改变材质、或改变标高,对外部空间进行划分,使之符合公共交往的尺度。

表 6.1 芦原义信以"十分之一"的理论推算广场尺寸

宴会大厅	房间尺寸/(m×m)	外部空间尺寸/(m×m)	
		1∶8	1∶10
80 张席	7.2×18	57.6×144	72×180
100 张席	9×18	72×144	90×100

城市空间尺度是一个极为复杂的问题,空间规模必须与空间活动相一致,满足公共活动的功能要求,符合人与空间、设施的尺度关系。在我们反复强调以步行速度为度量空间的基本尺度时,我们应该注意现代生活方式对空间尺度体验的影响:①高层建筑、超高层建筑的迅速增加影响着人们对城市空间尺度的度量;②机动车交通的大幅度增加影响了人们对距离的直观体验;③城市人口密度高,相对拥挤,使人们倾向于放大城市空间的比例缓解心理压力。因此,在研究城市空间尺度与比例时必须考虑现代生活方式对人们的"心理尺度"的影响。

4)空间序列

城市空间是用各种有形的物质因素通过"限定"手段创造的,对于一个空间单元来说,可以从空间的天际线、地廓线、界面、底面和室外设施等方面入手,通过合理组织与调整产生不同的空间构成效果,表达人们的主观愿望。当把这一"单元"重新放到城市这一整体中去时,可以发现:任何空间都不是孤立存在的,人的活动、行为的连续性特征使相邻、相近的空间产生了连接,城市空间因人的活动次序,以时间先后为线索演化为一系列空间的组合。在这一过程中,城市景观总是以一系列突现或隐现的方式出现,这种视觉现象被 G. 卡伦称为视觉连续[10],即空间序列。

G. 卡伦提出了一个著名的空间序列的分析案例(图 6.17),通过一系列画面展示了空间序列的意义。城市景观被分为已经显示的景观和正在浮现的景观两部分,通过人为合理编排,把空间的排列和时间的先后次序这两种因素有机地统一起来,使无序的因素组织成能够引发情感、层次清晰的环境,人们沿着一定的路线行进时,能够感受到既和谐一致又充满变化且具有时起时伏的节奏感,建立起完整而深刻的印象。

空间序列组织实质上就是综合运用暗示、铺垫、对比、引导、再现等一系列空间处理手法,把个别的、独立的空间组织成一个有秩序、有变化、带有主题的空间集群。显然,空间序列的组织存在于建筑、建筑群体以及城市中。建筑、建筑群用地明确、功能一致,通常是一次设计建成或一次规划逐步实施,空间序列在统一的指导思想下建立。南京中山陵是孙中山先生的陵墓,吕彦直先生巧妙地顺应山势,以"半圆形陵前广场、牌坊—坦直的向上坡道—陵门及广场—碑亭—宽阔而陡峭的大台阶—纪念堂"成功地创造了纪念性主题的群体空间,这一空间序列产生了极其强烈的震撼力,以空间语言准确地表达了孙中山先生"革命尚未成功……必须唤起民众"的警言(图 6.18)。

图6.17 G.卡伦著名的空间序列分析示例

相比较而言,城市空间序列的组织更为复杂,其原因在于,构成城市环境的因素很多,空间主题千差万别,城市环境演变的时间、方式都是不易控制的变数,城市空间序列的组织就是要在一系列随机的、"不相干"的空间中建立起联系,从而"编排成一出连贯完整的戏剧"。北京文津街改造工程对团城的保留堪称城市空间序列组织的经典之作。为了改善北京旧城区的东西向交通状况,1957年改建北海桥及文津街相连地段,从交通便利出发,改建方案曾提出拆除团城,使文津街与景山前街直线相接的方案,经过比较,最终选择了保留团城(仅在最突出处切去4 m)、文津街呈S线型与景山前街相接的实施方案。当人们接近北海桥时,视线豁然

6 城市景观与空间设计

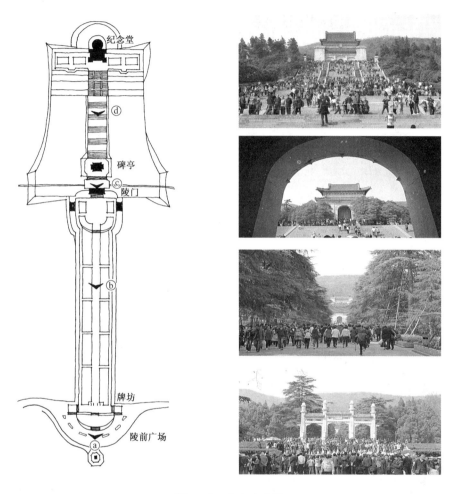

图 6.18 南京中山陵

开朗,碧波粼粼的北海、中南海,琼岛上的白塔映入眼帘,团城成为视线的焦点,预示着将进入一个特别的空间序列;沿着 S 线型道路行进,故宫角楼成为视觉中心,景山万春亭隐约可见;沿着筒子河前行,景山的自然景观与故宫严整的宫墙形成强烈的视觉反差;当人们位于景山南门前时,神武门与万春亭遥遥相对,表明了城市中轴线的存在。文津街实施方案不仅仅是保留了团城古迹,其意义在于团城成为从城市西部接近城市中轴线的暗示和铺垫,强化了北京中轴线的价值与意义,创造了优美而生动的城市空间序列(图 6.19)。

城市规划与城市发展

图 6.19 北京文津街

团城成为城市西部地区接近城市中轴线的前奏与铺垫

总而言之,城市景观与空间形态是由自然因素、人工因素和社会因素根据人们的主观意愿进行创造的物质载体,其中,富有特征的地域性自然因素和表述时间特征的人工因素是创造城市特色的重要因素,而社会因素将对城市景观与空间形态的总体结构施加强大的影响力。在城市景观与空间形态的设计过程中,所有物质因素都将抽象为点、线、面的构成要素,以"限定"的手法组织景观与空间,最基本的限定方法是"围合"与"占领",从人们对空间的理解、生活习惯来看,人们对"实体围合空间"的敏感度超过了"实体占领"构成的空间,通常,城市空间形态是由围合、占领的方式复合而成。对于基本空间单元的处理要点是天际线、地廊线、界面、底面和室外设施五个方面,不同的处理手法必然创造不同的空间与景观效果,当我们把"空间单元"重新回复到城市的整体结构中去时,我们发现,空间的尺度和空间的序列成为影响城市整体效果的重要因素。由此可见,城市景观与空间形态的研究是一个值得不断探索的课题。

6.2 城市景观与空间的评价

城市景观与空间的评价标准是多方面的,带有强烈的主观色彩,从空间使用者的角度来看,城市景观与空间形态的优劣往往与他们的"空间经历"相关。K.林奇认为,环境印象是观察者与空间双向互动过程的产物,环境提示了特征与关系,观察者以他最大的适应能力和有目的的选择赋予所见物以意义。虽然,空间使用者存在着年龄、性别、受教育程度、职业等方面的差异,但更为广泛的共同性——构成空间的物质实体、共同的文化背景、基本一致的生物特性使人们对环境的理解趋于一致。

对于城市景观与空间形态的理解并建立起印象,可以分为两个层面:一个层面是构成空间的物质因素存在着固有的组织规律,人们把它们作为一个客体以静态的方式进行评价,形式美成为人们评价城市景观的标准;另一个层面是人们在活动中,把城市环境作为一个整体全方位体验,并调动一切以往的经验,进行分析、比较,进而产生综合印象。

6.2.1 一般美学原则

一般美学原则是从静态分析的角度去研究城市空间构成因素,特别是建筑实体所涉及的构图规则,这包括了统一、均衡、韵律、比例、尺度等基本原则。

1)统一

统一性是一条为人们所公认的艺术评价准则。任何作品——小说、音乐、雕塑、建筑、城市都要求在诸多构成部分中取得统一,各部分的杂乱无章,结构的支离破碎、相互冲突,不可能产生完整的统一体,所以,统一是和谐、协调的基础。

任何事物都是由多种不同因素、不同部分组成,在城市中更是如此,城市功能的多样性和结构的复杂性必然导致其形式的多样化。对于构成整体的要素来说,大致上存在两种状况:相互异质和相互同质。相互异质表明构成因素之间不存在共同的或共有的元素,这将导致由此构成的整体难以把握而引起混乱;相互同质表明构成因素具有相同的元素,太多的相同将走向单调和呆板。因此,统一意味着在具有共性因素的基础上寻求变化,当然,必不可少的多样化必须服从于统一的原则。

在城市中,统一性的原则要求表现的协调,即构成城市空间的各个部分必须"说"共同的"话",具有"共同关心"的主题,使城市环境在同一"话题"中进行正确的表述。建筑物的体量、形态、色彩、质感、风格以及细部构造等方面应表现出恰当的关系,使城市环境的构成部分在"对话"的过程中趋向完善。荷兰阿姆斯特丹的城市景观充分表现了变化与统一的微妙关系,是一种"具有差异性相似"的结合体。也许,阿姆斯特丹给人的第一印象是无序的,建筑物层高不一,窗户的尺寸、位置千变万化,偶尔建筑物的山墙打破整齐的天空轮廓线,街道的立面构图相当复杂。然而,相似超过了变化,某种共同的因素统一于山墙和建筑入口设计,图形的印象通过相同的材料、色彩得到了加强。相似的、考虑周到的图形把建筑群作为一个整体,在比例、色彩以及装饰上保持了一种内在的密切关系,使整体所表达的意义超过了个体的内涵(图6.20)。

图 6.20 阿姆斯特丹临河街景

相似的窗洞、相近的色彩和相似的材料保持了新旧建筑间的统一

2) 均衡

均衡是一种存在于一切造型艺术中的普遍特性,均衡创造了宁静,防止了混乱和不稳定,具有一种无形的控制力,给人以安定而舒适的感受,人们通过视觉均衡感可以获得心理平衡。均衡感的产生来自于均衡中心的确定和其他因素对中心的呼应。

均衡可分为对称均衡和不规则均衡。

对称均衡是一种最简单、最易识别的均衡,无论是在平面上还是在立面上都必须建立对称轴线,中轴线两侧的元素对称布置,一旦对称轴线(均衡中心)被强调出来,一种稳定而庄严的氛围立即被感知,对称式均衡是表达整体统一的重要手法,用于平面布置常常会产生强烈的庄严感。

不规则均衡类似于杠杆原理,以一个远离均衡中心的较小体量与靠近均衡中心的较大体量求得平衡。不规则均衡打破了对称均衡所具有的严谨的结构关系,给城市规划师、建筑师在平面布置和立面组织上带来了较大的自由度。由于平衡中心不处于中央位置,所以,构图形式是不对称的,表现出一种动中有静、静中有动的运动感。

无论是对称式均衡还是不规则均衡,均衡中心具有不可替代的控制和组织作用,在城市空间和建筑设计上必须以各种手法给予强调,只有当均衡中心建立起一目了然的优势地位,所有构成因素才会建立起相应的对应关系。

3) 韵律

韵律是物体构成部分有规律重复的一种属性,可以产生强烈的方向感和运动感,引导人们的视线与行走方向,使人们不仅产生了连续感的趣味,而且期待着这种连续感带来新的惊喜,可见,韵律的最终目标应该指向高潮。

韵律在日常生活中到处可见,心跳、呼吸以及其他生理功能都是韵律的自然表现,而奏鸣曲、交响乐等古典音乐形式是具有明确表述意义的韵律,乐句和主题的重复与扩展使作品产生了坚实、丰富的整体效果。在城市空间、建筑空间中,韵律的表现不同于音乐,它是由非常具体的物质因素组成的。韵律是把任何一种片断感受加以图案化的最可靠的手段之一:要想让人们记住一系列完全不相干的线条是一件非常困难的事情,但把同样多的线条进行分组则产生了一种可被理解的韵律,那么,它们就变得有条不紊而易于记忆。因此,在城市环境中,建筑的墙体、列柱,具有相同母题的构件,建筑材料的质感、色彩的变化,特别是建筑洞口与建筑墙体所产生的光影变化,都会产生极其强烈的韵律感,使人们兴奋与激动。

韵律可以把众多构图要素组织起来并加以简化,从而便于人们"记忆",使人们产生视觉上的运动节奏,具有韵律感的组合对人们的视线及活动具有较大的引导力。

4) 比例

比例指存在于整体与局部之间的合乎逻辑的关系,是一种用于协调尺寸的手段,它并不涉及具体的尺寸,强调的是相互之间的关系——整体与部分、部分与部分的相互关系。当一座建筑物在整体尺寸与部分尺寸之间能够找到相同的比值关系时,便产生了和谐、协调的视觉形象。

最经典的比例是黄金分割率:把长"l"的直线段分成两部分,使其中一部分对于整体的比值等于剩余部分对于这一部分的比值,即

$$x : l = (l - x) : x$$

$$\frac{x}{l} = \frac{\sqrt{5}-1}{2} = 0.618$$

一般认为,这种比例在造型艺术中是一种具有美学价值的协调技巧。从古希腊开始,一些建筑师便运用几何规律和数学计算解决复杂的匀称问题;文艺复兴时期,整整一代建筑师都非常重视研究建筑比例体系的数学规律,并把比例运用于大量的实践中。

黄金分割率在现代建筑运动中最著名的应用是勒·柯布西埃依照黄金分割率提出了一个适用于现代建筑设计的模数体系。他的研究结果是:假定人体的高度为1.83 m,举手后指尖高度为2.26 m,人体肚脐高度为1.13 m,这三个基本尺寸的关系是,地面距肚脐的高度(1.13 m)与肚脐距头顶高度(0.698 m)的比值,肚脐到头顶的距离(0.698 m)与头顶到指尖的距离(0.432 m)的比值都接近或等于黄金分割率,利用这些基本尺寸,不断地以黄金比率进行分割,便可得到一系列数据,然后再利用这些尺寸划分网格,就可以形成一系列长宽比率不同的矩形,用于从书皮设计到广场设计这一广泛的设计领域,这些矩形都因黄金分割而保持着一定的制约关系,所以,相互间必然包含着和谐。

除了黄金分割率之外,建筑师以多种不同的方式来研究城市空间及

建筑物的比例问题,最常用的一种方式是,城市空间或建筑物的外轮廓线以及各部分主要分割线的控制点,以圆形、正三角形、正方形等几何图形的简明而又肯定的比率关系进行控制与调整,使整体与局部之间建立起协调、匀称、统一的比例。

5)尺度

尺度是一个与比例相关,涉及人与建筑空间环境关系的概念,所谓尺度即建筑的大小与人体大小的相对关系。人们常常以直觉和经验去"衡量"城市空间、建筑空间的大小,对物体大小的直接感受似乎是人的一种本能,一旦发现感觉大小和实际大小明显不一致,人们必然会感到困惑不解。虚假的尺度,无论是以小建筑的方式去设计大型建筑,或者以夸张的尺度去设计小建筑,都会引起空间的混乱,所以,建筑师、规划师必须把某一单位作为可见的、易理解的"标尺"引入城市空间、建筑空间中去,使人们能够自然地、本能地鉴别空间的大小。良好尺度感是城市空间、建筑空间的基本条件。

从一般意义上讲,人们在日常生活中,各种物品都因天长日久的频繁接触而作为一种"常识"变成人们的记忆,从而建立起了一种日常的尺度概念。建筑物中有踏步、扶手,人们立即会"想起"踏步的尺寸、扶手的高度,于是,借助于这些基本单位,人们对整个建筑进行"推算",与人相关的建筑整体尺寸就会变得非常明确。如果城市空间、建筑空间存在着一种合乎人们思维习惯的、从小到大的尺度体系,那么,人们几乎在最初一瞥间便形成了空间的尺度印象。

在城市空间中存在着三种不同的尺度效果,即自然的尺度、夸张的尺度和亲切的尺度。自然的尺度是试图表现一座建筑物的实际大小,让人们以人体的尺度在日常使用过程中去度量建筑、理解建筑,这类建筑及空间大多是与人们的日常生活非常密切的建筑类型,如住宅、商店、邮局、学校、幼儿园等;而夸张的尺度是以正确的手法使一座建筑物显得尽可能的大,在其间使人感到胸襟开阔、心情高亢,人们所感受的建筑较之实际尺寸更大、更有力,夸张尺度作为一种表现手段适用于城市的重大公共性建筑物或构筑物;亲切尺度是希望建筑物或房间显得比实际尺寸要小一些,通过提供符合小规模活动的空间与设施,简洁的背景和超尺寸装饰的组合可以获得亲切的尺度,使人们感到更为亲切、温馨,亲切尺度比较适合于城市、建筑中"非正式"空间环境的创造(图 6.21)。

协调的尺度体系是创造和谐、协调的空间整体环境必不可少的条件。

图 6.21　巴黎星形广场凯旋门

超人的尺度借助于简洁的形式和可度量的局部与整体的尺度关系而感知

6.2.2　格式塔心理学派的图形组织原则

格式塔心理学派创立于1912年，不同于其他心理学派，它强调经验与行为的整体组织，反对当时流行的构造主义学派的元素学说和行为主义心理学派的"刺激—反应"公式。格式塔心理学派的代表人物之一卡尔·考夫卡（Kurt Koffka）认为，格式塔心理学研究有两个重要的概念：心物场和同型论。他认为，世界是心物的，观察者知觉现实的观念为心理场，被知觉的客观现实为物理场，人类的心理活动是两者结合而成的心物场；同型论的概念意指客观环境的组织关系在体验这些关系的个体中将产生一个与之同型的脑场模型。人们对客观现象的认识与人的知觉活动密不可分，并以整体的方式建立起概念，当一种现象只要能被视为是一个单独的整体，不管是一幅画、一种意象，还是一个句子、一个曲调，甚至是一种颜色、一种触觉都可以被认为是一个"格式塔"。

格式塔心理学家认为，知觉到的东西要大于眼睛见到的东西，大脑皮层对外界刺激进行了积极的组织，任何一种经验的现象、每一成分都牵连着其他成分，每一成分之所以有其特性，是因为它与其他部分之间的关系。虽然，任何一个格式塔都是由各种要素或成分组成，但它绝不是构成它的所有成分的简单叠加，一个格式塔是一个完全独立于这些成分的全新的整体。它既不能分解为简单的元素,它的特性又不包含于元素之内。

格式塔心理学开始于人的感觉领域的研究,其应用范围远远超过了感觉经验的限度,扩展到心理学研究的整个领域。它在知觉领域,特别是关于视知觉实验取得了大量的研究成果,心物场、同型论为总纲,派生出了若干组织原则。考夫卡认为,每一个人,包括成年人和儿童,都是依照组织原则建立有意义的知觉场,这些良好的组织原则包括图底关系、简洁律、组合规则和恒常性。

1) 图底关系

图底关系即图形与背景的关系,是最重要的格式塔组织原则之一。E. G. 波林(E. G. Boring)在《实验心理学史》中对格式塔心理学图底关系有如下叙述:一个知觉野有组织起来的趋势,呈现为图形;各部分造成了联结而部分的组合又形成结构;凡是一个有机体,都自然而然、不可避免地存在着组织,这种组织的基本原则之一就是一个知觉场构成了图形与背景,图形位于背景之上,在视知觉中且复有一个轮廓[11];一个事件或一幅画面,作为一个相对独立的单元,都是一个有组织结构的整体,其组织结构的主要特征就是图形与背景的关系,实质上是一种主次组合的结构关系。

在什么状况下,构成格式塔的元素将成为图形或作为背景呢?格式塔心理学家通过大量实验发现了图形与背景构成关系的一些规律。埃维加·鲁宾(E. Rubin)发现,一个视知觉通常可以分为两个部分,即图形和背景,图形通常成为注意的中心,看起来被一个轮廓包围着,具有物体的特性,并被看成一个整体,视野的其余部分则为背景,它缺乏细部,往往处于注意的边缘,背景不表现为一个物体。一般情况下,被围裹在一条轮廓线内的面总是被视为图,周围的围裹面总是被视为底;就质地来看,质地紧密易被视为图、质地疏松者易被视为底;就上下位置来看,下半部较"重"容易被视为图,上半部较"轻"容易被视为底;就颜色而言,红色、黑色易被视为图,蓝色、白色易被视为底;就图形的形状来看,较为对称、规则的较易被视为图,其他则被视为底。

在知觉场中,图形倾向于轮廓更加分明、更加完整和更好定位,具有积极、扩展、企图控制和统治整体的强烈倾向,而背景则因缺少组织和结构而显得不那么确定,表现出消极、被动,处于从属和支配地位的态势。分化后的知觉野变成了一个"图形—背景"不可缺一的对立统一的整体,任何一个图形的"显现"都必须以背景作为陪衬,背景之所以成为背景,取决于它与图形的相对关系。

人们在感知客观世界时,"知觉野"是一个不停地变化的概念,大可以是"经历一个城市",小可以是"观看一幅照片",在不同的"知觉野"中都存在着"图形—背景"的主次关系,如果是一个连续的过程,"图形—背景"关系则处于一个相互转化的过程之中。我们游览一个城市时会把城市中心或城市的公共空间作为图形,其他部分作为背景;到达某一公共中心时,我们将把其中最重要的主体建筑理解为图形,而其他部分作为背景;而我们进入作为图形的主体建筑时,我们又会把其中的重要部分作为图形,其他部分理解为背景;假如我们不进入作为图形的主体建筑,而选择了作为背景的次要建筑时,我们将以此作为一个整体,重新建立起"图形—背景"的组织关系。人们在日常生活中始终存在着不间断的主次关系的确定、主次关系的对比、主次关系的取舍,人们并以此对客观环境不断地做出判断、评价,作出相应的反应。把"图形—背景"的组织规律用于城市景观与空间形态的分析,不难理解,任何一个有组织的城市空间都必须保持有良好的"图形—背景"结构,即主次关系,如果构成一个空间整体环境的各个部分都是"图形"或力争取得"图形"的地位,那么,这将是一个只有图形、没有背景的杂乱无章、支离破碎的空间与实体的堆积。

2) 简洁律

格式塔心理学家认为,每一个心理活动领域都趋向于一种最简单、最平衡和最规则的组织状态,形成结构稳固的好图形,这一特征被 M. 威特海姆(M. Wertheimer)称为"简洁律"[12]。

鲁道夫·阿恩海姆(Rudolf Arnheim)认为,视觉是一种主动性极强的感觉形式。在观看一个物体时,视觉就像无形的"手指",我们以这种无形的手指触动它们,捕捉它们,扫描它们的表面,寻找它们的边界,探究它们的质地[13]。组织得好、规则的、具有简明特征的物体很容易为人们所感知,但是,在很多情况下,客观事物本身的特征并不容许把自身组织成一个简明的好图形,观察者的视知觉会产生一种改变刺激物的强烈愿望,一方面会放大、扩展那些积极的因素,另一方面又会取消和无视那些阻止或妨碍其成为图形的特征,建立起易于理解、结构强固的图形。

一个好的图形就是结合很好的图形,以极少的信息量来表述其结构与特征。因此,好图形具有四个基本特征:连续,构成整体的各部分保持有良好的连续感;对称,构成要素以基准点、线或面为依据匀称布置,结构简化有序;趋合,构成要素以同样的方式组合,从而产生更为紧密的关系;

一致性,构成要素之间保持默契的呼应关系。

从信息论的角度理解简洁律,好图形的诞生是知觉过程中按照规律性、对称性、单一性的特征将其组织成简洁明了的结构,解除了人们因混乱引起的定向丧失,使内在的紧张得到消除,有利于人们在感知客观世界时以最简明的方式获取最多的信息,使知觉活动变得简单、快速、舒适、省力,在极短的时间内认识环境,为自己的活动获得合理的"定向",从而使人们的活动变得有序而丰富多彩起来。

简洁并不是简单或缺少信息,简洁是用尽可能少的结构特征、以明确的方式、把复杂的材料组织成有秩序的整体。

3) 相似组合

格式塔心理学派通过大量的知觉实验,提出了部分构成整体的组合原则,主要是指那些使某些部分之间的关系看上去比另外一些部分之间的关系更加密切的因素。依照各部分在某些知觉性质方面的相似性程度,人们可以确定这些部分之间关系的亲密性程度,邻近的单元或者大小、形状及颜色相近的单元有形成接合得更好的趋势,图形在自求完善时会趋向于对称、平衡或适当比例[14]。

图形组织的相似组合原则包括了元素接近、元素相似和元素连续,存在着获得稳定、有序和闭合的趋势。元素接近表明,当某些相同元素距离较近或相互接近时容易组成整体;距离相等,特征相似的元素将趋向于组合为整体;而各元素之间一旦产生某种相呼应的关系,则更容易组成整体。相似性组合原则可以有多种表现形式(图 6.22)。

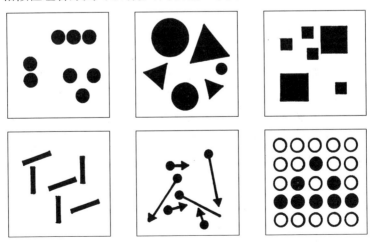

图 6.22 相似组合示例

(1) 位置相似：位置相邻或接近，有利于组织起来；
(2) 形状相似：以形状特征实行分野，促进组合；
(3) 大小相似：大小尺度的相似成为组合的标准；
(4) 方向相似：方向的一致性促进了组合的实现；
(5) 运动速度相似：运动速度成为评价因素的尺度；
(6) 色彩相似：相似的色彩有利于组织的一致性；
(7) 闭合：闭合趋向于稳定、完整；
(8) 连续：连续容易组成整体。

考察关于相似性原则的组合现象可以发现，位置接近虽然提供了构成整体的有利条件，假如构成因素之间缺乏必要的相似性，那么，只能带来强烈的视觉冲突与对立，根本无法组合成整体；元素特征相似常常使人们感到它们"属于一组"，从而减少了感知环境所需的信息总量，有利于元素的组合；连续则使构图单元的组织趋于连贯，从它所处的背景中显现出来。显然，构成整体的各元素既需要产生联结，又必须形成结构。鲁道夫·阿恩海姆认为，各部分的接合遵循相似性组合的原则，但各部分的组织关系首先取决于整体的结构。

4) 恒常性

人们在感知客观世界时，观察者与视觉对象之间存在着方位、角度、距离的变化，但是，无论怎样变化，人们总能感知并理解物体所固有的状态，即物体具有恒常性。当观察者与物体的距离以及它们的网膜影像的大小发生变化时，感知物体的大小可趋向于保持不变；当观察者观看物体的角度以及它们的网膜影像的形状发生变化时，物体的形状也趋向于保持不变；当照明强度发生变化时，物体在明度上也趋向于保持不变；当照明的颜色成分发生变化时，其色调也同样趋向于保持不变。

关于物体恒常性的研究，不同的心理学流派有不同的结论。格式塔心理学派认为，物体的恒常性与人的知觉直接相关，人的双眼所表现出的空间投影的不一致为每个空间点提供了不同的深度值，实现了空间定位，如果把视阈作为"场"来理解，其主要轮廓沿空间的主要方向建立起一个格局，这成为度量物体关系的感知框架，我们发现，我们的眼睛、头部和身体的运动在不停地改变着视网膜的投影图样，但是感知格局原封不动，可见，只要条件许可，格局尽可能保持恒常，人们所见物体的方向、大小和形状都会保持相对恒常性。

值得注意的是，当人们判断整个环境的能力有所减退时，恒常性也会发生减退[15]。这种减退在知觉过程中反映出来的是视错觉,感知框架的"诱导"或"误导"可以导致对具体物体的错觉:或变大,或变小,或变长,或变短……视错觉会使人们对客观物体的判断产生一些误会,但是,恰当地运用视错觉对空间组织以及造型艺术具有积极意义。中国古建筑的立面采用柱生起、柱侧脚和屋角起翘等技法,欧洲古代城市广场采用梯形平面,都是充分利用视错觉调整视差的经典技法。

至此,我们分两个层面讨论了城市景观与空间形态的评价问题,一个层面是把城市景观与空间形态的构成作为一种客观物体来评价,从形式美的角度来分析景观构成的组织规律;另一个层面是以人的感知为基础,全方位地体验城市景观与空间形态的意义,其中,主次关系是城市景观与空间形态评价的基本原则。

6.3　城市景观的组织

城市是一个有机的整体,始终处于生长、变化的过程中。21世纪,我国城市发展以城市外围扩展和城市内部重组作为城市形态变化的主要特征,这导致了城市景观的巨大变化。城市作为一个连续的发展过程,城市景观设计始终面临着一个重大课题:城市发展如何处理与自然生态环境的协调关系,如何处理与已存城市环境的协调关系,即如何恰当地把城市拥有的独特的自然景观因素和具有历史文化意义的人文景观因素组织到不断变化、发展的城市景观体系中去。

城市景观是城市组织结构的一种视觉体现,它的核心仍然是城市整体结构、城市功能的组织,城市景观设计绝不是城市"风光照片"的设计。

6.3.1　城市景观体系的建设

城市景观是城市物质环境的视觉形态,以此,人们可以获得最直观的城市环境印象。对一个城市而言,仅仅有一个、两个令人满意或令人兴奋的城市景点是远远不够的,城市景观与空间形态的组织设计应根据城市景观的价值、知名度、公共性水平,以恰当的方式建设不同等级、不同层次但相互联结的城市景观体系,为城市生活提供丰富多彩的背景环境。

城市景观体系组织的核心是创造城市的个性与特色。目前,我国城市发展已经显露出个性丧失、特色丧失的倾向:大规模、大批量、雷同而毫无个性的开发建设,变着花样的"方盒子",对中外传统建筑形式、风格的模仿,白色釉面砖和蓝色玻璃的大流行……显然,大规模的建设造成了复制倾向,城市快速更新造成了历史环境的消失,相同的施工方法和同样的建筑材料造成了技术趋同,城市的个性与特色在趋同的发展中逐步消失。毫无疑问,富有个性和特色的城市景观不是靠几幢"标志性建筑物"或个人的"聪明才智"创造出来的,城市个性与特色在于它自身的特点——独特的地理和地域环境,特有的历史、人文景观和生活方式的演变,是一种自然而然的发挥与表现。城市景观体系的建设必须认真研究城市有价值的景观资源,合理组织城市景观的结构体系。

1）城市景观体系的组织原则

城市景观体系的研究是从视觉分析的角度去理解城市空间的结构关系,作为城市环境的视觉形态,它应该反映城市的演变以及与城市生活、特别是城市日常生活的密切关系;城市景观组织以最佳展示为目的,必须使人们在参与城市活动时产生愉悦的心理体验,从而使自己的行为与城市空间环境,通过景观这一视觉因素建立起双向的心物对应关系;城市生活是城市最活跃的因素,如果把城市生活理解为正在同时上演的人间话剧,那么,城市空间就是表演舞台,城市景观就是背景,它们共同支持和促进城市活动的发生、发展。

（1）多样化统一的原则

多样化统一的原则要求城市景观的组织必须与城市活动的多样化相一致,并保持城市景观结构体系的完整性。

城市是一个丰富多彩的聚合体,无论是以时间为线索分析一个人一生或一天的活动经历,或者以空间广度来观察不同城市地点所发生的各种活动,都可以得出这样的结论:城市在不同地点同时发生着不同的故事,这一切像同时上演的一幕幕话剧。任何人都知道,城市活动与城市环境存在着大体一致的对应关系,人们所进行的各类活动都必须在城市中寻找与活动相一致的"场所",城市活动提出了城市空间与城市景观多样化的基本前提。

从城市空间形态来看,城市空间可以划分为两种基本空间形态:用于人类行为实现的"场所"和保持人类行为连续的"路径"。"场所"具有面的特征,平面上存在两个方向的度量尺度,最有代表性的是城市广场,以建筑实体围合的空间表达了支持活动展开的意义,城市活动的烈度与空间的大小、围合实体的功能等因素相关;"路径"具有线形特征,平面上两个向量之间存在极大的差别,表现出强烈的运动感,适用于"场所"之间的联系。场所与路径构成了城市的空间网络。考察城市实态可以看到,城市空间的基本形态可以演化出若干种变体:改变形状、改变大小、改变角度、改变方向、改变连接方式……构成了城市形态多样化的空间特征。

但是,城市中的任何一个要素、任何一个空间环境都不可能独立存在,人类活动的连续性表明,城市作为由若干个子系统单元组成的大系统,必须是一个整体,城市景观体系必须保持与之一致的特征——多样化统一。多样化表现为城市子系统不同功能、不同空间环境的个性与特征,统一是指城市景观必须是一个和谐的整体,要求构成城市大系统的单元建立起有序、协调的关系,真实地反映城市大系统的组织结构,真实地表现城市生活的丰富多彩。

(2) 结构最优原则

结构最优原则强调的是完善城市景观基本单元,以合理的方式进行组织,使城市景观体系建立起稳定而明晰的内在结构关系。

城市景观的组织必须强调景观单元的个性与特征,通过对空间环境构成因素——天际线、地廓线、界面、底面和室外设施的精心安排,赋予单元整体性的意义和良好的识别性。当然,城市景观单元因其公共性及自身价值等因素存在着固有的等级差别,城市景观体系的设计应该依照景观单元的价值,划分成若干层次和等级进行组织,建立起层次分明、衔接有序的整体结构,在其中,必须运用各种手段确立城市景观单元在体系中的主导地位,作为整个体系的定位标识,使城市具有明确的方位感。

虽然,城市景观体系是采用景观单元分级组合的方式进行组织,但人们并不是以静态的分级方式去感知城市,人们对城市景观的感知是在运动过程中完成的,因此,必须考虑运动感知对建立城市景观体系的影响。不同的运动速度对城市的印象是不同的,人们感知任何事物都需要一定的时间来分析、处理视觉印象,所以,快速运动会使人们观察细节、处理信息的能力下降而忽略众多细节,只有特殊的信息为人们所接受,而慢速交通有足够的时间来关注近人尺度的信息,因此,城市景观的组织必须满足不同运动速度的要求,以合理的标志体系组织景观结构。

城市景观体系所包含的空间序列不同于"单向递进展开"的单体建筑或建筑群的空间序列,是一个多向展开的网络系统,即人们可以从城市的任意一点开始感知城市景观的过程,或者在某一节点向多方向行进,从而组成不同的城市景观序列,这种多方向展开的特点要求城市景观体系必须是一个开放性的体系,能够形成多方向序列的组合,并且具有可逆性,符合人们组织"行为序列"的要求。

城市景观结构最优原则要求城市景观体系是一个具有多方向展开、

可逆的开放性网络,这一网络必须有明确的定位标识和方位感,适合于不同运动速度和多向度活动的需要,具有简洁明了的结构,能够使人们以少而准确的视觉信息建立起城市的整体印象。

(3) 有机生长的原则

有机生长的原则是从城市动态发展的角度提出的景观体系建设的原则,城市景观体系应该以城市结构的扩展为依据,随着城市的发展有序而合理地生长。

城市发展以人工环境的更新改造和自然环境的开发利用为主要发展方式,这使得城市景观体系始终处于变化的状态。对城市景观体系而言,人工环境的更新改造存在着有利和不利的两种可能性,但大面积的快速更新无疑是弊大于利。短时间内高层建筑的高度不断被刷新,建筑造型的标新立异,同一种建筑材料的流行,加上房地产商对利润的渴望,使城市旧区玉石俱毁,城市景观结构在城市更新过程中失去了应有的连续性,城市随之而失去了个性和特色。有机生长的原则要求城市更新应在城市景观体系及重要标志物的控制下谨慎进行,表现出城市发展连续性的特征,保留城市在各个发展阶段有价值的景观作为城市发展的标识和真实记录。对于有价值的人文景观,城市更新应表现出应有的尊重,更新项目的尺度、体量、色彩、材料都应与之相适应,保持应有的一致性,始终把有价值的人文景观作为主角,使新旧环境建立起"对话"的关系;对于活跃异常的城市中心区,应有意识控制更新速度,高层建筑具有定位和标识意义,但作为视觉标志的高层建筑的频繁更替会失去其标志的意义和价值,缓慢更替有利于市民调节"心理认知图形"适应和认同城市标识的变化;对于一般地区的大规模更新,必须认真寻找、利用有意义的景观因素——建筑物、小品、构筑物,特别是多年生长的树木,建立起今天与昨天的联系。

城市外围扩展必须重视城市发展与生态环境的关系,应该在城市空间结构扩展的基础上进行,缺少结构支持的城市扩展将会导致无序和混乱。城市外围发展的核心问题是自然生态环境状况与城市发展的协调,城市发展规划必须充分调查城市外围有价值的自然景观:地形、地貌、水体、植被……把它们有机地组织到城市景观体系中去,在充分尊重原有生态模式的前提下,把人工开发所带来的影响约束在生态环境可承受的范围内,建立起一个丰富、高效、自我供应、自我支持的动态城市景观体系。

城市景观体系的有机生长与城市空间形态的发展相一致,从完善景观体系结构的角度来看,城市景观规划应该从城市景观最薄弱的环节或地段入手,通过对薄弱环节的建设使结构体系趋向于完善而稳定,并表现出时间、空间两个向量的连续性特征。

至此,我们提出了城市景观体系建设的三大原则:多样化统一、结构最优和有机生长的原则。其核心是,城市景观体系是一个整体,作为城市物质环境的视觉形态,必须真实地记载城市的发展过程并随着城市发展而演进。当然,在城市这个大系统中,城市景观体系建设必须与城市区域规划、总体规划以及各单项规划保持一致性和协调性,真实地表现城市环境与自然、历史和日常生活的和谐关系。

2) 城市景观体系规划的工作程序

城市景观体系规划实际上是一个认识、剖析并解决问题的过程,是一个不断探索、发现城市潜质的过程,虽然,针对不同的城市景观问题,其工作方法、工作侧重点有所不同,但是,工作程序大体一致,可分为景观资源调查、分析与评价、决策与综合等三个阶段。

(1) 景观资源调查

城市景观资源调查是城市景观规划必不可少的前期工作,调查工作的深度与广度直接影响城市景观设计的质量,是一项非常细致而广泛的工作。

景观资源调查必须调查各种景观资源的分布状况,探明城市及其周围地区的自然景观和人文景观的内容与特征,特别是有价值的视觉因素,挖掘其尚未开发的景观潜能,对于可以形成广阔视野的制高点和具有特别景观的地段应该认真调查,而调查区域内的不利景观应引起足够的重视并深究其生成原因。

对于人文景观必须从多方面入手。对已存城市环境必须进行认真的实地勘查,遗址、历史陈迹、名胜古迹,记载历史发展过程的建筑物、构筑物等历史文化遗存都是构建城市景观体系的重要因素;注重相关文物史料的研究与分析,赋予文物建筑以历史的文化内涵;认真研究重要的公共性建筑物的位置、意义及相互关系,从城市空间、景观构成的角度去理解其价值与意义,它们是城市景观结构组成的重要因素。

对于城市运转状况的调查应认真分析现状城市的运转状态以及城市生活、城市空间、城市景观之间的关系,努力发现城市空间与城市生活的适配程度,从中发现城市生活方式的变化,以及这种变化对城市景观环境的冲击与影响。

城市景观调查不仅仅是真实记录城市景观构成要素的分布与状况,调查工作人员应该变换"角色",以不同年龄(成年人、老年人、儿童)、不同身份（本地人、旅游者）、不同职业（工人、职员、干部）去体验城市空间的存在及意义，感知城市景观构成要素的真实价值所在。

(2) 分析与评价

城市景观因素的分析与评价是对城市景观因素的综合定位，主要根据其历史价值、形态特征、公共性程度、视觉质量以及与城市的关系等，即在整个城市景观体系中的地位而确定。

城市景观要素大致可以分为三个等级：①城市级景观要素，具有城市总体形象代表的景观，如南京的中山陵、夫子庙、新街口、玄武湖、长江大桥等，是城市中具有最大价值、构建城市景观体系的核心因素。②区域性景观要素，具有代表城市中某一特定区域形象的环境因素，其影响力小于城市级景观因素，但是，对于城市居民而言，区域性景观因素是城市各个区域的象征，在城市景观体系中，是构建城市景观框架的基本因素。③景观基本构成因素，是城市中的小型景观构成因素，可以是一个城市空间的组成片断，或者是城市空间构成的一个视觉单位，对城市景观体系的组织意义不大，但与城市的日常生活密切相关，是城市市民日常生活的空间定位因素。显然，在城市景观体系中，越能代表城市自然风貌特征和历史文化的因素，其等级越高；公共性越强，城市景观等级越高；而城市景观等级越低，与城市市民日常生活的关系越密切。

城市景观因素的评价方式是多种多样的，可以采用图解、文字说明或表格等方式，无论如何运作，分析与评价工作都必须对城市景观体系的构成因素做出真实而客观的评价。

(3) 决策与综合

决策与综合是城市景观规划的设计阶段工作，是把城市景观的构成要素进行组织的过程，多方案比较是这一阶段工作的基本特点。

决策与综合应包括以下工作：

① 建立最优的景观结构模型；
② 根据景观因素的地位制定相应的建设与保护方案；
③ 根据特定的环境状况选择最恰当的展示方式；
④ 合理组织城市景观序列。

城市景观体系规划是一项以视觉分析为基础进行空间组织的规划工作，它与城市总体规划的关系密不可分，因此，城市景观体系规划与城市总体规划存在着相互促进的影响力。城市景观体系规划可以通过序列展开的规律修正和完善城市总体规划的结构，城市总体规划有助于城市景观体系的合理生长与发展,两者相辅相成。

3) 景观网络的组织

城市道路系统是交通和视线通道,具有线的特征,它们把城市中有价值的景观环境作为节点组织起来,构成城市景观网络。城市景观网络是城市市民参与城市活动时的视觉定位系统。

(1) 构成因素

城市景观网络是由典型的景观标志、连接因素建立起来的,网络能够适应城市市民由城市活动引起的多向度景观序列的要求。

网络的构成因素主要是具有节点意义的场所和具有线意义的路径。具有独特视觉特征的点和具有广大一致性特征的面在景观网络组织时都可以作为点来理解,具有独特视觉特征的点可以是纪念碑、雕塑或塔状高层建筑等,而拥有一致性特征的面包括城市广场、大片的水面、以树林为特征的风景区等,它们在视觉感受上表现出强烈的一致性,人们常常把它们理解为一个整体,抽象为一个概念而演变为节点。无论是以点或面的形式作为网络构成因素,最重要的是它们的个性与特征,当它们失去了应有的个性或一致性的特征,在景观网络中便失去了它们的景观价值与意义。

建立城市景观网络的节点因素主要分为三类:

① 人工环境因素:公共性极强的城市公共空间和重要的公共性建筑物,如广场、大型商业设施、文化设施以及具有公共性特征的区域等。

② 历史文化因素:具有历史、文化意义或记载重要历史事件的建筑物、构筑物等和反映城市不同历史时期建筑风格、形式的典型建筑,反映不同历史阶段生活方式的建筑环境。

③ 自然环境因素:具有地理及地域特征的自然因素,如山体、水系、森林、地方性植物以及人工组织的自然因素。

城市景观网络的连接因素主要是具有线的特征的要素,它包含了人的视线和运动路线。人们的视线移动常常在可见的物体之间建立起空间关系,形成物体间的"张力",对人们的运动具有较强的引导性;运动是人们从一个节点向另一个节点移动的主要方式,运动路线建立起了物体间真实的空间联系,由此人们经历了景观网络中从一个节点到另一个节点的空间体验。当然,线形连接因素具有良好的一致性(滨水道路、林荫道路)或具有场所感(商业步行街区),也常常被人们理解为城市景观网络的构成因素。

城市道路系统作为网络的主要连接因素,与城市的重要空间和标志物一起,建立了城市景观网络。

(2) 结构组织

城市景观网络必须有均衡的结构关系和明确的定位标识。均衡的景观结构可以使城市获得整体的均衡感，建立双向可逆的空间序列，而网络的定位标识是网络结构所必需的重要因素，借助于定位标识人们在城市中可以获得良好的方位感，消除人们参与城市活动时因迷路而引起的心理压力。从城市空间结构的组织来看，城市中心区公共性最强，公共活动烈度最高，建筑形式、体量都占有绝对的优势，常常被人们理解为城市的核心。一般情况下，城市中心区通常是城市景观网络的定位标识。

伯吉斯同心圆模式认为，城市的公共性随着距城市中心区距离的增大而递减，即城市边缘地带公共性活动烈度下降，剖析空间序列的展开，由城市边缘至城市中心区的空间序列是一个由低向高变化的单向的序列（由城市中心至城市边缘则表现为由高向低的序列），为了保持城市景观网络的均衡，必须加强城市边缘地带自然景观的建设，以自然景观因素的优势弥补城市空间结构公共性的衰减，建立起"城市边缘区—城市中心"双向可逆的空间序列，从而获得景观网络结构的均衡。值得引起我们注意的是，城市历史文化景观具有强烈的地方特色和历史意义，随着城市的发展，曾作为城市重要标志的历史文物建筑和人文景观因素因生活方式的变化、城市结构的调整和城市规模的扩大逐步为城市的新兴增长因素所替代，并受到城市更新行为的冲击。为了保护有价值的历史文物建筑和人文景观因素，保持城市发展的连续性，城市景观组织应该为历史文物建筑和人文景观因素设计合理的空间序列，以恰当的方式把它们组织到城市景观网络中去，提高历史文物建筑和人文景观因素的公共性和开放性，强化历史文物建筑和人文景观因素在城市景观网络中的地位。

(3) 结构扩展

城市景观网络是"阅读"城市的基本框架。以南京为例，新街口是最活跃的城市中心区，是城市景观网络的核心，具有明显的定位功能，城市景观网络是以新街口为核心，以"中央门—鼓楼、新街口—雨花台"为南北轴线，以"长江岸线—鼓楼、新街口—东郊风景区"为东西轴线的十字形结构（图6.23），在这一结构的基础上形成了城市景观网络。从城市景观网络图中可以很明显地发现，如果以新街口为界进行划分，城市北部景观网络的建设相对比较完善，具有良好的节奏感和组织多向序列的可能性。而城市南部地区缺少必要的网络节点，城西干道、城东干道的大流量交通对城市用地有明显的分割作用，景观网络缺少定位标识而显得单调、平淡而缺乏节奏感（图6.24）。

6 城市景观与空间设计

1.新街口；2.鼓楼；3.中央门；
4.雨花台；5.下关长江岸线；
6.东郊风景区

图6.23 南京景观网络结构图

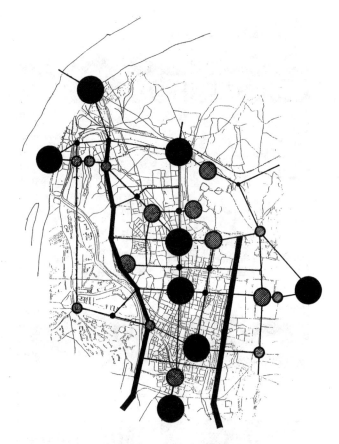

图 6.24 南京景观网络图

  城市景观网络的扩展必须以已存的城市景观网络结构为基础合理扩展。城市外围新开发区应该建设新区标志性景观,并且与城市景观网络中的重要节点建立起直接联系,与相邻的节点建立稳定的联结,才能保证城市景观网络的有机扩展。

  南京市城市形态的外围扩展受到了自然环境——长江、宁镇山脉的制约,城市在东北、西南、东南方向拥有较平坦的开阔用地,从城市空间和景观结构的角度剖析城市发展问题可以发现,三个方向的城市发展所要解决的问题各不相同。

  ① 向东北 城市向东北方向发展具备了良好的条件,主城区的中央门节点、新庄节点具备了向北扩展的能力,东北片有濒临长江的幕府山、燕子矶等极具观赏价值的自然景观和多年建设发展的基础,东北片发展的核心问题是建立一个具有统帅意义的功能中心和景观节点,完善东北

片的空间及景观结构。

② 向西南　城市跨越秦淮河向西发展,即开发河西地区,河西地区广阔的用地位于主城区的西南方向,而与之对应的主城区景观结构不完善,因此,城市向西发展的前提是完善主城区南郊的景观网络结构,河西地区的开发重点是,建设河西地区副中心和重要的景观节点,积极建设江心洲生态自然风景区,在河西地区建设起稳定的空间与景观结构,并与主城区实现有序连接。

③ 向东南　城市向东南方向发展具有广阔的前景,发展的核心问题是东南片缺少区域性公共中心,它与主城区的核心缺乏直接、一目了然的联系,主城区缺乏与之呼应的景观节点,城市东南片的发展应认真研究和寻找主城区向东扩展的"发展轴"(图6.25)。

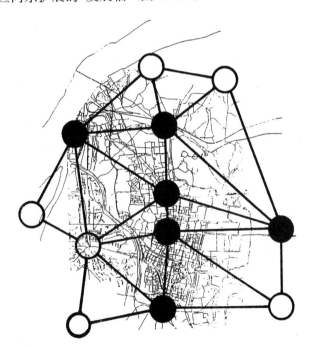

图 6.25　扩展后的南京景观网络结构图

总之,与十字形结构相比,扩展后的城市景观网络结构具有稳定而均衡的组织关系,良好的方位感,便于组织多向度、可逆的空间序列,有利于城市的协调发展。

6.3.2 与城市总体相关的景观控制

城市发展是一个连续的过程,城市景观作为城市的视觉形态必然反映出这一动态发展的特征,在其中,局部利益与城市总体利益的冲突是不可避免的。当我们把城市作为一个整体、一个系统来理解,城市景观就必须保持应有的一致性,城市一旦失去了对局部更新和小范围开发的控制与引导,便意味着城市功能结构和城市景观体系整体性和协调性的丧失。因此,城市的更新与发展必须从城市景观整体性出发,进行控制与引导,保持城市视觉形象的连续性和合理性,真正体现城市应有的价值观。

与城市总体相关的景观控制主要包括三个方面:城市轮廓线的控制、建筑高度分区和景观视线走廊的保护。

1) 城市轮廓线的控制

城市轮廓线是人们感知城市的一种特殊的视觉形态,在城市轮廓线中影响力最大的是建筑物,它和城市特定的地形、绿化、水面组成了丰富的空间轮廓线,每一个富有特色的城市都有自己独特的城市轮廓线:纽约曼哈顿密集的摩天楼,莫斯科巍峨而绚丽的塔楼,北京舒展而平缓的故宫建筑群和四合院民居,都给人以强烈的视觉感受,对城市特征的表达发挥了极其重要的作用。

(1) 观赏点(线)

人们对城市轮廓线的感知与观赏点、观赏路线、观赏距离、观赏方式和观赏心理直接相关,而观赏点、观赏路线是最基本的因素。

当人们处于城市外围或进入城市的过程中,城市作为一个整体以远景的方式被观赏,城市轮廓线的"第一眼"将会留下最为强烈的印象,引起人们较多的想象和感受。在城市内部,对城市轮廓线的感知与人们所处的场所直接相关;处于开阔地带,人们可以获得广阔的视野,城市空间轮廓线将呈现出连绵的"画卷";处于城市街道中,人们对轮廓线的感受因距离、空间尺度而变得更为具体、可触摸,人们随着行进的节奏变化全方位地"体验"城市轮廓线的存在;城市制高点是观赏城市轮廓线的最佳场所,城市制高点超出了城市一般建筑物的高度,能够以"鸟瞰"的方式去观赏城市的主要建筑物、自然因素的组合关系,视线把城市的重要景观因素组织起来形成"图形"为人们所感知、理解。由此可见,感知城市轮廓线的主要观赏点是:

① 城市的各类对外通道　如进入城市的高速公路、大江大河的航道以及空中航线,其观赏特点是行进型的,城市轮廓线随运动而变化。

② 城市的制高点　这是最令人愉悦的一种观赏方式,观赏者因与城市轮廓线的构成因素处于"平等"的地位而感到满足,当然,制高点的价值与制高点的公共性相关,公众光顾的频率越高,其意义越大。

③ 城市的开阔地带　城市开阔地带具有广阔的视野,是水平展开度最大的观赏地点,连续而广阔可以产生"巨幅长卷"的效果而令人兴奋。

④ 城市街道　城市街道具有连续性特征,沿街建筑轮廓、标志物、节点因运动组成了连续的画面。

(2) 轮廓线的组织

城市轮廓线存在着"图形与背景"的组织关系,控制与保护城市轮廓线必须确定构成城市轮廓线的主要因素和次要因素。为了强调主要因素在城市轮廓线中的主导地位,就必须限制次要因素的扩张。城市轮廓线组织的关键是合理控制建筑物的高度、体量和体形,使主要因素成为城市轮廓线的主体,而次要因素始终处于从属的地位。

从城市发展的趋势来看,建筑的高度出现了普遍增高的倾向,在一般城市,量大面广的城市住宅大多达到 6 层,高度在 20~24 m,而高层建筑成为当今城市中最活跃的景观因素,对城市轮廓线的影响巨大,在许多城市,已经成为城市轮廓线的关键因素,因此,城市轮廓线的组织必须严格审定高层建筑的选址、高度、体量和造型,应该认真研究高层建筑的分布规律,建立与城市功能相一致的视觉形象和空间轮廓线(图6.26)。若城市对高层建筑的审定"放任自由",随意选址,彼此缺少呼应则产生分离和破碎的构图效果,破坏城市轮廓线的整体效果。

图 6.26　南京中心区轮廓线

城市建筑高度的普遍增高对保护城市历史文物景观极为不利,我国古代建筑多以木构架、单层结构为主要结构方式,建筑轮廓平缓舒展。为了保证历史文物建筑在城市轮廓线中的地位,必须严格控制历史文物建筑周边环境和更新建筑物的高度,确保历史文物建筑的主体地位,体现出城市对历史文化的尊重。

地形因素是城市轮廓线构成的重要自然地理因素,城市轮廓线的组织必须使城市自然景观得到合理、充分的展示,尤其应该强调建筑轮廓线与自然山体轮廓线的有机组合。普遍认为,建筑轮廓线应从属于自然山体的轮廓线。建筑物与自然山体的合理交织可以形成和谐而生动的景观轮廓线,而建筑轮廓线对自然山体的挤压、遮挡和模仿都会形成消极的、令人失望的城市轮廓线。

总之,人们对城市轮廓线的感知不是以片断的方式进行的,城市轮廓线的组织必须以控制和引导的手段合理组织构成要素,使人们在连续的运动过程中建立起城市的整体印象。

2) 城市建筑高度分区

城市建筑高度分区是按照城市总体要求分区控制建筑高度的规划措施,它基于两个方面的考虑:控制和指导城市净空的利用,使城市具有合理的密度;用于组织和保护城市景观,创造和谐、协调的城市面貌。长期以来,我国对于城市高度控制的研究仍然停留在起步与探索阶段。

(1) 原则

城市建筑高度分区是在城市景观总体设计时根据城市的性质、规模、自然因素、历史文化因素等条件对城市建筑高度进行限制,实行分区建设。其具体原则是:

① 以城市总体规划为原则,根据基地的特定条件、用地性质、地质状况综合考虑,合理控制建筑容积率,从而保持合理的人口密度和规模。

② 避免视线遮挡,通过对建筑高度的限制,准确地表达城市空间的意义,使公众能够观赏到城市的重要景观。

③ 控制实体与空间的比例关系,城市空间的尺度与创造空间的实体关系密切,控制实体的高度等于间接地控制了空间的尺度,是调节城市空间尺度的重要措施。

④ 城市建筑高度分区必须符合与城市密切相关的航空、微波通信、电力走廊等对建筑高度的限定。

(2) 建筑高度计算

建筑高度是指主体建筑的高度，由室外地面至建筑檐口的距离。建筑高度的计算公式为

$$H = h_1 \times n + h_2 + h_3 + h_4 \qquad (单位：m)$$

式中：H——建筑高度；

h_1——层高基数；

n——层数；

h_2——裙楼高度增加值；

h_3——女儿墙高度；

h_4——室内外高差。

其中，屋顶上部的辅助空间（电梯间、楼梯间、水箱等）可不计入建筑高度，坡顶建筑可按檐口高度与屋脊高度的平均值计算。

(3) 高度分区

我国城市建筑高度分区的办法大多参照了民用住宅层数划分的做法，分为多个等级。一级控制区：高度小于 12 m，对应于 1～3 层的低层住宅；二级控制区：高度为 24 m，参照多层建筑防火分类标准；三级控制区：高度为 35 m，相当于 11 层的小高层住宅；四级控制区：高度为 60 m，相当于 18 层高层住宅；五级控制区：高度在 100 m 及 100 m 以上，高层或超高层建筑。一般情况下，四、五级区划定为城市中心区或城市副中心，作为构建城市形象与标志的地区，而二、三级区作为对一般城市用地建筑高度的规定；由于我国对历史文物建筑的保护通常采用"锅底形"方式划圈保护，所以，一级控制区通常布置在历史文物建筑周边作为环境协调区。

用于保护或加强视景的高度控制不同于分区限高的控制措施，大多针对不同景观的特点，制定相应的景观保护规划。加拿大首都渥太华早在 1890 年便开始制定了中心区的高度控制规定，以保护议会大厦的建筑轮廓和环境，从重要的观赏点，以视线分析的方法，对议会大厦的背景环境进行限高（图 6.27）。美国西雅图为了使临水地区获得良好的视野和丰富的空间层次，对临水地区的建筑高度进行了严格的限制以建立丰富多变的城市轮廓线（图 6.28）。杭州市为了保护西湖与城市景观的融合，以湖心亭为主视点，锦带桥、三潭印月作为辅视点，参照宝石山宝俶塔塔底高程、吴山高程以及城市景观现状，提出了杭州湖滨地区建筑高度控制规划，全面协调城市景观与自然景观的关系[16]。

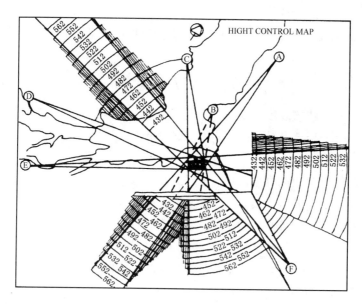

图6.27 加拿大渥太华城市中心区高度控制图

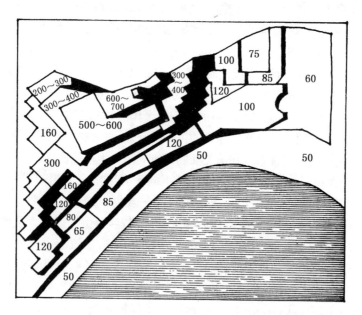

图6.28 美国西雅图对滨水部分城区建筑高度的限制（单位：ft）

应当注意，城市建筑高度分区规划在指导城市发展时仍然存在着进一步深化的必要性，建筑高度分区仅仅提供了景观控制的原则，对于城市不同地区或不同地段应通过具体的量化指标进行深化、细化,切忌"一刀切",适度的灵活性有利于在统一的前提下产生变化,进而产生生动、起伏的城市轮廓线。

3)景观视线走廊的控制

景观视线走廊的控制是一种目的性明确的城市景观控制措施,在城市中以"视线可达"为标准,规定相应的视线走廊空间,由人的视线建立起人与自然景观、人工景点之间的联系。显然,要达到这一目的,必须控制建筑物的高度、宽度和位置,避免建筑物对视线的阻断和遮挡。

(1) 观景点的视野保护

城市制高点是因超出城市一般建筑物高度、具有广阔视野而成为观景点,在观景点,人们以"鸟瞰"的方式欣赏城市重要景观之间的关系。对于一个城市而言,并不是所有的制高点都能成为观景点,城市观景点一般应该是广大公众能够自由到达、具有相当吸引力的地点,即公共性极强的制高点才能成为观景点,当然,城市观景点大多是具有观赏、游憩价值的风景点。

城市观景点的价值取决于人们所获得视野的宽广度和城市景观的质量。因此,观景点视野保护应该确立观景点能与多少城市重要景点——自然山体、水体,城市知名建筑物、构筑物、历史文物建筑等——建立起强有力的视线联系,并以此控制景点间其他建筑物的高度,保持景观视廊的通畅(图 6.29)。

图 6.29 南京鼓楼景观

对于城市一般地区,应该倡导新老建筑之间的视觉协调,当新建筑物超出现有建筑高度并大于现有建筑水平尺寸时,便会带来一些不利影响:

极其庞大的体量会压倒其他建筑或自然景观，阻断城市景观的连续性，破坏城市景观的特征。因此，从城市景观协调的角度来看，对于凸显于城市一般建筑高度之上的新建筑应参照它所处的景观环境，限制其水平宽度或最大对角线尺寸，并且对建筑的大块立面做进一步的划分和质感处理，减弱它们的体量感，保持城市景观在城市发展过程中的一致性。

(2) 景观视廊的控制

在一般情况下，人们以正常视线高度去感知城市景观构成因素的形态组合，由于人眼高度在 1.4～1.6 m（儿童则低一些），而构成城市环境的物质因素的体量都远远在这一高度之上，因此，城市景观视廊的控制，主要是通过控制或限制与之相关、相邻的建筑物的形态与空间位置，确保城市景观主体构成因素始终作为"图形"而存在。

城市景观的展示有两种基本形式：一种是城市景观的主体因素作为视觉焦点而存在，在一定范围内，特别是以街道为代表的线形空间中，对人们的活动具有视线引导和空间定位的功能，使人们的活动、视线建立起了明确的方向感，景观视廊的保护就是通过对相关因素进行组织，对视线走廊两侧的建筑物进行形态和尺度方面的限制，使城市景观具有良好的连续性和引导性；另一种是城市景观的主体因素作为视觉中心而存在，城市景观作为城市的"风光图片"，人们以静态的方式来感知城市景观，城市景观的组织应该为人们提供最佳的观赏点，从整体出发，协调各构成因素之间的形态组织关系，保证有合理的视角、以良好的"画面感"为人们所感知和理解。

城市景观以主体景观因素定位，与之相关、相邻的因素在空间分布上通常可以分为前景、中景和远景，景观视线走廊的控制不仅仅是要求能够"看到"，更重要的是通过构成因素的有机组合把主体景观因素的形式美根据视觉原理充分地展示出来。

前景是与观赏者距离较近的环境因素，有时常常起到"画框"的作用。因此，它必须与作为中景的主要景观面建立起相一致的秩序关系，无论是体量、体形，还是建筑风格或空间尺度都应该形成默契的对应关系，保持视觉连续的特征；中景是城市景观的主要景观面，必须认真研究主要景观面构成要素的组织结构关系，使景观构成的主要因素在景观面中占有绝对的主导地位，其他因素作为主要构成因素的"配角"，在体量、色彩、风格、立面处理上都应处于从属的地位，保持城市景观面应有的和谐与统一；关于远景，它是作为主要景观面的背景而存在，必须使它退后到极其次要的位置,作为主要景观面的"陪衬"。一旦远景凸显出来成为景观的主角,或者与景观主体因素势均力敌,那么,我们精心设计的城市景观将因此而走向无序,归于杂乱,引起人们的视觉混乱(图 6.30)。

图 6.30　南京鼓楼因高度因素丧失了空间控制权

6.3.3　城市空间序列的组织

城市空间是一个连续展开的整体,这种连续性的特征是由人的活动、行为所决定的。在城市中,人们以移动的方式参与城市活动,城市空间是根据人们所共有的要求进行组织、具有不同功能的空间形态,以公众可接受的方式进行组合,建立了城市空间单元的前后或左右的连接关系,当人们对其组合方式不满意或空间组合不能适应人们的要求时,人们便对空间及其结构进行改造与调整,使空间形态的组织方式与人们的活动相一致。

人们的移动是建立空间关系的关键。人们参照以往的活动和经验,根据视觉所感知的信息,建立起了城市空间单元之间的联系,这一过程以人们的视觉感知为前导,移动是建立空间序列的具体行动,显然,城市空间序列组织与空间单元的功能、作为空间标志的主体景观因素、人们的视觉感知、行走路线密切相关。

序列是以时间先后为序而逐步展开的过程,城市空间序列的组织是根据这一特点把城市空间单元组织成一个可连续感知的整体。

1) 城市空间序列的结构关系

城市空间形态,作为城市活动的物质载体,必须保持与城市活动应有的一致性和协调性,我们曾对城市空间单元的构成进行过较为详细的剖析,城市空间形态组织设计的关键是空间天际线的组织,地廓线的控制,界面、底面的处理,室外设施的布置,实体与空间尺度的协调,其核心是建立城市空间单元的整体性与特征。如果我们在城市中无法建立城市空间单元的整体性,那么,把支离破碎的空间单元组织起来的可能性将会更小,几乎是不可能,显然,城市空间单元的完整性是城市空间序列组织的前提与基础。

根据格式塔心理学的构图原则,任何一个趋向于组织起来的整体都存在着内在的结构关系,城市空间的组织结构取决于城市空间单元之间在功能、形态、景观、技术等方面的对应关系。在城市空间序列中主要存在着三种基本结构方式。

(1) 递进型结构

递进型结构的特点是,组织空间序列的各空间单元相对完整,但从空间序列的整体看,各单元又无法独立存在,它是空间序列整体中的一个"环节",必须依赖于相邻空间单元的配合,空间序列常常表现出"前导—发展—高潮—尾声"的递进特征。递进型结构在建筑群体中被广泛应用,在其间,人们经历了一种循序渐进的空间体验,有强烈的空间指向性,但递进型结构是一种单向的、不可逆的空间序列,人们逆向进入递进型空间序列会得到截然不同的空间感受。

(2) 并列型结构

并列型结构的特点是,组成空间序列的各空间单元在功能组合上表现出较强的完整性,各单元之间"势均力敌",可以独立运行,彼此之间通过平等的并联或串联,组织建立起空间序列。与递进型结构相比,并列型结构的空间序列是一种可选择的空间结构,人们可以根据自己的活动组织空间序列,显然,并列型结构是一种相对松散的空间序列关系。

(3) 网络型结构

网络型结构表明,在空间结构中,一个空间单元可以与多个相邻的空间单元建立起多方向的连接关系,同时,空间单元自身保持着相对的完整性与独立性,多向连接是网络型结构的重要特征,它所表达出来的可选择性令人感到新奇和愉悦。在网络型结构的空间序列中,人们可以获得最大的选择性,根据自己的意愿组织不同的序列,任意一个序列都可以获得良好的均衡感。

在城市中以不同结构方式所组织的空间序列其表现形式是各不相同

的,考察城市公共空间结构体系可以发现,城市公共空间的整体结构呈现出由一系列公共空间建立起来的网络结构,在城市的一般地区通常表现为并列型结构,而在城市的局部地区,特别是在建筑群体空间序列中大多表现出明显的递进型特征。由于组织城市空间序列的空间单元都具有较强的完整性和独立性,相互间处于相对平等的地位,所以,网络型结构最接近城市空间结构的组织方式,与多向可逆的结构特征相一致。

2) 以轴线组织序列

以轴线组织空间序列是空间序列组织最常见、最重要的方式之一,轴线贯穿于两点之间,是一种能够对空间产生强烈制约力的内在因素。虽然轴线看不见,但却强烈地存在于人们的感觉之中,沿着轴线,人们能体会到空间的深度感和方向感,轴线终端指引着方向,正因为如此,人们对轴线的理解、记忆比较容易。运用轴线组织空间与景观,可以加强城市空间的秩序感,形成完整而有节奏的空间景观序列。

人们对轴线的感知主要参考下列因素:存在着引导人们视线的标志物;周围其他环境因素的组织使人明显地感觉到他与标志物之间存在着直线形的空间关系,并引导着他向标志物移动;人们在活动或移动过程中能体验到在轴线的控制下,各构成因素所表现出的对位关系,即人们活动与思维明显地受到轴线的影响。

以轴线组织空间序列的方式主要有两种:实轴线和虚轴线。

(1) 实轴线

构成空间序列的实体以轴线为参照进行对位布置,建筑物、庭院、广场、道路、室外设施沿轴线进行布置,组织空间序列。这种布置方式是我国古代城市规划、建筑空间设计最常用的方法,以故宫为核心的北京城的中轴线是这一组织方式的经典之作,北京独有的壮美秩序就由这条中轴线的建立而产生,前后起伏、左右对称的体形或空间的分配都是以这条轴线为依据,北京中轴线被梁思成先生称为"天下无双之壮观"(图 6.31)。

(2) 虚轴线

虚轴线即视轴线,通常以一重要建筑物或标志物作为轴线的终点,其他占据空间体积的实体避开轴线空间于两侧布置,建立起了指向明确的轴线空间,人们的体验和感知有明确的方位感。在巴黎拉·德方斯,人们能够强烈地体验到视轴线的意义。由乃依桥至德方斯巨门的中轴线是巴黎古老轴线的延续和发展,从乃依桥向西依次布置有广场、林荫道、音乐喷泉人工湖、中心广场,组成了有张有弛的城市新景观(图 6.32)。

图 6.31　北京故宫中轴线

图 6.32　巴黎拉·德方斯中轴线

空间序列的生长与发展与轴线构成直接相关。在以建筑、庭院为单元组织的实轴线空间序列中，可以通过建筑物、庭院的扩建延伸原有轴线扩展空间序列，或者在轴线上寻找有意义的建筑或庭院进行横向扩展，通过增加副轴线来扩展空间的序列与容量；在视轴线空间序列中，标志物、节点是轴线构成的关键因素，可以通过增加新的标志物达到扩展轴线、发展空间序列的目的。

以轴线组织空间序列是一种极为简明的空间设计手法,而如何处理好轴线与建筑物等环境构成因素的关系则是一个值得认真研究和反复探讨的问题。在巴黎,丢勒里花园的卡鲁塞尔凯旋门、协和广场的方尖碑、星形广场的凯旋门组成了城市著名的中轴线,而东端的卢浮宫和西端的德方斯巨门都保持有 6°的偏斜,是巧合还是精心设计的结果,人们不得而知,但这种偏斜具有极高的审美价值。在华盛顿中心区,林肯纪念堂的定位没有采用 C. 西特倡导的用转折轴线布置长林荫道的手法,因此,从林肯纪念堂出来的参观者就永远不能在看到华盛顿纪念碑的同时看到其后国会大厦的穹隆顶[17]。

3) 空间叠合形成序列

以部分重叠的方式组织空间序列是一种应用于广场群空间序列组织的技巧,所创造的空间序列具有有机生长的特征,空间部分重叠使相邻空间紧密相连,人们在空间的自然转换过程中体验了空间序列的意义。

最著名的例子是意大利威尼斯圣马可广场。圣马可广场是由两个似矩形的梯形平面叠合而成的 L 形广场,主广场长 175 m,东边宽 90 m,西端宽 56 m,广场的主要立面是拜占庭式的圣马可主教堂,与主广场相垂直是由总督府和图书馆相对围合的小型梯形广场,临近海边的一对石柱作为小广场的南侧边界,而小广场与主广场之间存在着空间的部分重叠,在重叠区,建有威尼斯最具标志性意义的高 100 m 的方形塔楼,它既界定了两个广场各自的边界,同时,又成为两广场之间自然过渡的引导因素,组织了圣马可广场丰富、变化的空间序列(图 6.33)。当人们从威尼斯曲折、幽暗的街巷来到广场时,突然置身于宽阔的广场上,广阔的天空、高耸的塔楼、完美的教堂、东南角的钟楼暗示着新的空间,绕过钟楼便是南侧小广场,两边连续的券廊导向远方,穿过广场南侧的石柱,来到海边,千顷碧海,圣乔治岛上修道院尖塔圆顶成为对景而令人神往。当人们从海上进入广场,经过"大海—岸线—南广场—主广场"序列的转换,实现了大海尺度向城市尺度的转化。

以空间叠合组织的空间序列表现为一种自然而然的空间引导,人们在无意中经历了空间的变化,叠合部分的处理是空间序列组织的关键,在似合似分的空间划分上,既要保持空间的融合与自然过渡,又应该使各空间在景观、趣味、氛围上保持相对的完整性和特色,划定明确的边界。在空间重叠区设置标志性景观因素,既可以发挥对空间的控

城市规划与城市发展

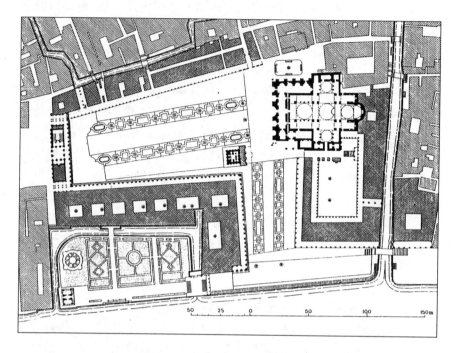

图6.33 意大利威尼斯圣马可广场

制作用，又能作为相邻空间的连接、引导因素，是一种常见的空间处理手法。

汉斯·霍勒因（Hans Hollein）设计的德国柏林文化广场就是充分利用标志性因素组织空间序列的实例。柏林的这一区域包含有大量的公共性建筑：马太教堂、圣经博物馆、商业艺术博物馆，以及密斯（Mies Vander Rohe）设计的国家美术馆、夏隆（Hans Scharoun）设计的柏林音乐厅和国家图书馆。汉斯·霍勒因的方案以马太教堂为中心，在教堂与音乐厅之间开辟了中心广场，在其西侧，商业艺术博物馆与圣经博物馆围合的内广场，以微微倾斜的缓坡产生了极强的向心力，指向中心广场；在教堂南侧，通体透明的国家美术馆四周环形公共空间与中心广场相呼应。整个方案构成了一个以马太教堂、中心广场为核心，其他建筑、广场为补充的群体空间结构，空间主次分明，建筑群体组合完整统一，视觉景观层次丰富，成为一个具有历史文脉特征的城市公共活动网络空间，进一步完善了城市空间结构体系（图6.34）。

6 城市景观与空间设计

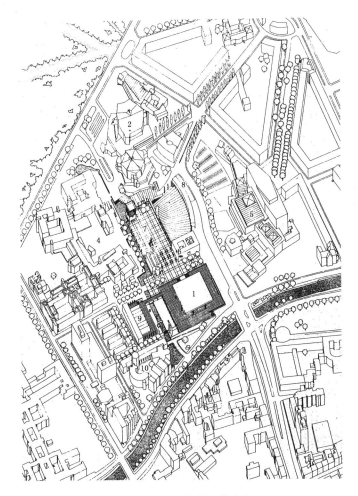

图 6.34 德国柏林文化广场

以标志性因素为中心完善城市空间结构网络

4）由视线引导的空间序列

由视觉引导的空间序列主要出现在行进型空间中,视线引导人们进入组织起来的空间序列,人们的行进运动受到了空间标志因素的影响,标志物给人的暗示或引导,从而建立起了有组织的空间序列。在空间序列中,标志性因素是一种积极的构成因素,能够引起人们的兴趣和注意力,消除人们在行进过程中的单调感。

与北京文津路相比,南京北京东路把自然景观和历史文物作为空间引导的标志因素有机地组织到街道空间序列中,收到了良好的效果。南京的北京东路是由太平门指向鼓楼广场的东西向道路,当人们沿着北京东路西行,郁郁葱葱的北极阁作为道路的对景引导人们行进;经过与太平北路的交叉口,和平公园的钟亭成为地方性标志;继续西行,微微弯曲的道路掩隐在树林之中,北极阁再次成为道路的对景;拐过弯点,鼓楼则成为引导人们前进的新目标,当人们到达鼓楼广场时,较高的地势、开阔的空间给人以新奇、兴奋的体验。

以视线引导组织空间序列时,我们必须注意标志物的设计和行进方式对空间序列的影响。作为引导因素的标志物在组织空间序列时起着十分重要的作用,理所当然,标志物本身应该具有较高的审美价值和独特的形象,它既是空间序列的引导标志,同时又是城市或某个地段的形象标识。在空间序列及空间环境的组织设计时,对有价值的标志物应该通过视线分析的方法对周围环境进行控制,以保证标志物对空间的主导作用。如果标志物被相似的因素所包围,或混为一体,那么,标志物就失去了"标志"意义。标志物的设定控制着空间序列的节奏,但是,标志物间的距离必须符合步行和车行两种不同运动速度的要求,因此,应该以"双重速度"标准设定标志物,以车行速度进行宏观控制,其间以步行速度的要求进行补充,组织序列,满足不同行进方式的需要。

总而言之,城市空间序列的组织是一件极其复杂的工作,我们的思路是从完善城市空间单元入手,赋予城市空间单元以独特性、整体性的特征,然后,进行空间序列的组织,把城市空间单元组织成一个可连续感知的整体。显然,城市的复杂性决定了城市空间序列不同于建筑空间序列,城市空间序列必须保持多向、可逆、开放的结构特征,才能满足城市日常运转和城市未来发展的需要。

注释与参考文献
[1] 培根等著;黄厢富,朱琪编译. 城市设计. 北京:中国建筑工业出版社,1989:121
[2] 林奇著;项秉仁译. 城市的印象. 北京:中国建筑工业出版社,1990:90
[3] 陈鼓应. 老子注释及评介. 北京:中华书局,1984:102
[4] 夏祖华,黄伟康编著. 城市空间设计. 南京:东南大学出版社,1992:7
[5] R. 克莱尔著;钟山等译. 城市空间. 上海:同济大学出版社,1991:19
[6] R. 克莱尔著;钟山等译. 城市空间. 上海:同济大学出版社,1991:43
[7] 芦原义信著;尹培桐译. 外部空间设计. 北京:中国建筑工业出版社,1985:271
[8] 西特著;仲德崑译. 城市建设艺术. 南京:东南大学出版社,1990:29
[9] 爱伦·皮斯著;汪福祥编译. 奥妙的人体语言. 北京:中国青年出版社,1988:29

[10] 卡伦著;刘杰编译.城市景观艺术.天津:天津大学出版社,1992:11
[11] 波林著;高觉敷译.实验心理学史.北京:商务印书馆,1981:697
[12] 卡尔·考夫卡著;黎炜译.格式塔心理学原理.杭州:浙江教育出版社,1997:141
[13] 鲁道夫·阿恩海姆著;滕守尧译.视觉思维——审美直觉心理学.成都:四川人民出版社,1998:25
[14] 波林著;高觉敷译.实验心理学史.北京:商务印书馆,1981:698
[15] 波林著;高觉敷译.实验心理学史.北京:商务印书馆,1981:700
[16] 汪志明,朱子瑜.杭州湖滨地区旧城改建规划与西湖景观保护.城市规划,1996(3)
[17] C.西特著;仲德崑译.城市建设艺术.南京:东南大学出版社,1990:127

附录:城市规划相关的重要文献

雅典宪章

(1933年8月现代建筑国际会议拟订于雅典)

一、定义和引言

城市与乡村彼此融会为一体而各为构成所谓区域单位的要素。

城市都构成一个地理的、经济的、社会的、文化的和政治的区域单位的一部分,城市即依赖这些单位而发展。

因此我们不能将城市离开它们所在的区域作单独的研究,因为区域构成了城市的天然界线和环境。

这些区域单位的发展有赖于下列各种因素:

(1) 地理的和地形的特点——气候,土地和水源;区域内及区域与区域间之天然交通。

(2) 经济的潜力——自然资源(包括土壤,下层土,矿藏原料,动力来源,动植物);人为资源(包括农工业产品);经济制度和财富的分布。

(3) 政治的和社会的情况——人口的社会组织,政体及行政制度。

所有这些主要因素集合起来,便构成了对任何一个区域作科学的计划之唯一真实的基础,这些因素是:

(1) 互相联系的,彼此影响的。

(2) 因为科学技术的进步,社会政治经济的改革而不断的变化的。

自有历史以来,城市的特征,均因特殊的需要而定:如军事性的防御,科学的发明,行政制度,生产和交通方法的不断发展。

由此可知,影响城市发展的基本因素是经常在演变的。

现代城市的混乱是机械时代无计划和无秩序的发展所造成的。

二、城市的四大活动

居住、工作、游憩与交通四大活动是研究及分析现代城市设计时最基本的分类。下面叙述现代城市的真实情况,并提出改良四大活动缺点的意见。

三、居住是城市的第一个活动

现在城市的居住情况:

城市中心区的人口密度太大,甚至有些地区每公顷的居民超过一千人。

过度拥挤在现代城市中,不仅是中心区如此,因为19世纪工业的发展,即在广大的住宅区中亦发生同样的情形。

在过度拥挤的地区中,生活环境是非常不卫生的。这是因为在这种地区中,地皮过度的使用,缺乏空旷地,而建筑物本身也正在一种不卫生和败坏的情况中。这种情况,因为这些地区中的居民收入太少,故更加严重。

因为市区不断的扩展,围绕住宅区的空旷地带亦被破坏了,这样就剥削了许多居民享受邻近乡野的幸福。

集体住宅和单幢住宅常常建造在最恶劣的地区,无论就住宅的功能讲,或是就住宅所必需的环境卫生讲,这些地区都是不适宜于居住的。比较人烟稠密的地区,往往是最不适宜于居住的地点,如朝北的山坡上,低洼、潮湿、多雾、易遭水灾的地方或过于邻近工业区易被煤烟、声响振动所侵扰的地方。

人口稀疏的地区,却常常在最优越的地区发展起来,特享各种优点:气候好,地势好,交通便利而且不受工厂的侵扰。

这种不合理的住宅配置,至今仍然为城市建筑法规所许可,它不考虑到种种危害卫生与健康的因素。现在仍然缺乏分区计划和实施这种计划的分区法规。现行的法规对于因为过度拥挤,空地缺乏,许多房屋的败坏情形及缺乏集体生活所需的设施等等所造成的后果并未注意。它们亦忽视了现代的市镇计划和技术之应用,在改造城市的工作上可以创造无限的可能性。

在交通频繁的街道上及路口附近的房屋,因为容易遭受灰尘噪音和臭味的侵扰,已不宜作为居住房屋之用。

在住宅区的街道上对于那些面对面沿街的房屋,我们通常都未考虑到它们获得阳光的种种不同情形,通常如果街道的一面在最适当的钟点内可以获得所需要的阳光,则另外一面获得阳光的情形就大不相同,而且往往是不好的。

现代的市郊因为漫无管制的迅速发展,结果与大城市中心的联系(利用铁路公路或其他交通工具)遭受到种种体形上无法避免的障碍。

根据上面所说的种种缺点,我们拟定了下面几点改进的建议:

住宅区应该占用最好的地区,我们不但要仔细考虑这些地区的气候和地形的条件,而且必须考虑这些住宅区应该接近一些空旷地,以便将来可以作为文娱及健身运动之用。在邻近地带如有将来可能成为工业和商业区的地点,亦应预先加以考虑。

在每一个住宅区中,须根据影响每个地区生活情况的因素,订定各种不同的人口密度。

在人口密度较高的地区,我们应利用现代建筑技术建造距离较远的高层集体住宅,这样才能留出必需的空地,作公共设施娱乐运动及停车场所之用,而且使得住宅可以得到阳光空气和景色。

为了居民的健康,应严禁沿着交通要道建造居住房屋,因为这种房屋容易遭受车辆经过时所产生的灰尘、噪音和汽车放出的臭气、煤烟的损害。

住宅区应该计划成安全舒适方便宁静的邻里单位。

四、工作

叙述有关工商业地区的种种问题:

工作地点(如工厂、商业中心和政府机关等)未能按照各别的功能在城市中作适当的配置。

工作地点与居住地点,因事先缺乏有计划的配合,产生两者之间距离过远的旅程。

在上下班时间中,车辆过分拥挤,即起因于交通路线缺乏有秩序的组织。

由于地价高昂,赋税增加,交通拥挤及城市无管制而迅速的发展,工业常被迫迁往市外,加上现代技术的进步,使得这种疏散更为便利。

商业区也只能在巨款购置和拆毁周围的建筑物的情形下,方能扩展。

可能解决这些问题的途径:

工业必须依其性能与需要分类,并应分布于全国各特殊地带里,这种特殊地带包含着受它影响的城市和区域。在确定工业地带时,须考虑到各种不同工业彼此间的关系,以及它们与其他功能不同的各地区的关系。

工作地点与居住地点之间的距离,应该在最少时间内可以到达。

工业区与居住区(同样和别的地区)应以绿色地带或缓冲地带来隔离。

与日常生活有密切关系而且不引起扰乱危险和不便的小型工业,应留在市区中为住宅区服务。

重要的工业地带应接近铁路线、港口、通航的河道和主要的运输线。

商业区应有便利的交通与住宅区及工业区联系。

五、游憩

游憩问题概述:

在今日城市中普遍地缺乏空地面积。

空地面积位置不适中,以致多数居民因距离远,难得利用。

因为大多数的空地都在偏僻的市外围或近郊地区,所以无益于住在不合卫生的市中心的居民。

通常那些少数的游戏场和运动场所占的地址,多是将来注定了要建造房屋的。这说明了这些公共空地时常变动的原因。随着地价的高涨,这些空地又因为建满了房屋而消失,游戏场等不得不重迁新址,每迁一次,距离市中心便更远了。

改进的方法:

新建住宅区,应该预先留出空地作为建筑公园运动场及儿童游戏场之用。

在人口稠密的地区,将败坏的建筑物加以清除,改进一般的环境卫生,并将这些清除后的地区改作游憩用地,广植树木花草。

在儿童公园或儿童游戏场附近的空地上设立托儿所、幼儿园或初级小学。公园适当的地点应留作公共设施之用,设立音乐台、小图书馆、小博物馆及公共会堂等,以提倡正当的集体文娱活动。

现代城市盲目混乱的发展,不顾一切的毁掉了市郊许多可用作周末的游憩地点。因此在城市附近的河流、海滩、森林、湖泊等自然风景优美之区,我们应尽量利用它们作为广大群众假日游憩之用。

六、交通

关于交通与街道问题的概述:

今日城市中和郊外的街道系统多为旧时代的遗产,都是为徒步与行驶马车而设计的；现在虽然不断的加以修改，但仍不能适合现代交通工具（如汽车、电车等）和交通量的需要。

城市中街道宽度不够，引起交通拥挤。

现在的街道之狭窄，交叉路口过多，使得今日新的交通工具（汽车、电车等）不能发挥他们的效能。

交通拥挤为造成千万次车祸的主要原因，对于每个市民的危险性与日俱增。

今日的各条街道多未能按着不同的功能加以区分，故不能有效地解决现代的交通问题。这个问题不能就现有的街道加以修改（如加宽街道、限制交通或其他办法）来解决，唯有实施新的城市计划才能解决。

有一种学院派的城市计划由"姿态伟大"的概念出发，对于房屋、大道、广场的配置，主要的目的只在获得庞大纪念性排场的效果，时常使得交通情况更为复杂。

铁路线往往成为城市发展的阻碍，它们围绕某些地区，使得这些地区与城市别的部分隔开了，虽然它们之间本来是应该有便捷与直接的交通联系的。

解决种种最重要的交通问题需要下面几种改革：

摩托化运输的普遍应用，产生了我们从未经验过的速度，它激动了整个城市的结构，并且大大地影响了在城市中的一切生活状态，因此我们实在需要一个新的街道系统，以应现代交通工具的需要。

同时，为得准备这新的街道系统，需要一种正确的调查与统计资料，以定街道合理的宽度。

各种街道应根据不同的功能分成交通要道，住宅区街道，商业区街道，工业区街道等等。

街道上的行车速率，须根据其街道的特殊功用，以及该街道上行驶车辆的种类而决定。所以这些行车速率亦为道路分类的因素，以决定为快行车辆行驶之用或为慢行车辆之用，同时并将这种交通大道与支路加以区别。

各种建筑物，尤其是住宅建筑应以绿色地带与行车干路隔离。

将这种种困难解决之后，新的街道网将产生别的简化作用。因为借有效的交通组织将城市中各种功能不同的地区作适当的配合以后，交通即可大大减少，并集中在几条主要的干路上。

七、有历史价值的建筑和地区

有历史价值的古建筑均应妥为保存,不可加以破坏。
(1) 真能代表某一时期的建筑物,可引起普遍兴趣,可以教育人民者。
(2) 保留其不妨害居民健康者。
(3) 在所有可能条件下,将所有干路避免穿行古建筑区,并使交通不增加拥挤,亦不使妨碍城市有机的新发展。

在古建筑附近的贫民窟,如作有计划的清除后,即可改善附近住宅区的生活环境,并保护该地区居民的健康。

八、总结

以上各章的总结与说明:

我们可以将前面各章关于城市四大活动之各种分析总结起来说:现在大多数城市中的生活情况,未能适合其中广大居民在生理及心理上最基本的需要。

自机器时代开始以来,这种生活情况是各种私人利益不断滋长的一个表现。

城市的滋长扩大,是使用机器逐渐增多所促成——一个从工匠的手工业改成大规模的机器工业的变化。

虽然城市是经常的在变化,但我们可以说普遍的事实是:这些变化是没有事先加以预料的,因为缺乏管制和未能应用现代城市计划所认可的原则,所以城市的发展遭受到极大的损害。

一方面是必须担任的大规模重建城市的迫切工作,一方面却是市地的过度的分割。这两者代表了两种矛盾的现实。

这个尖锐的矛盾,在我们这个时代造成了一个最为严重的问题:

这个问题是使我们急切需要建立一个土地改革制度,它的基本目的不但要满足个人的需要,而且要满足广大人民的需要。

如两者有冲突的时候,广大人民的利益应先于私人的利益。

城市应该根据它所在区域的整个经济条件来研究,所以必须以一个经济单位的区域计划,来代替现在单独的孤立的城市计划。

作为研究这些区域计划的基础,我们必须依照由城市之经济势力范围所划成的区域范围来决定城市计划的范围。

城市计划工作者的主要工作是:

（1）将各种预计作为居住、工作、游憩的不同地区，在位置和面积方面，作一个平衡的布置，同时建立一个联系三者的交通网。

（2）订立各种计划，使各区依照它们的需要和有机规律而发展。

（3）建立居住、工作和游憩各地区间的关系，务使在这些地区间的日常活动可以最经济的时间完成，这是地球绕其轴心运行的不变因素。

在建立城市中不同活动间的关系时，城市计划工作者切不可忘记居住是城市的一个为首的要素。

城市单位中所有的各部分都应该能够作有机性的发展。而且在发展的每个阶段中，都应该保证各种活动间平衡的状态。

所以城市在精神和物质两方面都应该保证个人的自由和集体的利益。

对于从事于城市计划的工作者，人的需要和以人为出发点的价值衡量是一切建设工作成功的关键。

一切城市计划应该以一幢住宅所代表的细胞作出发点，将这些同类的细胞集合起来以形成一个大小适宜的邻里单位。以这个细胞作出发点，各种住宅、工作地点和游憩地方应该在一个最合适的关系下分布到整个的城市里。

要解决这个重大艰巨的问题，我们必须利用一切可以供我们使用的现代技术，并获得各种专家的合作。

一切城市计划所采取的方法和途径，基本上都必须要受那时代的政治社会和经济的影响，而不是受了那些最后所要采用的现代建筑原理的影响。

有机的城市之各构成部分的大小范围，应该依照人的尺寸和需要来估量。

城市计划是一种基于长宽高三度空间而不是长宽两度的科学，必须承认了高的要素，我们方能作有效的及足量的设备以应交通的需要和作为游憩及其他用途的空地的需要。

最急迫的需要，是每个城市都应该有一个城市计划方案与区域计划、国家计划整个的配合起来，这种全国性、区域性和城市性的计划之实施，必须制定必要的法律以保证其实现。

每个城市计划，必须以专家所作的准确的研究为根据，它必须预见到城市发展在时间和空间上不同的阶段。在每一个城市计划中必须将各种情况下所存在的每种自然的、社会的、经济的和文化的因素配合起来。

（清华大学营建学系 1951 年 10 月译）

马丘比丘宪章

(1977年12月国际建协拟订于秘鲁马丘比丘)

1933年现代建筑国际会议(简称CIAM)通过了一个文件,即后来著名的"雅典宪章"。此后,这一文件多少年来一直是欧美高等建筑教育的指针。1977年12月,一些城市规划设计师聚集于利马(LIMA),以雅典宪章为出发点进行了为时一周的讨论,四种语言并用,提出了包含有若干要求和宣言的马丘比丘宪章(CHARTER OF MACHU PICCHU)。

12月12日与会人员在秘鲁大学建筑与规划系学生以及其他见证人陪同下来到了马丘比丘山的古文化遗址签署了新宪章,以表示他们对在专业培训及实践方面所提倡与探索的规划设计原理的坚定信念。

文件签署人明确表示马丘比丘宪章对于各设计专业,不应当是灵丹妙药,它不过是为了促使对专业的目标和职能进行多学科的综合评述。本宪章也旨在促进公开辩论,并过问各国政府所能够做到也应当采纳的有关改进世界上人类居住点的质量的政策与措施。

国际建协(IUA)将授予国立利马大学以众所渴慕的琼·楚米奖金,以表彰该大学召开国际著名设计人士座谈会起草本宪章的首创精神。此奖金将于1978年10月在墨西哥城召开的第十三届国际建协大会上正式颁发给宪章签署人代表团。

马丘比丘诗人,帕勃伦·聂鲁达(Pablo Neruda)曾以他的卓越的隐喻笔法把这座被人遗忘的城市描写成为"最高大的熔炉,它长期熔炼着我们的沉默"。我们这些聚集在一起的建筑师、教育家和规划师,承担了冲破当前的沉默这项严肃任务,本文件就是我们第一次集体努力的结果。

自从现代建筑国际会议(CIAM)发表了关于城市规划的理论与方法的文件以来,几乎已有45年,那文件就是"雅典宪章"。最近几十年来出现了许多新的情况要求对宪章进行一次修订。我们的成果应当成为国际性的各学科间的分析与辩论的课题,所有国家的知识界和专业人员,研究院和大学都应当参加。

过去曾有多次努力,想把雅典宪章更新一下。本文件只是作为我们所承担的工作的开始。1933年的雅典宪章仍然是本时代的一项基本文件；它可以提高、改进，但不是要放弃它。雅典宪章提出的许多原理到今天还是同当年一样地有效，它是建筑与规划的现代运动的生命力和连续性的证明。

1933年的雅典，1977年的马丘比丘，这两次的地点是具有重要意义的。雅典是西方文明的摇篮，马丘比丘是另一个世界的一个独立的文化体系的象征。雅典代表的是亚里士多德和柏拉图学说中的理性主义，而马丘比丘代表的却都是世界上启蒙主义思想所没有包括的，单凭逻辑所不能分类的一切。

雅典宪章所包含的各项概念，按照世界大多数国家在城市化问题的讨论中所占的重要程度，依次提出如下。

城市与区域

雅典宪章承认城市及其周围区域之间存在着基本的统一性。由于社会认识不到城市增长和社会经济变化所带来的后果，所以迫切需要毫不含糊地对这项原则予以重新肯定。

今天由于城市化过程正在席卷世界各地，已经刻不容缓地要求我们更有效地使用现有人力和自然资源。城市规划既然为需求、问题和机会提供了重要的系统的分析方法，一切与人类居住点有关的政府部门的基本责任就是要在现有资源限制之内对城市的增长与开发制定指导方针。

规划必须在不断发展的城市化过程中反映出城市及其周围区域之间的基本动态的同一性，并且要明确邻里与邻里之间，地区与地区之间以及其他城市结构单元之间的功能关系。

规划的专业训练和技术必须应用于各级人类居住点上——邻里、乡镇、城市、都市地区、区域、州和国家——以便指导建设的定点、进程和性质。

一般地讲，规划过程包括经济计划、城市规划、城市设计和建筑设计，它必须对人类的各种需求作出解释和反应。它应该按照可能的经济条件和文化上的重要性提供与人民要求相适应的城市服务设施和城市形态。为达到这些目的，城市规划必须建立在各专业设计人、城市居民以及公众和政治领导人之间的系统的不断的互相协作配合的基础上。

宏观经济计划与实际的城市发展规划之间的普通脱节已经浪费掉为数不多的资源并降低了两者的效用。以笼统的、相对抽象的经济政策为基础而作出的各种决定，往往在城市用地范围上反映出它的副作用。国家和区域一级的经济决策很少直接考虑到城市建设的优先地位和城市问题的解决以及一般经济政策和城市发展规划之间的功能联系。结果系统的规划与建筑设计的潜在效益往往不能有利于大多数人民。

城市增长

自从雅典宪章问世以来,世界人口已经翻了一番,正在三个重要方面造成严重的危机,即生态学、能源和食物供应。由于城市增长率大大超过了世界人口的自然增加,城市衰退已经变得特别严重,住房缺乏,公共服务设施和运输以及生活质量的普遍恶化已成了不可否认的后果。

雅典宪章中对城市规划的探讨并没有反映最近出现的农村人口大量外流而加速城市增长的现象。

可以看到城市的混乱发展有两种基本型式:

第一种是工业化社会的特色,就是私人汽车的增长,较为富裕的居民都向郊区迁移。而迁到市中心区的新来户以及留在那里的老户缺乏支持城市结构和公共服务设施的能力。

第二种型式是发展中国家的特色,在那里大批农村住户向城市迁移,大家都挤在城市边缘,既无公共服务设施又无市政工程设施。要处理这种情况远远超出了现行城市规划程序所可能做到的范畴。目前所做的不过是对这些自发的居住点凑合着提供一些最起码的公共服务。为提供小小的公共服务、卫生设施和住房所做的努力往往是自相矛盾地反而加剧了问题的严重性,更加鼓励了向城市迁移的势头。

因此不论是哪一种型式,不可避免的结论是:人口增加,生活质量就下降。

分区概念

雅典宪章设想,城市规划的目的是综合四项基本的社会功能——居住、工作、游憩和交通,而规划就是为了解决它们之间的相互关系和发展。这就引出了把城市划分为各种分区或几个组成部分的做法,于是为了追求分区清楚却牺牲了城市的有机构成。这一错误的后果在许多新城市中都可看到,这些新城市没有考虑到城市居民人与人之间的关系,结果是城市生活患了贫血症,在那些城市里建筑物成了孤立的单元,否认了人类的活动要求流动的、连续的空间这一事实。

规划、建筑和设计,在今天,不应当把城市当作一系列的组成部分拼在一起来考虑,而必须努力去创造一个综合的,多功能的环境。

住房问题

与雅典宪章相反,我们深信人的相互作用与交往是城市存在的基本根据。城市规划与住房设计必须反映这一现实。同样重要的目标是要争取获得生活的基本质量以及与自然环境的协调。

住房不能再当作一种实用商品来看待了,必须要把它看成为促进社会发展的一种强有力的工具。住房设计必须具有灵活性以便易于适应社会要求的变化,并鼓励建筑使用者创造性地参与设计和施工。还需要研制低廉的建筑构件以供需要建房的人们使用。

在人的交往中,宽容和谅解的精神是城市生活的首要因素,这一点应作为为不同社会阶层选择居住区位置和设计的指针,而不要强行区分,这是同人类的尊严不相容的。

城市运输

公共交通是城市发展规划和城市增长的基本要素。城市必须规划并维护好公共运输系统,以同城市化的要求与能源的衰竭相平衡。交通运输系统的更换必须估算它的社会费用,并在城市的未来发展规划中适当地予以考虑。

雅典宪章很显然把交通看成为城市的基本功能之一,而且含蓄地认为交通首先决定于作为个人运输工具的汽车。44年来的经验证明,道路分类、增加车行道和设计各种交叉口方案等方面根本不存在最理想的解决方法。所以将来城区交通的政策显然应当是使私人汽车从属于公共运输系统的发展。

城市规划师与政策制定人必须把城市看作为在连续发展与变化的过程中的一个结构体系,它的最后形式是很难事先看到或确定下来的。运输系统是联系市内外空间的一系列的相互连接的网络。其设计应当允许随着城市的增长、变化及形式作经常的试验。

城市土地使用

雅典宪章坚持建立一个立法纲领以便在满足社会用地要求时,可以有秩序地并有效地使用城市土地,并设想私人利益应当服从公共利益。

自从1933年以来,尽管多方面的努力,城市土地有限仍然是实现规划好的城市建设的根本阻碍。所以,对这一问题今天仍迫切要求拟订有效的公平的立法,以便在不久的将来能够找到确有很大改进的解决城市土地的办法。

自然资源与环境污染

当前最严重的问题之一是我们的环境污染迅速加剧,现在已经到了空前的具有潜在的灾难性的程度。这是无计划的爆炸性的城市化和地球自然资源滥加开发的直接后果。

世界上城市化地区内的居民被迫生活在日趋恶化的环境条件下,与人类卫生和福利的传统概念和标准远远不相适应,这些不可容忍的条件包括在城市居民所用的空气、水和食品中含有大量有毒物质以及有损身心健康的噪音。

控制城市发展的当局必须采取紧急措施,防止环境继续恶化,并按照公认的公共卫生与福利标准恢复环境的固有的完整性。

在经济和城市规划方面,在建筑设计、工程标准和规范以及在规划与开发政策方面,也必须采取类似的措施。

文物和历史遗产的保存和保护

城市的个性和特征取决于城市的体型结构和社会特征。因此不仅要保存和维护好城市的历史遗址和古迹,而且还要继承一般的文化传统。一切有价值的说明社会和民族特性的文物必须保护起来。

保护、恢复和重新使用现有历史遗址和古建筑必须同城市建设过程结合起来,以保证这些文物具有经济意义并继续具有生命力。

在考虑再生和更新历史地区的过程中,应把设计质量优秀的当代建筑物包括在内。

工业技术

雅典宪章在讨论工业活动对城市所产生的影响时,略微提到了工业技术的作用。

在过去 44 年内,世界经历了空前的工业技术发展,技术惊人地影响着我们的城市以及城市规划和建筑的实践。

在世界的某些地区,工业技术的发展是爆炸性的,技术的扩散与有效应用是我们时代的重大问题之一。

今天科学与技术的进步，以及各国人民之间交往的改进，应当可以使人类社会克服地区的局限性和提供充分的资源（注：应理解为资料资源）去解决建筑和规划问题。然而对这些资源不加批判地使用，往往为了追求新颖或者由于文化依靠性的恶果，而造成材料、技术和形式的应用不当。

因此由于技术发展的冲击，结果是出现了依赖人工气候与人工照明的建筑环境。这样做法对于某些特殊问题是可以的，但建筑设计应当是创造在自然条件下能适合功能要求的空间与环境的过程。

应当清楚地了解，技术是手段并不是目的。技术的应用应当是在政府适当支持下进行认真的研究和试验的实事求是的结果。

在有些地区，需要高度工业化的生产过程或施工设备是难以获得和推广的。这不应当因此而在技术上要求不严或者在解决当前的问题上就可以不讲究建筑设计；要在可能的范围内找出解决问题的方案，这对建筑与规划来说仍然是一种挑战。

施工技术应当努力采用经济合理的方法，做到设备能重复使用，利用资源丰富的材料生产结构构件。

设计与实施

建筑师、规划师与有关当局要努力宣传使群众与政府都了解，区域与城市规划是个动态过程，不仅要包括规划的制定而且也要包括规划的实施。这一过程应当能适应城市这个有机体的物质和文化的不断变化。

此外，为了要与自然环境、现有经济条件和形式特征相适应，每一特定城市与区域应当制定合适的标准和开发方针。这样做可以防止照搬照抄来自不同条件和不同文化的解决方案。

城市与建筑设计

雅典宪章本身没有涉及建筑设计。宪章制定人并不认为有此必要，因为他们认为"建筑是在光照下的体量的巧妙组合和壮丽表演"。

勒·柯布西埃的"太阳城"就是由这样的"体量"组成的。他的建筑语言是与立体派艺术相联系的，也是与把城市按功能分隔成不同的元素那种思想完全一致的。

在我们的时代，现代建筑的主要问题已不再是纯体积的视觉表演，而是创造人们能在其中生活的空间。要强调的已不再是外壳而是内容，不再是孤立的建筑(不管它有多美、多讲究),而是城市组织结构的连续性。

在 1933 年,主导思想是把城市和城市的建筑分成若干组成部分。在 1977 年,目标应当是把那些失掉了它们的相互依赖性和相互联系性,并已经失去其活力和涵意的组成部分重新统一起来。

建筑与规划的这个再统一不应当理解为古典主义的"先验地统一"(注:或者简单地说复古),应当明确指出,最近有人想恢复巴黎美术学院传统,这是荒唐地违反历史潮流,是不值一谈的。因为用建筑语言来说,这种倾向是衰亡的症状,我们必须警惕倒退到 19 世纪玩世不恭的折中主义道路上去,相反我们要走向现代运动新的成熟时期。

30 年代,在制定雅典宪章时,有一些发现和成就今天仍然有效,那就是:

(1) 建筑内容与功能的分析。

(2) 不协调的原则。

(3) 反透视的时空观。

(4) 传统盒子式建筑的解体。

(5) 结构工程与建筑的再统一。

建筑语言中的这些常数或"不变数"还需加上:

(6) 空间的连续性。

(7) 建筑、城市与园林绿化的再统一。

空间连续性是弗兰克·劳埃德·赖特的重大贡献,相当于动态立体派的时空概念,尽管他把它应用于社会准则如同应用于空间方面一样。

建筑—城市—园林绿化的再统一是城乡统一的结果。现在是坚持建筑师要认识现代运动历史的时候了,要停止搞那些由纪念碑式盒子组成的过了时的城市建筑设计,不管是垂直的、水平的、不透明的、透明的或反光的建筑。

新的城市化概念追求的是建成环境的连续性,意思是说每一座建筑物不再是孤立的,而是一个连续统一体中的一个单元,它需要同其他单元进行对话,从而使其自身的形象完整。

这种形象持续的原则(就是说,本身形象的完整性有待与其他建筑联系起来相辅而完成)并不是新的。意大利文艺复兴派大师发现了这一原则,由米开朗基罗发扬光大。不过在我们时代,这不仅仅是一条视觉原则,而且更根本的是一条社会原则。近几十年来,音乐和造型艺术领域内的经验证明艺术家现在不再创造一个完整的作品。他们在创作过程中往往只进行到创作的四分之三的地方就中止了,这样使观众不再是艺术品的消极旁观者,而是多价信息(Poly valent message)中的积极参与者。

在建筑领域中,用户的参与更为重要,更为具体。人们必须参与设计的全过程,要使用户成为建筑师工作整体中的一部分。

强调"不完整"或"待续"并不降低建筑师或规划师的威信。相对论和测不准论并未削弱科学家的威信。相反恰好提高了威信,因为一位不信奉教条的科学家比那些过时的"万能之神"更受人尊敬。如果群众能被组织到设计过程中来,建筑师的联系面会增加,建筑上的创造发明才能也将会丰富和加强。一旦建筑师从学院戒律和绝对概念中解放出来,他们的想象力会受到人民建筑的巨大遗产的影响而激发出来——所谓人民建筑是没有建筑师的建筑,近几十年来人们曾对此作了大量研究。

可是,我们必须谨慎从事。应当认识到虽然地方色彩的建筑物对建筑设计想象是有很大贡献的,但不应当模仿。模仿在今天虽然很时髦,却像复制帕提农神庙一样的无聊。问题是同模仿截然不同的。很清楚,只有当一个建筑设计能与人民的习惯、风格自然地融合在一起的时候,这个建筑设计才能对文化产生最大的影响。要做到这样的融合必须摆脱一切老框框,诸如维特鲁维柱式或巴黎美术学院传统以及勒·柯布西埃的五条设计原理。

结束语

古代秘鲁的农业梯田受到全世界的赞赏,是由于它的尺度和宏伟,也由于它明显地表现出对自然环境的尊重。它那外表的和精神的表现形式是一座对生活的不可磨灭的纪念碑。本宪章就是在这种相同的思想鼓舞下谨慎地提出的。

(陈占祥　译)

北京宪章

(1999年6月,北京)

在世纪交会、千年转折之际,我们来自世界100多个国家和地区的建筑师,聚首东方的古都北京,举行国际建协成立半个世纪以来的第20次会议。

未来由现在开始缔造,现在从历史中走来,我们总结昨天的经验与教训,剖析今天的问题与机遇,以期21世纪里能够更为自觉地把我们的星球——人类的家园——营建得更加美好、宜人。

与会者认为,新世纪的特点和我们的行动纲领是:变化的时代、纷繁的世界、共同的议题、协调的行动。

一、认识时代

1. 20世纪:"大发展"和"大破坏"

20世纪既是人类从未经历过的伟大而进步的时代,又是史无前例的患难与迷惘的时代。

20世纪以其独特的方式丰富了建筑史:大规模的技术和艺术革新造就了丰富的建筑设计作品,在两次世界大战后医治战争创伤及重建中,建筑师的卓越作用意义深远。

然而,无可否认的是,许多建筑环境难尽人意;人类对自然以及对文化遗产的破坏已经危及其自身的生存;始料未及的"建设性破坏"屡见不鲜:"许多明天的城市正由今天的贫民所建造"。

100年以来,世界已经发生了翻天覆地的变化,但是有一点是相同的,即建筑学和建筑职业仍在发展的十字路口。

2. 21世纪:"大转折"

时光轮转,众说纷纭,但认为我们处在永恒的变化中则是共识。令人瞩目的政治、经济、社会改革和技术发展、思想文化活跃等,都是这个时代的特征。在下一个世纪里,变化的进程将会更快,更加难以捉摸。在新的世纪里,全球化和多样化的矛盾将继续存在,而且更加尖锐。如今,一方面,生产、金融、技术等方面的全球化趋势日渐明显,全球意识成为发展中的一个共同取向;另一方面,地域差异客观存在,国家之间的贫富差距正在加大,地区冲突和全球经济动荡如阴云笼罩。

在这种错综复杂的、矛盾的情况下,我们不能不看到,现代交通和通讯手段致使多样的文化传统紧密相连,综合乃至整合作为新世纪的主题正在悄然兴起。

对立通常引起人们的觉醒,作为建筑师,我们无法承担那些明显处于我们职业以外的任务,但是不能置奔腾汹涌的社会、文化变化的潮流于不顾。"每一代人都……必须从当代角度重新阐述旧的观点"。我们需要激情、力量和勇气,直面现实,自觉思考21世纪建筑学的角色。

二、面临挑战

1. 繁杂的问题

环境祸患

工业革命后,人类在利用和改造自然的过程中,取得了骄人的成就,同时也付出了高昂的代价。如今,生命支持资源——空气、水和土地——日益退化,环境祸患正在威胁人类,而我们的所作所为仍然与基本的共识相悖,人类正走在与自然相抵触的道路上。

人类尚未揭开地球生态系统的谜底,生态危机却到了千钧一发的关头。用历史的眼光看,我们并不拥有自身所居住的世界,仅仅是从子孙处借得,暂为保管罢了。我们将把一个什么样的城市和乡村交给下一代?在人类的生存和繁衍过程中,人居环境建设起着关键的作用,我们建筑师又如何作出自身贡献?

混乱的城市化

人类为了生存得更加美好,聚居于城市,集中并弘扬了科学文化、生产资料和生产力。在20世纪,大都市的光彩璀璨夺目;在未来的世纪里,城市居民的数量将有史以来首次超过农村居民,成为名副其实的"城市时代",城市化是我们共同的趋向。

然而,城市化也带来了诸多难题和困扰。在20世纪中叶,人口爆炸、农用土地被吞噬和退化、贫穷、交通堵塞等城市问题开始恶化。半个世纪过去了,问题却更为严峻。现行的城市化道路是否可行?我们的城市能否存在?"城镇"是由我们所建构的建筑物组成的,然而当我们试图对它们作些改变时,为何又如此无能为力?在城市住区影响我们的同时,我们又怎样应对城市住区问题?传统的建筑观念能否适应城市趋势?

技术"双刃剑"

技术是一种解放的力量。人类经数千年的积累,终于使科技在近百年来释放了空前的能量。科技发展,新材料、新结构和新设备的应用,创造了20世纪特有的建筑形式。如今,我们仍然还在利用技术的力量和潜能的进程中。

技术的建设力量和破坏力量在同时增加。技术发展改变了人和自然的关系,改变了人类的生活,进而向固有的价值观念挑战。如今技术已经把人类带到一个新的分叉点。人类如何才能安渡这个分叉点又怎样对待和利用技术?

建筑魂的失落

文化是历史的积淀,存留于城市和建筑中,融合在人们的生活中,对城市的建造、市民的观念和行为起着无形的影响,是城市和建筑之魂。

技术和生产方式的全球化带来了人与传统地域空间的分离。地域文化的多样性和特色逐渐衰微、消失;城市和建筑物的标准化和商品化致使建筑特色逐渐隐退。

建筑文化和城市文化出现趋同现象和特色危机。由于建筑形式的精神意义植根于文化传统,建筑师如何因应这些存在于全球和地方各层次的变化?建筑创作受地方传统和外来文化的影响有多大?

如今,建筑学正面临众多纷繁复杂的问题,它们都相互关联、互为影响、难解难分,以上仅举其要,但也不难看出,建筑学需要再思考。

2. 共同的选择

我们所面临的多方面的挑战,实际上,是社会、政治、经济过程在地区和全球层次上交织的反映。要解决这些复杂的问题,最重要的是必须有一个辩证的考察。

面对上述种种问题,人类逐步认识到"只有一个地球"。1987年5月明确提出"可持续发展"的思想,如今这一思想正逐渐成为人类社会的共同追求。可持续发展的含义广泛,涉及政治、经济、社会、技术、文化、美学等各个方面的内容。建筑学的发展是综合利用多种要素以满足人类住区需要的完整现象。走可持续发展之路是以新的观念对待21世纪建筑学的发展,这将带来又一个新的建筑运动,包括建筑科学技术的进步和艺术的创造等。为此,有必要对未来建筑学的体系加以系统的思考。

三、从传统建筑学走向广义建筑学

在过去的几十年里,世界建筑师已经聚首讨论了许多话题,集中我们在20世纪里对建筑学的各种理解,可以发现,对建筑学有一个广义的、整合的定义是新世纪建筑学发展的关键。

1. 三个前提

历史上,建筑学所包括的内容、建筑业的任务以及建筑师的职责总是随时代而拓展,不断变化。传统的建筑学已不足以解决当前的矛盾,21世纪建筑学的发展不能局限在狭小的范围内。

强调综合,并在综合的前提下予以新的创造,是建筑学的核心观念。然而,20世纪建筑学技术、知识日益专业化,其将我们"共同的问题"分裂成个别单独论题的做法,使得建筑学的前景趋向狭窄和破碎。新世纪的建筑学的发展,除了继续深入各专业的分析研究外,有必要重新认识综合的价值,将各方面的碎片整合起来,从局部走向整体,并在此基础上进行新的创造。

目前,一方面人们提出了"人居环境"的概念,综合考虑建设问题;另一方面建筑师在建设中的作用却在不断被削弱。要保持建筑学在人居环境建设中主导专业的作用,就必须面向时代和社会,加以扩展,而不能抱残守缺,株守固有专业技能。

这是建筑学的时代任务,是维系自身生存的基础。

2. 基本理论的建构

中国先哲云"一法得道,变法万千",这说明设计的基本哲理("道")是共通的,形式的变化("法")是无穷的。近百年来,建筑学术上,特别是风格、流派纷呈,莫衷一是,可以说这是舍本逐末。为今之计,宜回归基本原理,作本质上的概括,并随机应变,在新的条件下创造性地加以发展。

回归基本原理宜从关系建筑发展的若干基本问题、不同侧面,例如聚居、地区、文化、科技、经济、艺术、政策法规、业务、教育、方法论等,分别探讨;以此为出发点,着眼于汇"时间—空间—人间"为一体,有意识地探索建筑若干方面的科学时空观:

——从"建筑天地"走向"大千世界"(建筑的人文时空观)

——"建筑是地区的建筑"(建筑的地理时空观)

——"提高系统生产力,发挥建筑在发展经济中的作用"(建筑的技术经济时空观)

——"发扬文化自尊,重视文化建设"(建筑的文化时空观)

——"创造美好宜人的生活环境"(建筑的艺术时空观)

……

广义建筑学学术建构的任务繁杂而艰巨,需要全球建筑师的共同努力,共同谱写时代的新篇章。

3. 三位一体:走向建筑学—地景学—城市规划学的融合

建筑学与更广阔的世界的辩证关系最终集中在建筑的空间组合与形式的创造上。"……建筑学的任务就是综合社会的、经济的、技术的因素,为人的发展创造三维形式和合适的空间。"

广义建筑学,就其学科内涵来说,是通过城市设计的核心作用,从观念上和理论基础上把建筑学、地景学、城市规划学的要点整合为一。

在现代发展中,规模和视野日益加大,建设周期一般缩短,这为建筑师视建筑、地景和城市规划为一体提出了更加切实的要求,也带来更大的机遇。这种三位一体使设计者有可能在更广阔的范围内寻求问题的答案。

4. 循环体系:着眼于人居环境建造的建筑学

新陈代谢是人居环境发展的客观规律,建筑学着眼于人居环境的建设,就理所当然地把建设的物质对象看做是一个循环的体系,将生命周期作为设计要素之一。

建筑物的生命周期不仅结合建筑的生产与使用阶段,还要基于:最小的耗材,少量的"灰色能源"消费和污染排放,最大限度的循环使用和随时对环境加以运营、整治。

对城镇住区来说,宜将规划建设、新建筑的设计、历史环境的保护、一般建筑的维修与改建、古旧建筑合理地重新使用、城市和地区的整治、更新与重建以及地下空间的利用和地下基础设施的持续发展等,纳入一个动态的、生生不息的循环体系之中。这是一个在时空因素作用下,建立对环境质量不断提高的建设体系,也是可持续发展在建筑与城市建设中的体现。

5. 多层次的技术建构以及技术与人文相结合

充分发挥技术对人类社会文明进步应有的促进作用,这将成为我们在新世纪的重要使命。

第一,由于不同地区的客观建设条件的千差万别,技术发展并不平衡,技术的文化背景不尽一致,21世纪将是多种技术并存的时代。

从理论上讲,重视高新技术的开拓在建筑学发展中所起的作用,积极而有选择地把国际先进技术与国家或地区的实际相结合,推动此时此地技术的进步,这是非常必要的。如果建筑师能认识到人类面临的生态挑战,创造性地运用先进的技术,满足了建筑经济、实用和美观的要求,那么,这样的建筑物将是可持续发展的。

从技术的复杂性来看,低技术、轻型技术、高技术各不相同,并且差别很大,因此每一个设计项目都必须选择适合的技术路线,寻求具体的整合的途径,亦即要根据各地自身的建设条件,对多种技术加以综合利用、继承、改进和创新。

在技术应用上,结合人文的、生态的、经济的、地区的观点等,进行不同程度的革新,推动新的建筑艺术的创造。目前不少理论与实践的创举已见端倪,可以预期,21世纪将会有更大的发展。

第二,当今的文化包括了科学与技术,技术的发展必须考虑人的因素,正如阿尔瓦·阿尔托所说:"把技术功能主义的内涵加以扩展,使其甚至覆盖心理领域,它才有可能是正确的。这是实现建筑人性化的唯一途径。"

6. 文化多元:建立"全球—地区建筑学"

全球化和多元化是一体之两面,随着全球各文化——包括物质的层面与精神的层面——之间同质性的增加,对差异的坚持可能也会相对增加,建筑学问题和发展植根于本国、本区域的土壤,必须结合自身的实际情况,发现问题的本质,从而提出相应的解决办法:以此为基础,吸取外来文化的精华,并加以整合,最终建立一个"和而不同"的人类社会。

建筑学是地区的产物,建筑形式的意义来源于地方文脉,并解释着地方文脉。但是,这并不意味着地区建筑学只是地区历史的产物。恰恰相反,地区建筑学更与地区的未来相连。我们职业的深远意义就在于运用专业知识,以创造性的设计联系历史和将来,使多种取向中并未成型的选择更接近地方社会。"不同国度和地区之间的经验交流,不应简单地认为是一种预备的解决方法的转让,而是激发地方想象力的一种手段。"

"现代建筑的地区化,乡土建筑的现代化,殊途同归,推动世界和地区的进步与丰富多彩。"

7. 整体的环境艺术

工业革命后,由于作为建设基础的城市化速度很快,城市的结构与建筑形态有了很大的变化,物质环境俨然从秩序走向混沌。我们应当乱中求序,从混沌中追求相对的整体的协调美和"秩序的真谛"。

用传统的建筑概念或设计方式来考虑建筑群及其环境的关系已经不尽适合时宜。

我们要用群体的观念、城市的观念看建筑：从单个建筑到建筑群的规划建设，到城市与乡村规划的结合、融合，以至区域的协调发展，都应当成为建筑学考虑的基本点，在成长中随时追求建筑环境的相对整体性及其与自然的结合。

在历史上，美术、工艺与建筑是相互结合、相辅相成的，随着近代建筑的发展，国际式建筑的盛行，美术、工艺与建筑又出现了分离与复活。今天需要提倡"一切造型艺术的最终目的是完整的建筑"，向着新建筑以及作为它不可分割的组成部分——雕塑、绘画、工艺、手工劳动重新统一的目标而努力。

8. 全社会的建筑学

在许多传统社会的城乡建设中，建筑师起着不同行业总协调人的作用。然而，如今大多数建筑师每每只着眼于建筑形式，拘泥于狭隘的技术——美学意义，越来越脱离真正的决策，这种现象值得注意。建筑学的发展要考虑到全面的社会—政治背景，只有这样，建筑师才能"作为专业人员参与所有层次的决策"。

建筑师作为社会工作者，要扩大职业责任的视野，理解社会，忠实于人民，积极参与社会变革，努力使"住者有其屋"，包括向如贫穷者、无家可归者提供住房。职业的自由并不能降低建筑师的社会责任感。

建筑学是为人民服务的科学，要提高社会对建筑的共识和参与，共同保护与创造美好的生活与工作环境。其中既包括使用者参与，也包括决策者参与，这主要集中体现在政府行为对建筑事业发展的支持与引导上。

决策者的文化素质和对建筑的修养水平是设计优劣的关键因素之一，要加强全社会的建筑关注与理解。

9. 全方位的教育

未来建筑事业的开拓、创造以及建筑学术的发展寄望于建筑教育的发展与新一代建筑师的成长。建筑师、建筑学生首先要有高尚的道德修养和精神境界，提高环境道德与伦理，关怀社会整体——最高的业主——的利益，探讨建设良好的"人居环境"的基本战略。

建筑教育要重视创造性地扩大的视野，建立开放的知识体系（既有科学的训练，又有人文的素养）；要培养学生的自学能力、研究能力、表达能力与组织管理能力，随时能吸取新思想，运用新的科学成就，发展、整合专业思想，创造新事物。

建筑教育是终身的教育。环境设计方面的教育是从学龄前教育到中小学教育,到专业教育以及后续教育的长期过程。

　　10. 广义建筑学的方法论

　　经过半个世纪的发展,重申格罗比乌斯的下列观念是必要的:"建筑师作为一个协调者,其工作是统一各种与建筑物有关的形式、技术、社会和经济问题……新的建筑学将驾驭一个比如今单体建筑物更加综合的范围:我们将逐步地把个别的技术进步结合到一个更为宽广、更为深远的作为一个有机整体的设计概念中去。"

　　建筑学的发展必须分析与综合兼顾,但当前宜重在"整合",提倡广义建筑学,并非要建筑师成为万事俱通的专家(这永远是不可能的),而是要求建筑师加强业务修养,具备广义的、综合的观念和哲学思维,能与有关专业合作,寻找新的结合点,解决问题,发展理论。

　　世界充满矛盾,例如全球化与地区化、国际和国家、普遍性与特殊性、灵活性与稳定性……未来建筑学理论与实践的发展有赖于我们善于分析、处理好这些矛盾;一些具体的建筑设计也无不是多种矛盾的交叉,例如规律与自由、艺术与科学、传统与现代、继承与创新、技术与场所以及趋同与多样……广义建筑学就是在承认这些矛盾的前提下,努力辩证地对其加以处理的尝试。

四、基本结论:一致百虑,殊途同归

　　客观世界千头万绪,千变万化,我们无须也不可能求得某个一致的、技术性的结论。但是,如果我们能审时度势,冷静思考,从中国古代哲学思想"天下一致而百虑,同归而殊途"中吸收智慧,则不难得出下列基本结论:

　　第一,在纷繁的世界中,探寻整合之点。

　　中国成语:"高屋建瓴"、"兼容并包"、"和则生物"以及中国山水画论"以大观小"等等,这些话内涵不尽一致,但其总的精神都强调在观察和处理事物时要整体思维,综合集成。

　　20世纪建筑的成就史无前例,但是历史地看,只不过是长河之细流。要让新世纪建筑学百川归海,就必须把现有的闪光片片、思绪万千的思想与成就去粗存精、去伪存真地整合起来,回归基本的理论,从事更伟大的创造,这是21世纪建筑学发展的共同追求。

　　第二,各循不同的道路达到共同目标。

　　区域差异客观存在,对于不同的地区和国家,建筑学的发展必须探求适合自身条件的蹊径,即所谓的"殊途"。只有这样,人类才能真正地共生、可持续发展……

西谚云"条条大路通罗马",没有同样的道路,但是可以走向共同的未来,即全人类安居乐业,享有良好的生活环境。

为此,建筑师要追求"人本"、"质量"、"能力"和"创造"……在有限的地球资源条件下,建立一个更加美好、更加公平的人居环境。

时值世纪之交,我们认识到时代主旋律,捕捉到发展中的主要矛盾,努力在共同的议题中谋求共识,并在协调的实践中随时加以发展。应当看到,进入下一个世纪只是连续的社会、政治进程中的短暂的一刻。今天我们的探索可能还只是一个开始,一个寄望于人类在总目标上协调行动的开始,一个在某些方面改弦易辙的伟大的开始。

21世纪人居环境建设任务庄严而沉重,但我们并不望而却步。无论面临着多少疑虑和困难,我们都将信心百倍,不失胆识而又十分审慎地迎接未来,创造未来!

(该文件转录于《西方城市规划思想史纲》张京祥编著)

斯德哥尔摩人类环境宣言

(1972年6月16日,斯德哥尔摩)

联合国人类环境会议于1972年6月5日至16日在斯德哥尔摩举行,考虑了需要取得共同的看法和制定共同的原则,以鼓舞和指导世界各国人民保护和改善人类环境,兹宣布:

一、人类既是他的环境的创造物,又是他的环境的塑造者,环境给予人以维持生存的东西,并给他提供了在智力、道德、社会和精神等方面获得发展的机会。人类在地球上的漫长和曲折的进化过程中,已经达到这样一个阶段,即由于科学技术发展的迅速加快,人类获得了以无数方法和在空前的规模上改造其环境的能力。人类环境的两个方面,即天然和人为的两个方面,对于人类的幸福和对于享受基本人权,甚至生存权利本身,都是必不可缺少的。

二、保护和改善人类环境是关系到全世界各国人民的幸福和经济发展的重要问题;也是全世界各国人民的迫切希望和各国政府的责任。

三、人类总得不断地总结经验,有所发现,有所发明,有所创造,有所前进。在现代,人类改造其环境的能力,如果明智地加以使用的话,就可以给各国人民带来开发的利益和提高生活质量的机会。如果使用不当,或轻率地使用,这种能力就会给人类和人类环境造成无法估量的损害。在地球上许多地区,我们可以看到周围有越来越多的说明人为的损害的迹象:水、空气、土壤以及生物中,污染达到危险的程度;生物界的生态平衡受到重大和不适当的扰乱;一些无法取代的资源受到破坏或陷于枯竭;在人为的环境,特别是生活和工作环境里存在着有害于人类身体、精神和社会健康的严重缺陷。

四、在发展中的国家中,环境问题大半是由于发展不足造成的。千百万人的生活仍然远远低于像样的生活所需要的最低水平,他们无法取得充足的食物和衣服、住房,以及教育、保健和卫生设备。因此,发展中的国家必须致力于发展工作,牢记他们优先任务和保护及改善环境的必要。为了同样目的,工业化国家应当努力缩小它们自己与发展中国家的差距。在工业化国家里,环境问题一般同工业化和技术发展有关。

五、人口的自然增长继续不断地给保护环境带来一些问题,但是如果采取适当的政策和措施,这些问题是可以解决的。世间一切事物中,人是第一可宝贵的。人民推动着社会进步,创造着社会财富,发展着科学技术,并通过自己的辛勤劳动,不断地改造着人类环境。随着社会进步和生产、科学及技术的发展,人类改善环境的能力也与日俱增。

六、现在已达到历史上这样一个时刻:我们在决定在世界各地的行动的时候,必须更加审慎地考虑它们对环境产生的后果。由于无知或不关心,我们可能给我们的生活和幸福所依靠的地球环境造成巨大的无法挽回的损害。反之,有了比较充分的知识和采取比较明智的行动,我们就可能使我们自己和我们的后代在一个比较符合人类需要和希望的环境中过着较好的生活。改善环境的质量和创造美好生活的前景是广阔的。我们需要的是热烈而镇定的情绪,紧张而有秩序的工作。为了在自然界里取得自由,人类必须利用知识在同自然合作的情况下建设一个较好的环境。为这一代和将来的世世代代保护和改善人类环境,已经成为人类一个紧迫的目标,这个目标将同争取和平和全世界的经济与社会发展这两个既定的基本目标共同和协调地实现。

七、为实现这一环境目的,将要求公民和团体以及企业和各级机关承担责任,大家平等地从事共同的努力。各界人士和许多领域中的组织,凭他们有价值的品质和全部行动,将确定未来的世界环境的格局。各地方政府和全国政府,将对在它们管辖范围内的大规模环境政策和行动,承担最大的责任。为筹措资金以支援发展中国家完成他们在这方面的责任,还需要进行国际合作。种类越来越多的环境问题,因为它们在范围上是地区性或全球性的,或者因为它们影响着共同的国际领域,将要求国与国之间广泛合作和国际组织采取行动以谋求共同的利益。会议呼吁各国政府和人民为着全体人民和他们的子孙后代的利益而作出共同的努力。

这些原则申明了共同的信念:

一、人类有权在一种能够过着尊严和福利的生活的环境中,享有自由、平等和充足的生活条件的基本权利,并且负有保护和改善这一代和将来的世世代代的环境的庄严责任。在这方面,加剧或维护种族隔离、种族分离与歧视、殖民主义和其他形式的压迫和外国统治的政策,应该受到谴责和必须消除。

二、为了这一代和将来的世世代代的利益,地球上的自然资源,其中包括空气、水、土地、植物和动物,特别是自然生态类中具有代表性的标本，必须通过周密计划或适当管理加以保护。

三、地球生产非常重要的再生资源的能力必须得到保持，而且在实际可能的情况下加以恢复或改善。

四、人类负有特殊的责任保护和妥善管理由于各种不利的因素而现在受到严重危害的野生生物后嗣及其产地。因此，在计划发展经济时必须注意保存自然界，其中包括野生生物。

五、在使用地球上不能再生的资源时，必须防范将来把它们耗尽的危险，并且必须确保整个人类能够分享从这样的使用中获得的好处。

六、为了保证不使生态类遭到严重的或不可挽回的损害，必须改变在排放有毒物质或其他物质以及散热时其数量或集中程度超过环境能使之无害的状况。应该支持各国人民反对污染的正义斗争。

七、各国应该采取一切可能的步骤来防止海洋受到那些会对人类健康造成危害的、损害生物资源和破坏海洋生物舒适环境的或妨害对海洋进行其他合法利用的物质的污染。

八、为了保证人类有一个良好的生活和工作环境，为了在地球上创造那些对改善生活质量所必要的条件，经济和社会发展是非常必要的。

九、由于不够发达和自然灾害的原因使环境方面造成的缺陷构成了严重的问题，弥补这些缺陷的最好办法是，移用大量的财政和技术援助以补充发展中国家本国的努力，并且提供可能需要的及时援助，以加速发展工作。

十、对于发展中的国家来说，由于必须考虑经济因素和生态进程，因此，使初级产品和原料有稳定的价格和适当的收入是必要的。

十一、所有国家的环境政策应该提高，而不应该损及发展中国家现有或将来的发展潜力，也不应该妨碍大家生活条件的改善。各国和各国际组织应该采取适当步骤，以便就应付因实施环境措施所可能引起的国内或国际经济后果达成协议。

十二、应筹集资金来维护和改善环境，其中要照顾到发展中国家的特殊情况，照顾到他们由于在发展计划中列入环境保护项目而需要的任何费用，以及应他们的请求而供给额外的国际技术和财政援助的需要。

十三、为了实现更合理的资源管理从而改善环境，各国应该对他们的发展计划采取统一和协议的做法，以保证为了人民的利益，使发展同保护和改善人类环境的需要相一致。

十四、合理的计划是协调发展的需要和保护与改善环境的需要相一致。

十五、人的定居和城市化工作必须加以规划,以避免对环境的不良影响,并为大家取得社会、经济和环境三方面的最大利益。在这方面,必须停止为殖民主义和种族主义统治而制订的项目。

十六、在人口增长率或人口过分集中可能对环境或发展产生不良影响的地区,或在人口密度之低可能妨碍人类环境改善和阻碍发展的地区都应采取不损害基本人权和有关政府认为适当的人口政策。

十七、必须委托适当的国家机关对国家的环境资源进行规划、管理或监督,以期提高环境质量。

十八、为了人类的共同利益,必须应用科学和技术以鉴定、避免和控制环境危害并解决环境问题,从而促进经济和社会发展。

十九、为了更广泛地扩大个人、企业和基层社会在保护和改善人各种环境方面提出开明舆论和采取负责行为的基础,必须对年青一代和成人进行环境问题的教育,同时应该考虑到对不能享受正当权益的人进行这方面的教育。

二十、必须促进各国,特别是发展中的国家的国内和国际范围内从事有关环境问题的科学研究和发展。在这方面,必须支持和帮助最新科学情报和经验的自由交流,以便解决环境问题;应该使发展中的国家得到环境工艺,其条件是鼓励这种工艺的广泛传播,而不成为发展中的国家的经济负担。

二十一、按照联合国宪章和国际法原则,各国有按自己的环境政策开发自己资源的主权,并且有责任保证在它们管辖或控制之内的活动,不致损害其他国家的或在国家管辖范围以外地区的环境。

二十二、各国应进行合作,以进一步完善有关他们管辖或控制之内的活动对他们管辖以外的环境造成的污染和其他环境损害的受害者承担责任和赔偿问题的国际法。

二十三、在不损害国际大家庭可能达成的规定和不损害必须由一个国家决定的标准的情况下,必须考虑各国的现行价值制度和考虑对最先进的国家有效,但是对发展中的国家要考虑不适合和具有不值得的社会代价的标准可行程度。

二十四、有关保护和改善环境的国际问题应当由所有的国家,不论其大小,在平等的基础上本着合作精神来加以处理。必须通过多边或双边的安排或其他合适的途径的合作,在正当地考虑所有国家的主权和利益的情况下，防止、消灭或减少和有效地控制各方面的行动所造成的对环境的有害影响。

二十五、各国应保证国际组织在保护和改善环境方面起协调的、有效的和能动的作用。

二十六、人类及其环境必须免受核武器和其他一切大规模毁灭性手段的影响。各国必须努力在有关的国际机构内就消除和彻底销毁这种武器迅速达成协议。

保护文物建筑及历史地段的国际宪章

从事历史文物建筑工作的建筑师和技术人员国际会议(ICOM)第二次会议通过的决议

(1964年5月31日,威尼斯)

世世代代人民的历史文物建筑,饱含着从过去的年月传下来的信息,是人民千百年传统的活的见证。人民越来越认识到人类各种价值的统一性,从而把古代的纪念物看做共同的遗产。大家承认,为子孙后代而妥善地保护它们是我们共同的责任。我们必须一点不走样地把它们的全部信息传下去。

绝对有必要为完全保护和修复古建筑建立国际公认的原则,每个国家有义务根据自己的文化和传统运用这些原则。

1931年的雅典宪章,第一次规定了这些基本原则,促进了广泛的国际运动的发展。这个运动落实在各国的文件里,落实在从事文物建筑工作的建筑师和技术人员国际会议(ICOM)的工作里,落实在联合国教科文组织的工作以及它的建立文物的完全保护和修复的国际研究中心(ICCROM)里。人们越来越注意到,问题已经变得很复杂,很多样,而且正在继续不断地变得更复杂,更多样;人们已经对问题作了深入的研究。于是,有必要重新检查宪章,彻底研究一下它所包含的原则,并且在一份新的文件里扩大它的范围。

为此,从事历史文物建筑工作的建筑师和技术人员国际会议第二次会议,于1964年5月25日至31日在威尼斯开会,通过了以下的决定:

定 义

第一项 历史文物建筑的概念,不仅包含个别的建筑作品,而且包含能够见证某种文明、某种有意义的发展或某种历史事件的城市或乡村环境,这不仅适用于伟大的艺术品,也适用于由于时光流逝而获得文化意义的在过去比较不重要的作品。

第二项 必须利用有助于研究和保护建筑遗产的一切科学和技术来

保护和修复文物建筑。

第三项　保护和修复文物建筑,既要当作历史见证物,也要当作艺术作品来保护。

保　护

第四项　保护文物建筑,务必要使它传之永久。

第五项　为社会公益而使用文物建筑,有利于它的保护。但使用时决不可以变动它的平面布局或装饰。只有在这个限度内,才可以考虑和同意由于功能的改变所要求的修正。

第六项　保护一座文物建筑,意味着要适当地保护一个环境。任何地方,凡传统的环境还存在,就必须保护。凡是会改变体形关系和颜色关系的新建、拆除或变动都是决不允许的。

第七项　一座文物建筑不可以从它所见证的历史和从它所产生的环境中分离出来。不得整个地或局部地搬迁文物建筑,除非为保护它而非迁不可,或者因为国家的或国际的十分重大的利益有此要求。

第八项　文物建筑上的绘画、雕刻或装饰只有在非取下便不能保护它们时才可以取下。

修　复

第九项　修复是一件高度专门化的技术。它的目的是完全保护和再现文物建筑的审美和历史价值,它必须尊重原始资料和确凿的文献。它不能有丝毫臆测。任何一点不可避免的增添部分都必须跟原来的建筑外观明显地区别开来,并且要看得出是当代的东西。不论什么情况下,修复之前和之后都要对文物建筑进行考古的和历史的研究。

第十项　当传统的技术不能解决问题时,可以利用任何现代的结构和保护技术来加固文物建筑,但这种技术应有充分的科学依据,并经实验证明其有效。

第十一项　各时代加在一座文物建筑上的正当的东西都要尊重,因为修复的目的不是追求风格的统一。一座建筑物有各时期叠压的东西时,只有在个别情况下才允许把被压的底层显示出来,条件是,去掉的东西价值甚小,而显示出来的却有很大的历史、考古和审美价值,而且保存情况良好,还值得显示。负责修复工作的个人不能独自评价所涉及的各部分的重要性和决定去掉什么东西。

第十二项　补足缺失的部分,必须保持整体的和谐一致,但在同时,又必须使补足的部分跟原来部分明显地区别,防止补足部分使原有的艺术和历史见证失去真实性。

第十三项　不允许有所添加,除非它们不至于损伤建筑物的有关部分、它的传统布局、它的构图的均衡和它跟传统环境的关系。

历史地段

第十四项　必须把文物建筑所在的地段当作专门注意的对象,要保护它们的整体性,要保证用恰当的方式清理和展示它们。这种地段上的保护和修复工作要按前面所说各项原则进行。

发　掘

第十五项　发掘必须坚持科学标准,并且遵守联合国教科文组织1956年通过的关于考古发掘的国际原则的建议。

遗址必须保存,必须采取必要的措施永久地保存建筑面貌和所发现的文物。进一步,必须采取一切方法从速理解文物的意义,揭示它而决不可歪曲它。

预先就要禁止任何的重建。只允许把还存在的但已散开的部分重新组合起来。黏合材料必须是可以识别的,而且要尽可能地少用,只要能保护文物和再现它的形状就够了。

出　版

第十六项　一切保护、修复和发掘工作都要有准确的记录,作有分析有讨论的报告,要有插图和照片。

清理、加固、调整和重新组合成整体的每个步骤,以及工作进行过程中的技术和外形的鉴定,都要写在记录和报告里。记录和报告应当存在一个公共机构的档案里,使研究者都可以读到,最好是公开出版。

（陈志华　译）

译者附注:ICOM 即 ICOMOS 的前身。ICOMOS 的全译应是"从事历史文物建筑及历史地段工作的建筑师和技术人员国际会议",比 ICOM 增加了"历史地段"。所以《威尼斯宪章》在历史地段上着墨不够。

直到目前,在国际会议上和学术著作中,还没有见到对《威尼斯宪章》的异议,不过因为条文的理解可能有分歧,所以实际工作的出入还是很显著的,所以,近来有人主张把一些概念、一些原则等再叙述得具体些、明确些,再增加一些条例。

保护历史城镇与城区宪章

国际古迹遗址理事会全体大会第八届会议
（1987年10月，华盛顿）

序言与定义

一、所有城市社区，不论是长期逐渐发展起来的，还是有意创建的，都是历史上各种各样的社会的表现。

二、本宪章涉及历史城区，不论大小，其中包括城市、城镇以及历史中心或居住区，也包括其自然的和人造的环境。除了它们的历史文献作用之外，这些地区体现着传统的城市文化的价值。今天，由于社会到处实行工业化而导致城镇发展的结果，许多这类地区正面临着威胁，遭到物理退化、破坏甚至毁灭。

三、面对这种经常导致不可改变的文化、社会甚至经济损失的惹人注目的状况，国际古迹遗址理事会认为有必要为历史城镇和城区起草一国际宪章，作为"国际古迹保护与修复宪章"（通常称之为"威尼斯宪章"）的补充。这个新文本规定了保护历史城镇和城区的原则、目标和方法。它也寻求促进这一地区私人生活和社会生活的协调方法，并鼓励对这些文化财产的保护。这些文化财产无论其等级多低，均构成人类的记忆。

四、正如联合国教育、科学及文化组织1976年华沙—内罗毕会议"关于历史地区保护及其当代作用的建议"以及其他一些文件所规定的，"保护历史城镇与城区"意味着这种城镇和城区的保护、保存和修复及其发展并和谐地适应现代生活所需的各种步骤。

原则和目标

一、为了更加卓有成效，对历史城镇和其他历史城区的保护应成为经济与社会发展政策的完整组成部分，并应当列入各级城市和地区规划。

二、所要保存的特性包括历史城镇和城区的特征以及表明这种特征的一切物质的和精神的组成部分，特别是：

（一）用地段和街道说明的城市的形制；

（二）建筑物与绿地和空地的关系；

（三）用规模、大小、风格、建筑、材料、色彩以及装饰说明的建筑物的外貌，包括内部的和外部的；

（四）该城镇和城区与周围环境的关系，包括自然的和人工的；

（五）长期以来该城镇和城区所获得的各种作用。

任何危及上述特性的威胁，都将损害历史城镇和城区的真实性。

三、居民的参与对保护计划的成功起着重大的作用，应加以鼓励。历史城镇和城区的保护首先涉及它们周围的居民。

四、历史城镇和城区的保护需要认真、谨慎以及系统的方法和学科，必须避免僵化，因为，个别情况会产生特定问题。

方法和手段

五、在作出保护历史城镇和城区规划之前必须进行多学科的研究。保护规划必须反映所有相关因素，包括考古学、历史学、建筑学、工艺学、社会学以及经济学。

保护规划的主要目标应该明确说明达到上述目标所需的法律、行政和财政手段。

保护规划的目的应旨在确保历史城镇和城区作为一个整体的和谐关系。

保护规划应该决定哪些建筑物必须保存，哪些在一定条件下应该保存以及哪些在极其例外的情况下可以拆毁。在进行任何治理之前，应对该地区的现状作出全面的记录。

保护规划应得到该历史地区居民的支持。

六、在采纳任何保护规划之前，应根据本宪章和威尼斯宪章的原则和目的开展必要的保护活动。

七、日常维护对有效地保护历史城镇和城区至关重要。

八、新的作用和活动应该与历史城镇和城区的特征相适应。

使这些地区适应现代生活需要认真仔细地安装或改进公共服务设施。

九、房屋的改进应是保存的基本目标之一。

十、当需要修建新建筑物或对现在建筑物改建时，应该尊重现有的空间布局，特别是在规模和地段大小方面。

与周围环境和谐的现代因素的引入不应受到打击，因为，这些特征能为这一地区增添光彩。

十一、通过考古调查和适当展出考古发掘物,应使一历史城镇和城区的历史知识得到拓展。

十二、历史城镇和城区内的交通必须加以控制,必须划定停车场,以免损坏其历史建筑物及其环境。

十三、城市或区域规划中作出修建主要公路的规定时,这些公路不得穿过历史城镇或城区,但应改进接近它们的交通。

十四、为了保护这一遗产并为了居民的安全与安居乐业,应保护历史城镇免受自然灾害、污染和噪音的危害。

不管影响历史城镇或城区的灾害的性质如何,必须针对有关财产的具体特性采取预防和维修措施。

十五、为了鼓励全体居民参与保护,应为他们制订一项普通信息计划,从学龄儿童开始。

与遗产保护相关的行为亦应得到鼓励,并应采取有利于保护和修复的财政措施。

十六、对一切与保护有关的专业应提供专门培训。

(该文件转录于《国外历史城镇与地段保护法规选编》编者王景慧、汪志明、王瑞珠)

关于原真性的奈良文件

（1994年11月1～6日，日本奈良）

导言

1. 我们，聚集在日本奈良的专家们，感谢日本政府的慷慨和精神鼓励，及时提供这次论坛，以挑战保护领域的传统思维，讨论扩展视野和在保护实践中更加尊重文化和遗产多样性的方法和手段。

2. 我们也感谢世界遗产委员会提供有价值的讨论框架。世界遗产委员会期望在对所有的社会与文化价值全面尊重的基础上应用原真性标准，以检验提名列入《世界遗产名录》的文化遗产的突出的普遍价值。

3. 《关于原真性的奈良文件》是按1964年《威尼斯宪章》的精神构思、在其基础之上建立并延伸形成的，以回应当今世界对文化遗产关心和兴趣的不断扩展。

4. 在一个日趋全球化和同质化、对文化认同的追寻有时要通过追求过激的民族主义和对少数民族文化进行压制的世界，在保护实践中考虑原真性，其基本贡献在于人类集体记忆的轮廓与阐明。

文化多样性与遗产多样性

5. 对全体人类而言，我们这个世界的文化与遗产的多样性是精神与才智丰富性不可替代的源泉。作为人类发展的一个本质方面，应大力提倡保护和增进我们这个世界文化与遗产的多样性。

6. 文化遗产的多样性存在于时间和空间中，因而要尊重其他文化及其信仰体系中的所有方面。一旦出现文化价值的冲突，对文化多样性的尊重要求承认各个团体的文化价值的合法性。

7. 所有的文化和社会均扎根于由各种各样的历史遗产所构成的、有形或无形的固有表现形式和手法之中，对此应给予充分的尊重。

8. 每一文化的遗产都是人类文化的遗产，强调联合国教科文组织的这一基本原则是非常重要的。文化遗产保护的责任和管理权首先属于产生这一遗产的文化群落，其次才属于有意照料它的团体。除开这些责任之外,还有为保护文化遗产而制定和发展的国际宪章和公约所责成执行原则与职责。平衡他们自身的需要与其他文化社区的需要对每个社区来说都是最好不过的,只要实现这一平衡不会破坏它的基本文化价值。

价值与原真性

9. 保护各种形式和各历史时期的文化遗产要基于遗产的价值。人们理解这些价值的能力部分地依赖与这些价值有关的信息源的可信性与真实性。对这些信息源的认识与理解,与文化遗产初始的和后续的特征及意义相关,是全面评估原真性的必要基础。

10. 以这种方式考虑的并在《威尼斯宪章》中确认的原真性,是与遗产价值有关的最为基本的资格因素。在文化遗产的科学研究、保护与修复规划以及依《世界遗产公约》规定的登录程序和其他文化遗产的清单使用时,对原真性的理解扮演着重要的角色。

11. 在不同文化甚至在同一文化中,对文化遗产的价值特性及其相关信息源可信性的评判标准可能会不一致。因而,将文化遗产的价值和原真性置于固定的评价标准之中来评判是不可能的。相反,对所有文化的尊重,要求充分考虑文化遗产的文脉关系。

12. 因此,在每一文化内,对遗产价值的特性及相关信息源的可信性与真实性的认识必须达成共识,这是至关重要的、极其紧迫的。

13. 基于文化遗产的本性以及文脉关系,原真性的判别会与各种大量信息源中有价值的部分有关联。信息源的各方面包括形式与设计、材料与物质、使用与功能、传统与技术、位置与环境、精神与感觉以及其他内在的、外部的因素。允许利用这些信息源检验文化遗产在艺术、历史、社会和科学等维度的详尽状况。

定义

保护(conservation):所有的设计与操作包含,对遗产的理解、了解其历史和含义、保证其实体的安全以及必要的修复与改善。

信息源(information sources):所有使了解、认识文化遗产的性质、特点、意义和历史成为可能的实物、文字、口头和形象的资料。

(奈良会议闭幕时通过了这一文件。起草者保留为使英文版与法文版更趋一致而作进一步细微修改的权利)

关于原真性奈良文件的背景

在美国 Santafe 召开了世界遗产委员会第 16 次会议,此次会议围绕《履行世界遗产公约操作指南》中的原真性检测条款,对文化遗产的原真性问题进行了详尽的讨论,基于 ICOMOS 的建议,世界遗产委员会要求,通过国际性的专家讨论,对文化遗产的原真性概念及其应用作出进一步的详细阐述。

日本政府慷慨资助这一国际专家会议在日本古都奈良召开,以进一步检查涉及《世界遗产公约》的原真性问题。

为准备奈良会议,挪威和加拿大政府与 ICOMOS、ICCROM 及世界遗产中心合作,资助了于 1994 年 1 月 31 日至 2 月 2 日在挪威卑尔根举行的预备会议。该会议记录由挪威 Riksantikvaren 出版,题为《关于涉及世界遗产公约的原真性问题会议》。

关于原真性的奈良会议于 1994 年 11 月 1~6 日举行。来自 28 个国家的 45 位与会者讨论了关于定义和评估原真性的大量复杂问题。值得注意的是,在世界的一些语言中,并无可以精确传达"原真性"概念的词汇。

关于原真性的奈良文件保留了专家们深思熟虑的成果。世界遗产委员会注意到,对原真性是定义、评估、监控世界遗产的基本因素这一点已达成广泛的共识。专家们特别关注发掘世界文化的多样性以及对多样性的众多描述,这些描述涵盖纪念物、历史地段、文化景观直至无形遗产。特别重要的观点是,文化遗产原真性的观念及其应用扎根于各自文化的文脉关系之中,因此应给予充分的尊重。

专家们认为,就遗产的多样性在世界不同地区和各专家团体之间开展广泛的对话,对进一步明确与文化遗产相关的原真性概念及其应用是极为重要的。ICOMOS、ICCROM 和世界遗产中心鼓励开展中的、这样的对话的进行,并会在适当的时候,提请世界遗产委员会予以关注。

世界遗产委员会鼓励将"关于原真性的奈良文件"的原则与观点纳入对提名遗产的评估中。

(参见《历史城市保护学导论》张松著)